工厂化循环水养殖关键工艺与技术

朱建新　刘　慧　曲克明　等著

中国海洋大学出版社

·青岛·

图书在版编目（CIP）数据

工厂化循环水养殖关键工艺与技术 / 朱建新等著.
—青岛：中国海洋大学出版社，2022.10
ISBN 978-7-5670-3311-5

Ⅰ.①工⋯ Ⅱ.①朱⋯ Ⅲ.①工业用水—循环水—
水产养殖 Ⅳ.①S96

中国版本图书馆CIP数据核字（2022）第202923号

出版发行	中国海洋大学出版社		
社　　址	青岛市香港东路 23 号	邮政编码	266071
网　　址	http://pub.ouc.edu.cn		
出 版 人	刘文菁		
责任编辑	邓志科　丁玉霞	电　　话	0532-85901040
电子信箱	dengzhike@sohu.com		
印　　制	青岛国彩印刷股份有限公司		
版　　次	2022年10月第1版		
印　　次	2022年10月第1次印刷		
成品尺寸	185 mm × 260 mm		
印　　张	19		
字　　数	368 千		
印　　数	1—1000		
定　　价	268.00 元		
订购电话	0532-82032573（传真）		

发现印装质量问题，请致电0532-58700166，由印刷厂负责调换。

著者名单及单位

朱建新	中国水产科学研究院黄海水产研究所
刘　慧	中国水产科学研究院黄海水产研究所
曲克明	中国水产科学研究院黄海水产研究所
白　莹	中国水产科学研究院黄海水产研究所
程海华	浙江省淡水水产研究所
张　龙	全国水产技术推广总站
杨志强	江苏省淡水水产研究所
陈　萍	中国水产科学研究院黄海水产研究所
叶章颖	浙江大学
董登攀	中国海洋大学
黄志涛	中国海洋大学
张　鹏	广东海大集团股份有限公司
刘　洋	山东恒星渔业发展有限公司
宫　晗	中国水产科学研究院黄海水产研究所，江苏海洋大学
陈　钊	中国水产科学研究院黄海水产研究所
王震霖	中国水产科学研究院黄海水产研究所
宋协法	中国海洋大学
陈世波	青岛卓越海洋集团有限公司
刘贤华	寿光市海洋渔业发展中心
薛致勇	海阳市黄海水产有限公司
刘云锋	青岛卓越海洋集团有限公司

我国的水产养殖业规模庞大，提供了全国约2/3的水产品总量，为我国食品安全和渔民增收提供了保障。不过，传统的粗放式养殖存在着水资源浪费、疾病频发、养殖效率和成活率低、养殖尾水污染等问题，严重制约了产业的健康、可持续发展。近年来，随着我国经济和社会发展进入以生态文明建设为主线的新时期，人民群众对更加美好生活品质和健康无公害水产品的需求愈加迫切。在上述多元要素的驱动下，我国渔业发展自主践行大食物观，水产养殖模式逐步实现转型升级，各类环境友好、可控的工厂化和集约化养殖模式不断得到发展，尤其是为了解决市场需求量增加与水资源、土地资源紧缺之间的矛盾，建立和推广集约高效的工厂化循环水养殖新技术、新工艺十分必要。

我国的工厂化循环水养殖虽然起步较晚，但总体规模发展很快，目前，我国工厂化循环水养殖总水体已超过300万m^3。不过，其在我国工厂化养殖中的占比仍然很低。循环水养殖使95%以上养殖用水得到重复利用，显著节水的同时，大幅度降低了养殖所需的控温能耗；为养殖生物提供最适宜的生长环境，养殖密度和生长速度比传统养殖均有大幅提升；排放的少量高浓度的养殖尾水便于集中做净化处理，可减少养殖对周围生态环境的影响；以微生物净化为核心，并自带杀菌消毒设备，保证了产品的绿色安全，同时，循环水养殖系统高度的封闭性可以最大限度切断水产病原菌的传播。因此，循环水养殖代表了养殖业可持续、健康、绿色的发展方向，发展潜力巨大。

在国家"十三五"蓝色粮仓科技创新重点项目（2019YFD0900500）和国家"十二五"科技支撑计划课题（2011BAD13B04和2011BAD13B07）的共同资助下，

中国水产科学研究院黄海水产研究所渔业环境优化及循环水处理技术团队开展了工厂化循环水养殖水处理工艺、养殖系统构建、养殖微生态环境调控、精准饲喂策略、养殖尾水净化等方面的系列研究。《工厂化循环水养殖关键工艺与技术》一书是上述研究成果的集大成之作，书中较为全面地介绍了国内外循环水养殖技术的研究与应用情况，多角度展现了集约、节约、生态、环保的健康养殖理念与技术方法，对循环水养殖相关科技研发与产业化运行具有重要的参考价值。

中国工程院院士
中国水产科学研究院黄海水产研究所研究员

2022年9月于青岛

　　传统的陆基工厂化流水养殖存在养殖用水量大、尾水直接排放造成环境污染、生产效率低下等问题，已难以满足国家对水产养殖节能减排、绿色环保的总体要求。我国水产科技工作者经过三十多年的努力攻关，构建了拥有自主知识产权的节能环保、经济实用的工厂化循环水养殖系统（recirculating aquaculture systems，RAS），实现了对传统工厂化流水养殖设施的转型升级。通过不断完善与之相配套的循环水净化工艺，使用优质配合饲料和集约化管理技术，养殖尾水经过滤、沉淀、曝气、生物净化、增氧、调温、杀菌消毒等处理，实现循环利用，减少了养殖尾水排放和环境污染。

　　在全球气候变化日益加剧的大背景下，探究和发展气候适应性水产养殖模式也是目前和今后一段时间的工作重点。从水产养殖的环境可持续性和对气候变化的抗性来看，循环水养殖无疑是最具潜力的养殖模式。循环水养殖可说是生态友好、节水、高产、高效的集约化食物生产系统，可以避免传统养殖模式所造成的一系列负面影响，如自然栖息地破坏、水污染和富营养化、损害生物多样性、养殖动物和外来物种逃逸对本地生物和生态系统的生态影响，以及疾病暴发流行和寄生虫传播等。此外，循环水养殖在室内受控环境中运行，受降雨、洪水、干旱、全球变暖、风暴潮、盐度波动、海洋酸化和海平面上升等气候因素的影响很小。然而，能源消耗和温室气体（green hause gas, GHG）排放却是循环水养殖模式的两个重要气候缺陷（Ahmed和Turchini, 2021）。

　　尽管工厂化循环水养殖模式在各个生产环节均实现了人工调控，使养殖动物生长更快、病害更少（因而用药少、无药残），极大地促进了水产养殖向高产优质、绿色低碳模式的转型升级，但由于循环水养殖系统设计复杂且建造、运行成本高昂，因此尚未在世界各国特别是在发展中国家得到广泛应用。因此，需要不断深入研究并推动技术创新，以建立成本更低、更加节能的循环水养殖工艺与技术，来保障水产品生产和应对气候变化挑战。

本书汇总了著者近年来所开展的与循环水养殖相关的实验研究及其重要成果，较为系统地阐释了工厂化循环水养殖的主要特点和关键技术，重点介绍了系统中具有核心地位的水处理工艺相关理论和一系列最新研究成果，探讨了国内外循环水养殖工艺技术和产业中存在的问题与未来发展方向。其中，第一章介绍工厂化循环水养殖的特点与关键水处理技术；第二章介绍循环水养殖系统中的生物膜培养与调控技术；第三章介绍在通常采用的好氧生物膜基础上进一步净化水质的工艺技术，包括反硝化方法和电化学方法等；第四章介绍循环水养殖系统及其水质净化处理技术的应用研究，包括利用循环水养殖系统进行凡纳滨对虾、红鳍东方鲀、墨瑞鳕和牙鲆等的养殖效果。

本书旨在宣传和推广绿色低碳、优质高效的工厂化循环水养殖技术，引导更多学界和产业界同仁共同关注这一方兴未艾的技术密集型养殖模式，以凝聚各方力量联合攻关，共同推动相关工艺、技术、装备和管理的不断优化和发展。本书可作为水产养殖技术人员、企业管理人员和相关大专院校学生的参考书。

本书研究内容由以下科研项目资助完成："十三五"国家重点研发计划"蓝色粮仓"科技创新重大专项"虾参循环水养殖工艺研究与清洁生产系统构建"课题（2019YFD0900505）、"十三五"国家重点研发计划"蓝色粮仓"科技创新重大专项"设施水产养殖智能化精细生产管理技术装备研发——智能农机装备"课题（2017YFD0701701）、"十二五"国家科技支撑计划"节能环保型循环水养殖工程装备与关键技术研究"课题（2011BAD13B04）、"十二五"国家科技支撑计划"黄渤海区鱼类工厂化健康养殖技术集成与示范"课题（2011BAD13B07）等。

因著者水平有限、书中疏漏在所难免，恳请读者批评指正。

著者

CONTENTS ● ─────────────── **目 录**

第一章
工厂化循环水养殖的特点与关键水处理技术

　　工厂化循环水养殖是集水产养殖技术与现代工业与信息化技术于一体的高度集约化的养殖模式，也是最有可能实现生产效率最高、生态环境最佳、动物福利最优的新型养殖模式。本章系统介绍了工厂化循环水养殖的关键工艺与技术环节，通过发展历史回顾与案例研究，详细分析了国内外循环水养殖科技与产业发展脉络、主要问题与最新进展，并探讨了这一领域的发展趋势与急需解决的重大问题。水处理是循环水养殖系统重要的组成部分，稳定高效的水处理工艺是保证循环水养殖成功的关键。水处理的目的是去除养殖过程中产生的残饵、粪便等固体有机颗粒物，系统内生物代谢产生的溶解性有机物、CO_2和铵态氮、亚硝酸盐氮等可溶性有毒有害无机盐，以及养殖水和投入品中携带的病原微生物等，并不断向系统内补充氧气以满足生物呼吸代谢所需。为此，本章系统介绍国内外工厂化循环水养殖系统水处理相关的工艺技术，包括固体颗粒物分离和生物净化，并重点介绍生物膜的结构、功能、培养与维护技术，以及水温、盐度、pH和溶解氧等关键环境因子对生物膜生长发育和净化效果的影响。作为一种新兴的水产养殖模式，循环水养殖尚有许多工艺过程不够清楚，还有不少技术难题有待攻克；随着我国渔业现代化水平的不断提高，新技术新材料不断出现，循环水养殖模式必将迎来新的发展机遇。

第一节　工厂化循环水养殖技术研究与产业化发展

一、工厂化循环水养殖概述

（一）工厂化循环水养殖的特点

工厂化水产养殖（industrialized aquaculture）又称为陆基工厂化养殖、工厂化养殖、工业化养鱼等，以高密度集约化养殖水产动物为特征，广泛分布在我国沿海滩涂及内陆地区。由于养殖活动在人工搭建的厂房中进行，一般具备比较好的温度、光照和水质调控能力，因此工厂化养殖比传统的池塘和浅海养殖在养殖成活率、生长速度和单位面积产量等方面具有明显的优势。我国的工厂化养殖起始于20世纪70年代，比西方发达国家落后约10年。其发展过程大致可分为两个阶段：20世纪90年代初以前的20年，主要是利用江河、湖泊、水库、地下水和工业余热养殖草鱼、罗非鱼、鲑鳟、鳗等淡水鱼，养殖模式主要集中在初级集约化流水养殖和控温流水养殖。20世纪90年代以后，随着大菱鲆的引进及"温室大棚+深井海水"养殖模式的开发，我国的工厂化养殖进入快速发展期，养殖模式以控温流水养殖为主。2009年，全国的工厂化养殖产量已经达到28.2万t，位列世界第一；仅山东、天津、河北、辽宁、江苏等北方沿海5省市的鲆鲽类工厂化养殖规模就达到养殖面积522万m^2，产量3.88万t。2020年，全国工厂化水产养殖总水体为9 744万m^3（其中海水3 941万m^3，淡水5 803万m^3），总产量达到62.8万t（其中海水32.5万t，淡水30.3万t；农业农村部渔业渔政管理局等，2021）。

循环水养殖系统（recirculating aquaculture systems, RAS）是在工厂化养殖基础上发展起来的新型养殖模式，以养殖水体的循环再利用为主要特征，除了具有工厂化养殖的各种优点以外，还在养殖废水处理、减少养殖用水量和尾水排放量方面具有显著的优势。循环水养殖通过供水系统的优化设计和多种设施设备的协调运行，几乎可以实现全部养殖水体的反复循环利用，因此在节约控温能耗、降低环境污染和防病抗病等方面比工厂化养殖更胜一筹。

循环水养殖需要综合运用一整套水质净化处理设备，其工艺设计涵盖了流体力学、生物学、机械、电子、化学、自动化信息技术等多种科学技术和工业化手段。一套完善的循环水养殖系统（图1-1）可实现对水温、溶解氧、营养盐等水质指标的全程可控，并且在任何情况下都能做到系统中90%以上的水循环再利用。

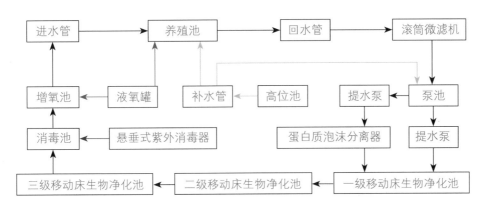

图1-1　循环水养殖系统工艺流程

Fig.1-1　Flow chart of recirculating aquaculture system

工厂化循环水养殖的实质是以工业化、现代化手段支撑和优化养殖生产过程，尤其是通过养殖全程水环境调控，可以在一定程度上克服温度、水资源和空间资源等外界条件的限制，实现全年多批次连续养殖生产，从而能够完成反季节生产和错峰上市销售，因而能够赢得市场先机，获得较高的经济收益。工厂化循环水养殖良好的生产性能与其高度可控条件下的集约节约特性是密不可分的。按照单位养殖水体计算，循环水养殖的水产品产量比传统工厂化流水养殖高3～5倍、比池塘养殖高8～10倍，养殖生物成活率提高10%以上，渔用药剂和化学试剂使用量减少近60%。全方位的指标和性能优化，使循环水养殖的经济效益和生态效益得到了保障。

在工厂化循环水养殖系统中，通过对养殖用水进行物理过滤、生物净化、杀菌消毒、脱气增氧等一系列处理，使全部或部分养殖用水得以循环利用；在优化调控养殖生物生活环境的同时，通过自动投饵机等设备的使用，可以实现一定程度的自动化、智能化管理。循环水养殖不但集渔业工程与机械装备技术、新型生态环保材料、微生态调控技术、数字化管理技术等现代高新技术于一体，而且由于养殖过程全程受控、受外部环境变化影响小，因而具有节水、节地、节省控温能耗、养殖环境稳定、生物生长速度快、养殖密度高、产品绿色无公害等显著优势，被誉为"二十一世纪最具潜力的养殖模式和投资方向"。

具体说来，工厂化循环水养殖的优势主要包括以下几个方面：

1. 节水

工厂化循环水养殖使90%以上的养殖水得以重复利用，单位耗水量是传统养殖的1%

左右，节水优势明显。在我国目前内陆强化河湖生态保护、淡水资源紧缺、沿海水质污染、地下海水资源获取难度增加的状况下，工厂化循环水养殖是平衡好环境保护与渔业经济发展的最好选择。

2. 占地少

工厂化循环水养殖为养殖生物提供了最适宜的生长环境，因此，养殖密度通常达到传统养殖的3~5倍，这意味着在有限的土地上可以生产更多的产品，空间资源利用效率高，符合国家控制水产养殖面积上限、实施退养还滩和还湿总体政策，有利于保护滨海湿地和近海生物多样性。

3. 保护生态环境

工厂化循环水养殖产生的有限的外排水更便于进行集中处理，我们通过专用的养殖尾水净化设备和水处理工艺，基本实现了养殖尾水低排放甚至零排放。

4. 产品安全有保障

工厂化循环水养殖系统内部环境条件可控，基本隔离了病原与污染物，极大地减少了病害发生率和化学药剂使用量，能有效管控养殖生产全过程，最大限度地保证养殖产品的安全无污染。

5. 产量高、效益好

由于工厂化循环水养殖系统提供了最适宜的生存环境，水温和水质变化幅度小，养殖生物生长速度加快，有利于缩短养殖周期，降低饲料系数，从而实现高效率和高产出。

迄今为止，我们已经在国内设计建造了900余套循环水养殖系统，遍及我国主要沿海省份，并且从沿海一直延伸到内陆地区，甚至远至新疆维吾尔自治区。这些正在商业化运行的循环水养殖系统中，既包括海水系统，也包括淡水系统，都取得了比较好的运行效果，达到了预期生产目标。生产实践证明：工厂化循环水养殖的确具有良好的生产性能和环保优势，以单位产量核算的生产成本也明显低于其他养殖模式。

（二）循环水养殖系统的关键工艺与技术

工厂化循环水养殖系统大量使用了工业工程装备和技术，通常由固体颗粒物去除、悬浮颗粒物与可溶性有机物去除、氨氮及亚硝酸盐等有毒有害可溶性无机盐去除、病原微生物去除、系统内养殖生物和微生物代谢产生的CO_2脱除、溶解氧补充、温度调节等工艺技术体系及其相应的设施设备所构成。在系统设计过程中，需要根据系统总体动力需求配置水动力设备与必要的管道系统；而对氨氮及亚硝酸盐等有毒有害可溶性无机盐的去除，则是整个水处理系统的核心。

具体来说，循环水养殖的工艺技术主要包括如下环节：

1. 保温、控温

保温、控温一方面为养殖生物提供最适宜的生长环境，另一方面也是保证系统稳定运行的重要手段。养殖车间的保温设计是最简单有效的温控手段，具体包括屋顶采用双层塑料膜、覆盖玻璃棉、喷涂聚氨酯泡沫保温层以及直接使用保温彩钢板等。调节水温是控温的常用方法，具体有利用地下热水、电加热及热交换等，随着国家环保政策的趋严，太阳能、水源热能等新能源技术开始逐步得到推广和应用。通过保温、控温，使系统内部水温日波幅小于0.5℃为最佳效果。

2. 固体颗粒物去除

养殖水中的残饵、粪便是固体颗粒物的主要来源。残饵、粪便等有机颗粒在水中的不断积累会降低水体的透明度，高浓度微细颗粒有时还会影响养殖生物的呼吸。另外，残饵、粪便分解产生含氮、磷的无机盐，会加速水质败坏，对养殖生物产生毒副作用，同时也容易成为病原菌暴发的温床。固体颗粒物去除设备很多，抗腐蚀、耐用、低能耗、易维护、处理精度和自动化程度高是判别其质量的主要指标，常用设备有全自动反冲洗滚筒微滤机、弧形筛等。

3. 可溶性无机氮磷的去除

饲料中有机氮磷在养殖生物代谢过程中产生大量的铵态氮、亚硝态氮、硝态氮和活性磷酸盐等可溶性污染物，养殖水中铵态氮、亚硝态氮和活性磷酸盐浓度过高容易引起养殖生物出现中毒症状，严重时还会影响养殖生物的生长和存活。因此，可溶性无机氮磷的去除是循环水养殖系统水处理的核心。可溶性无机氮磷的去除通常利用微生物转化和分解，系统内设一个或多个生物净化池，生物净化池内填充高比表面积的聚乙烯滤料，利用滤料表面形成的主要由氨氧化细菌、原生动物和有机物絮团组成的生物膜来吸收、分解和转化水中的可溶性无机盐，生物膜上的好氧菌将水中的氨氮和亚硝酸盐转化成无害的硝酸盐，同时生物膜底层的反硝化细菌，将硝酸盐转换为氮气溢出水面。

4. 消毒杀菌

养殖过程中，养殖生物、水源和投入品都会带进病原微生物，因此系统通常采用紫外线和臭氧消毒杀菌。紫外线消毒具有高效广谱的特性，细菌杀灭率可达99%，常用的设备有管道式和渠道式，要求紫外线波长在253 nm左右，功率配置为5～10 W/m³。臭氧是一种强氧化剂，它不仅可以杀灭水中的有害微生物，还可与氮磷无机盐结合起到消除氮磷的作用，与有机颗粒物结合起到改善水色的作用。紫外线和臭氧在消毒杀菌过程中都不会产生有毒有害残留，因而循环水养殖产品完全符合国家绿色无公害产品要求。

5. 增氧

高溶解氧是实现高密度养殖的保证。为了保持高溶解氧，循环水养殖过程中通常使用工业液氧为氧源，常用的增氧方法与设备有氧锥、气水对流增氧池、滴流增氧等。

从上述工艺环节可以看出，循环水养殖进一步发扬了工厂化养殖的集约化优势，生产效率高、占地面积少，且克服了土地和水等自然资源条件的限制，是一种高投入、高产出、高密度、高效益的养殖模式，符合我国生态文明建设的总体目标和可持续发展战略。这种集约高效、节能减排、环境友好的工艺特色，也使循环水养殖成为我国水产养殖转方式、调结构、低碳绿色发展的重要方向，因而连续多年成为我国水产养殖主推技术（中华人民共和国农业农村部，2021）。目前，该模式已得到国内学术界和产业界的广泛认可，新系统建设规模和总体养殖规模在近年来不断攀升，成为我国未来水产养殖的发展趋势。

（三）海、淡水工厂化循环水养殖系统比较

1. 养殖规模

目前，我国淡水工厂化养殖规模已达5 800万m^3，海水工厂化养殖规模为3 940万m^3；不过，淡水工厂化循环水养殖的规模要略逊于海水。虽然适合工厂化循环水养殖的淡水品种很多、养殖密度也普遍高于海水，但高附加值的淡水适养品种太少，使淡水循环水养殖推广应用受到一定程度的限制。目前我国的海水工厂化循环水养殖已初具规模，我国北方沿海的主养品种鲆鲽类、南方的主养品种石斑鱼等均属于高附加值品种，非常适合进行循环水养殖。综合考虑目前我国的海水与淡水资源情况，海水产品与淡水产品的潜在经济价值，以及现阶段我国实施的海洋强国战略，国家在海水工厂化循环水养殖研究方面投入力度较大，形成以构建海水工厂化循环水高效养殖体系带动淡水养殖的趋势。"十二五"至"十三五"期间，由中国水产科学研究院黄海水产研究所牵头实施的节能环保型海水循环水养殖工艺研究与清洁生产系统构建已初步完成，可以适时在我国沿海和内陆地区示范和推广。

2. 水处理工艺

（1）生物膜：成熟的生物膜是发挥稳定的水质净化功能的关键。生物膜上的微生物对外界环境的变化十分敏感，在环境突变时容易脱落。一般认为，海水和淡水中的生物膜具有不同的微生物组成，因此海水和淡水系统的生物膜培养以及维持，都需要考虑盐度这一因素。Gonzalez-Silva等（2016）研究发现，海水、淡水和咸淡水中稳定运行的移动床生物膜上的菌落结构明显不同，且咸淡水生物膜的多样性指数低于淡水生物膜和海水生物膜。作为生物膜上最主要的功能菌群，60%的氨氧化细菌（AOB）和78%的亚硝酸盐氧化细菌（NOB）都具有盐度特异性，体现为不同盐度的生物膜上有明显不同的菌落（OTUs）结构。同时也发现，只有少数几种微生物在水质净化过程中发挥重要作用。

Gonzalez-Silva等（2021）还研究了盐度变化对硝化细菌群落结构的影响。通过盐度冲击实验发现，在盐度互换后，淡水生物膜在海水中一直没有得到恢复，而海水生物膜则表现出对低盐胁迫的较高抗性。这项研究证明了某些硝化细菌对盐度具有很高的生理可塑性，在淡水和纯海水中都能存活。海水生物膜对盐度的抗冲击性强，适合在盐度突变情况下处理循环水养殖尾水和工业废水中的氨氮。从理论上来说，菌落演替和生理生态学的可塑性，是经常暴露于盐度突变条件下的硝化细菌菌群长期生态学适应的主要机制。

（2）气浮（air flotation）：海、淡水具有不同的理化参数，在20℃的参考温度下，海水的密度、动态黏度和表面张力分别比淡水高3%、8%和1%。随着盐度的增加，循环水养殖系统中流变特性的变化，会导致空气溶解度下降、气泡直径减小（淡水气泡大小为40～250 μm，而海水为20～120 μm）、气泡上升速率降低（Rajapakse等，2022）。诸多因素相叠加，造成了海水循环水养殖系统中气浮的作用明显大于淡水系统。

（3）溶解氧（dissolved oxygen, DO）：溶解氧是水生生物的基本生存条件，溶解氧的浓度变化会影响许多水生生物的分布、行为和生长；同时，溶解氧能够影响水域生态系统中的许多生态学过程，还能有效降低水中一些物质的毒性。因此，溶解氧是水产养殖工艺技术当中需要重点考虑的要素之一，也是检验养殖水质状况的综合性指标。气体在水中的溶解度会受到温度和盐度等环境条件的影响，温度和盐度越高则溶解度越低；在20℃条件下，氧在淡水中的溶解度为9.07 mg/L，在海水中的溶解度为7.602 mg/L（雷衍之，2004）。对于氧气等难溶气体，其在水中的饱和度就等于溶解度。

3. 管理技术

在淡水工厂化循环水养殖模式构建和设施装备领域，我国已进入世界前列；我国淡水循环水养殖模式的水循环利用率、生物膜稳定性、循环水系统补水率等重要性能指标都有了明显的进步，已接近国际水准（刘鹰和刘宝良，2012）。但在海水工厂化循环水养殖模式构建方面，设施技术领域与国际水平相比还存在相当大的差距，主要表现在构建工厂化循环水养殖技术体系、污染物净化效率和净化效果长期稳定性等方面未突破现有瓶颈（陈军等，2009）。

由于海水工厂化循环水养殖技术体系尚未建立，使其推广和应用受到限制。为了提高海水循环水系统中生物滤池的净化效率，减少净化装置的体积以节约空间、有效稳定生物净化效果，需要研制高效运行的生物净化系统；通过系统运行的数值模拟研究，更新现有落后的循环水设备系统，改进实时在线和数字化监控系统，完善养殖工艺和管理技术，以实现装备系统的高效利用。此外，低温条件下，海水工厂化循环水养殖系统生物膜高效净化技术尚待突破，需要进一步研究低温条件下的高效净化生物技术、生物膜快速培养技术以及有效保温和控温的设施化调控技术。这些问题已成为制约海水循环水养殖发展的关键。

二、国内外工厂化循环水养殖研究与产业化概览

（一）国外技术研究与产业化

1. 国外工厂化循环水养殖工艺技术研发

全球最早的工厂化循环水养殖系统（RAS）出现于20世纪50年代（Takeuchi，2017），日本为鲤鱼养殖系统设计了生物滤器，以循环利用和节约养殖水体。从20世纪60年代开始，世界各国纷纷开展循环水水处理技术和养殖技术研究。由于最初的研究思路是从引入市政污水处理工艺和模仿水族馆（养殖密度只有$0.16 \sim 0.48 kg/m^3$）的循环水处理工艺开始的，并未考虑商业化水产养殖系统在成本、资源，尤其是养殖水体与净水系统的体积比与系统载鱼量（养殖密度一般在$50 \sim 300 kg/m^3$）方面的特殊要求，因此走了不少弯路，也耗费了大量资源，研发进程也非常缓慢。

另外，早期研究中还忽略了工厂化循环水养殖系统的一个重要特点，即动态性。鱼类代谢废物的产生和降解的速率需要在系统中达到动态平衡，这样的系统才是稳定和健康的。随着人们逐渐掌握pH、溶解氧、总氮（TN）、硝酸盐（NO_3^-）、生化需氧量（BOD）、化学需氧量（COD）等水质指标的特征，以及这些指标在养殖水体中的变动规律，到20世纪80年代中期，循环水养殖的水质动态变化才被纳入系统工艺设计当中。例如，水体缺氧会立即提高充氧机的增氧效率，但硝化细菌对氨氮浓度升高的响应却严重滞后。因此，深化对可能发生交互作用的限制性生产因素的了解，对于系统设计和运行来说越来越重要。

水产养殖技术的建立和改进都是循序渐进的，从来就不是一蹴而就的。循环水

养殖技术发展早期一些看似简单的问题，却让最早尝试这一新模式的企业付出了高昂的代价，往往经营2~3年就关闭，失败的案例比比皆是（Murray等，2014）。许多养殖技术人员虽然有工厂化养殖的经验，但他们的经验是基于流水系统，由于不了解循环水系统，他们常常在日常操作中难以合理控制系统的载鱼量、饲喂量、饲喂频次、水质指标等，造成系统整体的水流量与物质平衡的失控，并最终导致系统运行失败。在循环水养殖早期发展阶段，这种科学认知和管理经验的不足从养殖密度上就可见一斑：实验室规模的RAS养殖密度一般在10~42 kg/m³，而产业化规模的循环水养殖系统的养殖密度仅能达到7 kg/m³左右。经过半个多世纪的发展，现代的RAS通过不断优化的工艺设计、曝气充氧（例如液氧的使用）、自动投喂以及适宜养殖品种的选择等，得以不断突破各种限制性因素，因而能够实现50~300 kg/m³的高养殖密度。

随着传统池塘养殖模式因面临土地竞争和各种环保压力而在发展上陷入停顿，欧美各国的工厂化循环水养殖业在20世纪80—90年代经历了快速发展和上升期（van Rijn，1996）。伴随着产业发展的是各种工艺技术的改进，开始利用各种无压过滤筛网滤除较大悬浮颗粒物，利用臭氧对水体进行消毒和降解其中的有机物，同时也研发出多种类型的生物滤器［如浸没式过滤器（submerged filters）、滴滤器（trickling filters）、往复式过滤器（reciprocating filters）、旋转式生物接触器（rotating biological contactors，RBC）、转鼓生物滤器（rotating drums）和流化床反应器（fluidized bed reactors）等］和厌氧反硝化装置。随着这些装备和工艺技术的开发，工厂化循环水养殖逐渐成型并开始产业化应用。

美国在工厂化循环水养殖基础和应用基础研究中保持了较高的水平，包括集约化养殖生物的营养生理、防病技术、水处理技术等。美国循环水养殖系统的工艺特点是水质调控自动化、机械化程度很高，采用计算机辅助自动调控水体中的溶解氧、pH、电导率、浊度、氨氮等指标，并自动控制养殖场内部环境的温度、湿度、光照强度等。另外，得益于发达的总体工业水平，他们在增氧、生物净化沉淀、固体颗粒物滤除、养殖生物分级筛选和收获等方面大量运用了先进的高新技术和装备。美国的RAS包含厌氧反应环节（图1-2），与丹麦水产技术方案公司Aquatec-Solutions的系统较为接近（图1-4）。这样的系统设计与设备集成模式已成为国外RAS的主流。

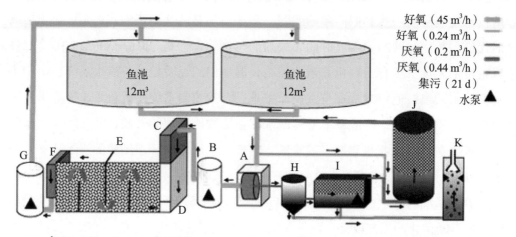

好氧（45 m³/h） ▬▬
好氧（0.24 m³/h） ▬
厌氧（0.2 m³/h） ▬
厌氧（0.44 m³/h） —
集污（21 d）
水泵 ▲

A. 0.3 m³微孔滤鼓　B. 0.4 m³泵储罐　C. 0.9 m³ CO_2汽提塔　D. 1.5 m³蛋白质分离器　E. 8 m³硝化移动床生物反应器（MBB）　F. 1 m³低扬程充氧器　G. 0.6 m³泵池　H. 0.15 m³锥形污泥收集池　I. 0.5 m³污泥消化池　J. 3 m³固定床上流式厌氧氨氧化生物滤池　K. 0.02 m³带气体收集装置的沼气反应器

图1-2　美国马里兰大学海洋生物技术中心研发的循环水养殖实验系统
Fig.1-2　The RAS at the Centre of Marine Biotechnology, University of Maryland, USA

2. 国外循环水养殖产业

荷兰和丹麦在20世纪80年代建立了循环水养殖技术，前者以养殖非洲鲇和鳗为主，后者则主要养殖虹鳟。随后，欧洲各国也争相效仿并各自发展了自己的循环水养殖业，例如英国、法国和德国分别建立了养殖海鲈（*Dicentrarchus labrax*）、大西洋鲑（*Salmo salar*）和其他各种海水鱼的循环水系统（Martins等，2010）。目前，欧洲国家已经拥有了一定规模的循环水养殖产业，养殖品种涉及大西洋鲑、虹鳟（*Oncorhynchus mykiss*）、欧洲鳗鲡（*Anguilla anguilla*）、北极红点鲑（*Salvelinus alpinus*）、梭鲈（*Stizostedion lucioperca*）、鲟（*Acipenseriformes* sp.）、尼罗罗非鱼（*Oreochromis niloticus*）和欧洲龙虾（*Homarus gammarus*），并且建立了专门针对多个品种的育苗和大规格苗种培育的循环水养殖系统（Dalsgaard等，2013）。

虽然一些发达国家在循环水养殖基础科学研究、技术研发和装备制造方面都取得了不错的成果，但其循环水养殖产业在初创时期非常艰难。英国循环水养殖产业的早期发展历程就是很好的例子。根据Murray等（2014）的报道，英国最初的循环水养殖系统都是用来培育大西洋鲑幼鱼（smolt）的，因为幼鱼的价格高，尤其是以单重计算的价格是商品鱼的3倍多。同时，幼鱼的生产成本只占大西洋鲑总生产成本的一小部分。因此，循环水养殖对稳定提高大西洋鲑幼鱼的供应量做出了相当大的贡献。此外，英国也发展了针对其他高价值品种的循环水养殖系统，如大菱鲆、鳗和鲟，或者专供北美市场的罗非鱼等（图1-3）。不过，早期的循环水养殖产业发展并不顺利。2000—2013年，英国一共注册成立了29家采用循环水养殖系统的商品鱼养殖场（不包括孵化场和鱼种生产场），其中18个从事罗非鱼养殖；但由于经营不善，第一批（主要在2005—2006年）注册的企业均在2～3年内停产。

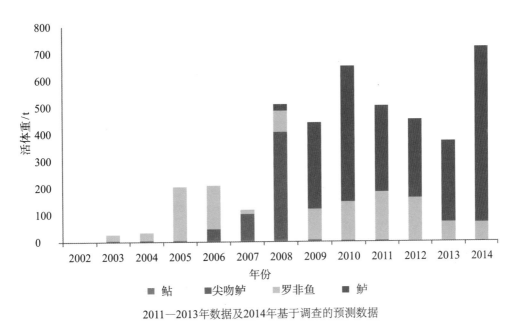

2011—2013年数据及2014年基于调查的预测数据

图1-3 早期英国循环水养殖鱼类产量（引自Murray等，2014）

Fig.1-3 Fish production by early stage RAS in the UK

不仅英国，丹麦、荷兰、以色列、日本、美国、法国、德国、俄罗斯等欧美国家也都是循环水养殖产业比较发达的国家，其养殖品种都以鱼类为主。在欧洲，德国较早（20世纪70年代）尝试用循环水养殖系统来养殖鲤——一种特别耐低氧和适宜高密度养殖的淡水鱼（Goldman，2016）。但从整个欧洲来看，循环水养殖技术、装备和工艺设计最为发达，且较早建立起工厂化循环水养殖模式的国家主要是丹麦和荷兰。丹麦在20世纪70年代中期就开始策划将循环水养殖技术产业化，而最早的、具备生产规模的鱼类循环水养殖系统由丹麦水产研究所（National Institute of Aquatic Resources，"DTU Aqua"）开发，并于1980年在丹麦建成运行。丹麦在循环水养殖技术方面的早期投入有力促进了循环水养殖系统的产业化发展，特别是欧洲鳗鲡等高值鱼类的养殖（Goldman，2016）；后来，丹麦又开发了室外半封闭式循环水养殖模式，以冷水性的虹鳟为主要养殖对象（Martins等，2010）。得益于先发优势，丹麦有多家环保公司在水产养殖装备与工艺研发方面脱颖而出，其中包括1978年成立的国际水优公司（Inter

Aqua Advance-IAA A/S，IAA）、诺帝克水产有限公司（Nordic Aqua Partners）、水产技术方案公司［Aquatec-Solutions，该公司于2015年被挪威水产设备供应商阿克瓦集团公司（AKVA）并购］等，已在全球范围内设计建造了一百多套工厂化循环水养殖系统。丹麦的循环水养殖系统设计以水产技术方案公司的养鱼系统（图1-4）为代表，该系统也包含厌氧反应环节。

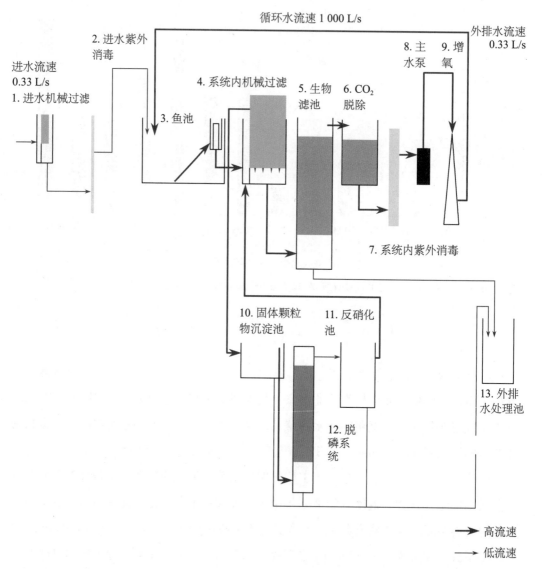

图1-4　丹麦Aquatec-Solutions公司设计的循环水养殖系统（引自Murray 等，2014）

Fig.1-4　Schematic of RAS design from Aquatec-solutions in Denmark

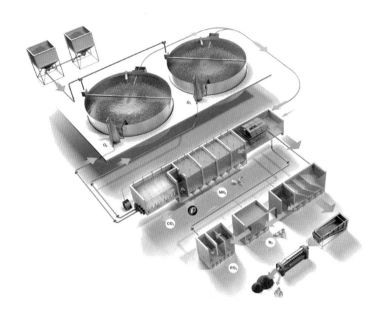

图1-5　由挪威阿克瓦集团公司设计的大西洋鲑苗种培育循环水养殖系统
Fig.1-5　RAS designed by AKVA for smolt of Atlantic salmon
（图片来源：https://www.akvagroup.com）

　　挪威AKVA是目前全球最大的水产养殖装备设计与制造公司之一，AKVA集团设计的大西洋鲑苗种培育系统采用双循环水流系统（图1-5），养殖用水全部通过固体颗粒物过滤、紫外线消毒和脱气处理，少部分流量通过移动床生物反应器（MBBR）处理，使用锥形注氧罐充氧。2019—2020年，丹麦诺帝克水产有限公司联合欧洲水产饲料巨头荷兰泰高集团（Nutreco）、挪威阿克瓦集团开始在中国宁波市象山县开发大西洋鲑循环水养殖项目。除了挪威和丹麦，瑞典等北欧国家也有一些公司生产循环水养殖装备。例如，瑞典的伟伦万特（Wallenius Water）近年来与中国有很多合作，从2011年至今，先后在天津塘沽、山东海阳等地建设了近10套循环水养殖系统。

　　荷兰也是欧洲国家中较早发展工厂化循环水养殖的国家，开发了典型的室内全封闭式循环水养殖模式，以欧洲鳗、非洲鲇、罗非鱼为主要养殖对象（Martins等，2009）。荷兰的循环水养殖企业鱼类有限公司（Fishion BV）成立于2003年，由太阳水产养殖有限公司（Zon Aquafarming BV）和创新食品有限公司（Anova Food BV）两家公司合资兴建，后来并入了荷兰农业公司凡瑞星根集团公司（Van Rijsingen Groep）的水产养殖部。Fishion BV是一个产业链品牌，业务涵盖饲料厂、养殖场、加工厂和Anova品牌产品的零售网点。该公司的前身于1985年开始循环水养鱼，先后生产过鳗、鲟、鲑、罗非鱼、鲇等品种。Fishion BV的养殖系统由丹麦水产养殖装备公司——Inter Aqua负责设计建造，其中的脱氮工艺是与瓦格宁根大学（Wageningen University）联合研发的。Fishion最初专门开展罗非鱼养殖，直到2006年左右开始重点养殖肉质坚实、少刺、色泽粉嫩的杂交鮊。鮊的优点是生长期很短，从15 g的苗种到1 400 g的商品鱼仅需7个月，并且可以耐受极高的养殖密度（＞300 kg/m³）；而与之价格相当的罗非鱼在同样的循环水养殖系统中，养殖密度最高也只能达到80 kg/m³，在产值上无法与鮊竞争。很显然，循环水养殖模式与其他养殖模式一样，商业运营与技术、管理、工艺设计同样重要。

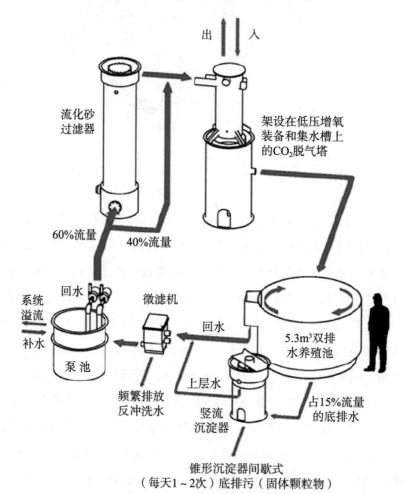

在固体去除过程中增加了径向流沉降器，并使用流化砂生物过滤器而不是移动塑料介质（生物滤器）。只有约60%的流量通过生物滤器。

图1-6　美国弗吉尼亚州淡水研究所设计的循环水养殖系统

Fig.1-6　Schematic RAS design by the Freshwater Institute, Virginia USA

Swirl sperator is added in the solid removal process, and fluidized-sand biofilter is used instead of moving bed plastic medium（biofilter）. Only about 60% of the flow passes through the biofilter.

（图片来源：https://www.conservationfund.org/our-work/freshwater-institute）

　　美国的华盛顿大学（University of Washington）、马里兰大学（University of Maryland）、西弗吉尼亚淡水研究所（Freshwater Institute of West Virginia）、北卡罗来纳大学（North Carolina State University）等科研院所在该领域的研究水平居世界前列，其中西弗吉尼亚淡水研究所和康奈尔大型联合设计的以流化砂生物过滤器（fluidised-sand biofilters）为核心的循环水养殖系统（图1-6）已成为此类工艺设计的经典，很多后续的实验系统都采用了类似的设计（图1-7）。美国的循环水养殖技术颇

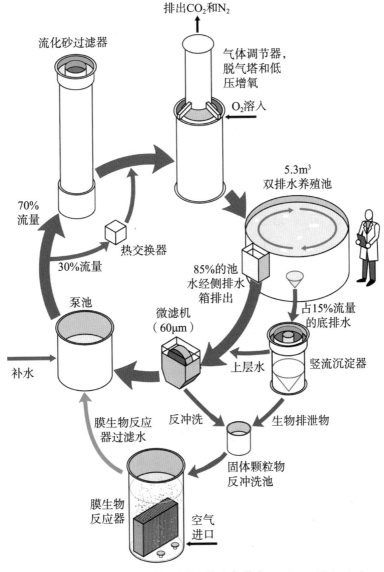

在弗吉尼亚州淡水研究所系统的基础上增加了膜生物反应器（Membrane biological reactor, MBR）

图1-7　卑尔根大学的循环水养殖系统（引自Davidson，2020）

Fig.1-7　Experimental RAS by Bergen University, Norway. A MBR was added to the system design by Freshwater Institute, Virginia USA

具特色，一度处于全球的领先地位，曾经倍受养殖业界的关注。然而与英国和其他一些国家一样，美国的工厂化循环水养殖产业也是经历无数次失败而后逐渐发展成熟起来的（Goldman，2016）。多年来，美国在循环水养殖冷水性的鲑鳟以及温水性的罗非鱼方面已取得显著效果，在技术和装备方面都有一定的积累，其工艺技术研究主要走两条路线：一是大力研究水处理设施设备，形成集成各种科学技术于一体的现代化循环水养殖技术路线；二是简化各种水处理设施设备，节约成本，采用简单的废水处理方式实现循环水养殖模式经济运行的技术路线（刘晃等，2009）。

以色列从20世纪20—30年代开始尝试发展水产养殖，其发展历程大致可以分为池塘、工厂化和工厂化循环水三个阶段。目前，以色列水产养殖产量占到水产品总量的70%以上，虽然总的规模有限，但仍然可称得上是世界上主要的水产养殖国家。工厂化循环水养殖是以色列农业现代化技术成果在水产养殖领域的集中体现，其核心工艺是水处理技术，包括采用高效的生物滤器、全自动滚筒微滤机、实时水质监测、自动投饵等先进养殖设备。以色列阿科莫夫（AquaMaof）公司是有着三十多年历史的渔业装备研发、系统设计、装备制造公司。其循环水养殖系统采用先进的AquaMaof微量液体排放（minimum liquid discharge, MLD）技术，利用多项水处理专利和过滤技术来减少用水量（图1-8）。AquaMaof的集成循环水养殖系统技术的核心是高效的电源管

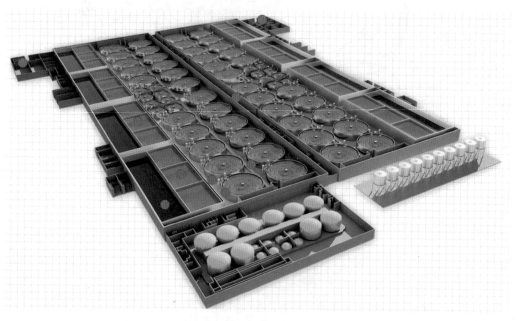

图1-8 以色列AquaMaof的工厂化循环水养殖系统设计示意图

Fig.1-8 RAS design by AquaMaof co., Israel

（图片来源：https://www.aquamaof.com/technology/）

理，可显著降低能源成本；同时，采用优化的饲喂模式和先进的饲喂管理系统，也能够降低饲料系数（FCR）和运营成本。另外，AquaMaof的循环水养殖系统的工艺流程有一定的灵活性，能够根据不同企业和养殖品种的需求进行定制化设计，并且能够随时集成利用新技术；通过对系统组件的智能化选择和配备，可以在最少维护下实现强大的功能。目前，AquaMaof已经在日本、挪威、德国、波兰、俄罗斯等全球多个国家建设了数十套循环水养殖系统，养殖品种包括大西洋鲑、虹鳟、石斑鱼、黄条鰤和对虾等。

虽然经历了半个多世纪的发展，工厂化循环水养殖对全球水产养殖的总体贡献却十分有限（Ahmed和Turchini，2021），尤其是在水产养殖规模较大的发展中国家，工厂化循环水养殖的占比还非常低。不过，由于较为严格的环保政策等条件限制，欧美国家的陆基工厂化养殖大多采用循环水技术。尤其是最近20多年来，欧美国家将工厂化循环水高密度养殖作为新型技术密集型产业，发展速度非常快。例如，法国的大菱鲆苗种孵化和成鱼养殖绝大部分在封闭循环水养殖车间进行，100%的大菱鲆苗种培育采用循环水，60%以上的成鱼养殖采用循环水。从全球来看，循环水养殖单产一般达到70～120 kg/m²（Ahmed和Turchini，2021），生产规模可大可小，大型生产系统年产量超过100万kg，中型生产系统年产50万kg，而小型生产系统年产量可能只有5万kg。除了环保压力和资源限制，病害防控、增加市场灵活性等方面的迫切需要，也成为助推欧美各国发展工厂化循环水养殖的新动力。大西洋鲑是欧洲首屈一指的主养品种，一直以深水网箱为主要养殖模式。近年来，网箱养殖的大西洋鲑受到鱼虱侵扰，产品质量和产量都难以保证，于是，挪威等一些欧洲国家已开始进行封闭式循环水养殖鲑的技术研发和生产实践。同时，美国也对工厂化循环水养殖加大了政策支持和产业化推广力度。总部位于迈阿密的大西洋蓝宝石公司（Atlantic Sapphire, Miami, USA）的大西洋鲑循环水养殖场（养殖面积35万m²）于2018年建成投产，于2020年销售第一批共1万多吨商品鱼；同时，该公司计划在2023年和2026年分两次扩建，并最终达到养殖面积37万m²和年产量10万多吨商品鱼的规模。差不多在同一时期（2018—2021年），挪威的诺帝克水产养殖公司（Nordic Aquafarms Inc.）投资近10亿美元，分别在加利福尼亚州和缅因州投资兴建了两座大型的大西洋鲑循环水养殖场，项目拟于2024年建成投产。

（二）国内技术研究与产业化

1.国内循环水养殖工艺技术研发

我国的工厂化循环水养殖起步于20世纪80年代中期。1986年前后，以中国石化中原油田、江苏中洋集团为代表的几家企业，先后花巨资从德国、丹麦等国家引进一批循环水养殖系统，主要从事淡水罗非鱼、鳗的工厂化养殖。由于当时国外的循环水养殖系统尚欠完善，加之国内的管理理念与循环水养殖的要求存在很大的差距，因此，几乎全部引进设备都没有得到很好的运行。20世纪90年代初，国内开始进行工厂化循环水养殖相关的科学与技术研究，从早期的摸索到工艺、技术、装备的逐步研发与配套集成，并最终实现产业化运行，至今已近30年时间。

我国产业规模的海水工厂化养殖出现于20世纪90年代。早期是从海水鱼、虾、贝类的工厂化苗种繁育开始，逐步发展到鱼类和虾类亲本的工厂化越冬和暂养，继而发展出商品鱼类和贝类（鲍等）的工厂化养殖。20世纪90年代初期，以"温室大棚+深井海水"的工厂化流水养殖模式为雏形的中国工业化养鱼逐步创立（雷霁霖，2010），克服了养殖季节的限制以及突发恶劣天气的干扰，并以此为基础实现了单位水体养殖产量的大幅度提高，掀起了以大菱鲆、牙鲆等鲆鲽鱼类为代表的我国第四次海水养殖浪潮。

20世纪90年代中后期，中国水产科学研究院黄海水产研究所（以下简称黄海所）开始进行工厂化循环水养殖工艺技术研究。在"九五"期间，黄海所承担了国家高技术研究发展计划（863计划）"工厂化养殖海水净化和高效循环利用关键技术的研究""工厂化鱼类高密度养殖设施的工程优化技术"等项目，开展了海水工厂化养殖关键技术研究，研发了微滤机、快速过滤、高效增氧等技术，在山东省荣成市寻山水产集团有限公司养鱼场建成了"863"课题工厂化循环水养鱼实验基地，进行海水循环水养鱼技术实验研究，养鱼密度达到30 kg/m²；"十五"期间，黄海所主持了国家"863计划"和科技攻关计划课题，解决了工厂化养殖的工程技术优化问题，养殖装备技术水平得以提升，并带动了工厂化养殖的工程优化技术在我国北方沿海地区的推广应用；"十一五"期间，黄海所承担工厂化养殖成套设备研发和高效养殖生产体系构建，使工厂化循环水养殖在我国得到长足发展，取得了显著的经济效益和社会效益。通过开展"十二五"国家科技支撑计划、"节能环保型循环水养殖工程装备与关键技术研究（2011BAD13B04）"和"黄渤海区鱼类工厂化健康养殖技术集成与示范"（2011BAD13B07），以及"十三五"国家"蓝色粮仓"科技创新重大专项"虾参循环水养殖工艺研究与清洁生产系统构建（2019YFD0900505）"等一系列重大项目，我国循环水养殖工艺、技术和系统化程度得到快速提升，并且在运行规模和养殖品种方面也得到不断发展。通过我国科研人员20多年的持续努力，陆续突破了固体颗粒物快速分离、生物净化、高效溶解氧、养殖尾水处理等关键技术，取得了一批拥有自主知识产权的创新成果；初步构建起具有中国特色的节能环保型循环水养殖工艺，工艺技术已接近世界先进水平。

近10年来，循环水养殖技术在国内得到进一步发展，工艺设备不断优化，逐步采用了纳米材料技术、生物膜快速培养技术、厌氧反硝化技术、自动投饵和自动化控制技术等现代化科学技术成果。在中国目前的主流循环水养殖系统工艺设计当中，水处理装备由微滤机（固体颗粒分离器）、气浮（蛋白质泡沫分离器）、生物滤池、增氧装置、控温装置以及紫外线消毒设备等几个主要部分构成。通过对工艺设备的不断更新换代和配套集成，进一步提高了自动化程度和集约化程度，强化了生物安保和动物福利，养殖水循环利用率达到95%以上，循环水养殖配合生态综合尾水净化技术，实现了无废物生产和"零排放"（马绍赛等，2014；曲克明等，2018）。

2. 国内循环水养殖产业

科技创新有力地支撑了产业发展。国内循环水养殖产业开始于2007年。2007年至2013年的7年间，在国内第四次海水养殖浪潮的推动下，以鲆鲽类工厂化循环水养殖为代表，养殖面积由2×10^4 m^2迅速上升至5×10^5 m^2，增长了25倍（《国家鲆鲽类产业技术体系年度报告（2012）》）。在黄海所、中国科学院海洋研究所、中国水产科学研究院渔业机械仪器研究所等科研院所的推动下，莱州明波水产有限公司、天津海发海珍品实业发展有限公司等企业的示范带动下，2013年前后，我国工厂化循环水养殖已初具规模，主要集中在北方沿海，其中，辽宁、河北、天津和山东的循环水养殖总面积约占四省市工厂化养殖总面积的67.2%。循环水养殖总产量中，半滑舌鳎（*Cynoglossus semilaevis*）约占43%，大菱鲆（*Scophthalmus maximus*）占24%，其他经济鱼类占33%［涉及虹鳟（*Oncorhynchus mykiss*）、老虎斑（*Epinephelus fuscoguttatus*）、鳗鲡（*Anguilla* spp.）等］，养殖密度也逐步提高到30~40 kg/m^3（宋协法等，2012；王峰等，2013），个别品种［罗非鱼（*Oreochromis niloticus*）］甚至高达104.2 kg/m^3（张宇雷等，2012）。可以说，在21世纪的第二个10年，我国循环水养殖已经有了质的飞跃，表现在载鱼量、养殖水质和养殖效果都有了明显的提高（傅雪军等，2011）。继鱼类之后，对虾、海参和鲍等品种的循环水养殖先后在我国获得成功。我国于1988年引进南美白对虾进行池塘养殖并获得成功，但由于病害频发，使产业不堪其扰，产量和产值难以保证；通过近年来对虾工厂化和循环水养殖的大量研究与实践，循环水养虾目前在我国已颇具产业化规模，实现了传统养虾方式的更新换代和转型升级。目前，工厂化循环水养虾在我国北方沿海和甘肃、内蒙古自治区等内陆省份发展很快；截至2022年年初，运行中的系统总面积约30万m^2，另有在建项目近200万m²。

多年来，我国坚持自主研发中国特色的工厂化循环水养殖工艺模式（朱建新等，2009），养殖总水体已突破300万m³，与国外循环水养殖系统相比，我国的循环水养殖系统的建设成本是国外的1/5，运行能耗是国外的1/3，养殖品种也更加丰富多样。

三、我国工厂化循环水养殖面临问题与发展趋势

多年来，我国研发了环流式固液分离装置、工厂化循环水养殖系统多功能回水装置、生物滤池多孔排污装置、生物膜负荷挂膜技术等实用性水处理装备和水处理技术；通过对循环水养殖工况下养殖鱼类的生理、生态研究，揭示了工厂化循环水养殖促生长机理；通过生物滤器研发，阐明了生物膜培养方法、净化机制和影响要素；系统研究了主要营养素在循环水养殖系统内的迁移转化规律，为养殖微生态环境精准控制提供了理论依据；通过系统集成和优化，构建了节能环保型海水鱼、虾类工厂化循环水养殖系统。其中，笔者自主设计的工厂化循环水养殖系统在工程造价、运行稳定性、运行能耗、养殖生物单位承载力等方面均处于国内领先水平，目前已在全国建立示范企业63家，示范面积90多万m²，为促进我国渔业产业转型升级和工业化发展做出了突出贡献。

不过，我国工厂化循环水养殖发展中也存在许多不足，需要不断优化与提升。主要包括以下几个方面。

1. 设施与装备集成能力需要加强

国内目前已建成的生产性工厂化循环水养殖系统中，水处理设备、自动投饵设备、杀菌和增氧设备等单项设备的性能和工艺水平虽已逐渐步入世界先进行列，但这些装备在配套和应用方面仍然存在许多不完善和不匹配的问题。我国目前的水产养殖设备供应商总体呈现小而散的格局，真正能够生产循环水养殖成套设备的厂家凤毛麟角，更缺少能够与以色列AquaMaof、丹麦Inter Aqua Advance-IAA A/S（IAA）、挪威AKVA、瑞典Wallenius Water等国际知名水产设备供应商抗衡的规模以上企业。这一方面因为需要考虑通过不同的设备厂家进行选型和配套，增加了我们在系统设计和建设过程中的难度；另一方面也限制了国产系统及其装备的快速提升。因此，只有加大养殖装备研发和产业化投入，不断提升装备水平和系统建造的一体化程度，才能加速实现工厂化循环水养殖系统健康、高效、稳定的运行。

2. 营养饲料需要进一步改善

我国目前仍缺乏针对循环水养殖以及相应养殖品种的专用饲料，不同厂家生产的

饲料的营养、蛋白水平、溶失率、饲料系数等指标参差不齐，增加了水处理系统的运行负担，也影响了工厂化循环水养殖的效果。因此，有必要开发针对不同品种的循环水养殖专用饲料，使饲料营养和性能都具备较高的水平，从而保证循环水养殖系统的各种优势能够得到更好发挥。

3. 病害防控技术需要精准化

追求高密度、高效益是工厂化循环水养殖模式的首要目标。由于养殖密度高、系统负荷大、物质周转快，一旦哪个环节出现微小的问题，都有可能被迅速放大，并引发养殖生物病害。此外，由于系统本身的封闭性，病原体一旦进入就很难去除。为此，一方面需要不断优化系统工艺，增加系统本身的缓冲性能，使系统运行更加顺畅；另一方面则要加强循环水高密度养殖条件下生物的生理生态学研究，以及养殖生物的应激反应、疾患征兆、疫病防控技术研究，建立科学有效的病害预警能力。

4. 节能降耗需进一步加强

前期建设投入大和能耗高，是工厂化循环水养殖不可回避的两个问题。因此，应同时关注设备和系统两个层次的节能降耗，进一步研发节能型设施设备，优化与集成低碳高效的循环水处理技术；优化系统工艺和水处理单元之间的耦合，以实现节能减排；研发 CO_2 去除装置，降低养殖水体中 CO_2 含量；研制低能耗、高效率的多功能固体颗粒物滤除设备、消毒杀菌设备和生物滤器；研发高效、实用的养殖尾水处理技术，实现尾水资源化、无害化处理，构建工厂化养殖尾水污染物生态控制新模式；研发适合循环水养殖系统使用的可再生能源利用技术，提高太阳能、风能等新能源与循环水养殖装备的匹配度，同时推广使用水源热泵等高效热交换设备，降低系统运行的能源成本。

5. 运行工艺与养殖管理需要标准化

我国工厂化循环水养殖虽然经历近30年的发展，但目前仍缺乏相关技术标准与规范，未形成标准化体系。不同地区、不同企业的养殖技术水平参差不齐，养殖效果和生产性能差异较大；因系统设计不合理、管理失当、水循环与水质指标失控导致系统运行失败的例子比比皆是，这在一定程度上制约了循环水养殖模式的大规模推广应用。因此，应加紧构建工厂化循环水健康养殖生产技术体系，建立健康养殖生产管理模式，构建安全高效的节约型工厂化循环水养殖工艺和技术标准，通过制定相关标准或规范来构建标准化体系，开展标准化生产示范。

6. 基础研究有待加强

我们应该认识到，工厂化循环水养殖目前仍然存在一些科学认知方面的重大挑战，包括养殖生物在高密度和特定水质条件下的健康状态、系统运行中生物膜结构的变化及其对水处理效果的影响、主要营养素在系统内的迁移转化规律、固体颗粒物去除的最佳途径及无害化处理等，对这些过程与机制的认识不足，也影响到相关技术和装备的发展。

迄今为止，我国虽然已初步建立了适合国情的循环水养殖技术体系，产业发展初具规模，但在养殖微生态环境控制、养殖管理与投喂技术、水质自动检测与数字化管理等方面还需要不断完善，在病害防控、节能降耗等方面还需要进一步加强。此外，由于企业管理者受到传统养殖理念的束缚，相当一部分循环水养殖系统的集约节约、高效安全的技术优势尚未得以充分发挥。从设施装备上来看，我国工厂化循环水养殖在水处理精度、水处理效率、运转使用率及自动化、智能化管理水平方面与国外先进国家尚存在一定差距。

尽管存在上述种种问题和挑战，但对比现有的各类水产养殖生产模式，只有工厂化循环水养殖最有可能实现生产效率最高、生态环境保持最佳以及动物福利得到加强的目标。正因为如此，工厂化循环水养殖也被看作是水产养殖领域的颠覆性技术（Yue和Shen，2022）。随着我国渔业现代化水平的不断提高，新技术、新材料不断出现，将给循环水养殖模式带来新的发展机遇。同时，随着我国建设生态文明和实现碳中和的进程逐渐加速，节能减排和低碳经济已成为水产养殖业的必由之路，我国传统的养殖模式在科技水平、自动化程度、经营管理方式、资源消耗等方面已经表现出种种局限性，而工厂化循环水养殖的优势日益显现，必将迎来新一轮快速发展。

（朱建新，刘慧，白莹，程海华，杨志强，张龙，陈世波）

第二节　工厂化循环水养殖系统水处理工艺与技术

一、工厂化循环水养殖系统水处理关键环节

（一）固体颗粒物去除

固体颗粒物也叫固体悬浮物（suspended solids，SS），指在水体中粒径 $>1\mu m$ 的不溶或难溶性有机或无机物；在水产养殖系统中，固体颗粒物一般由破碎的饵料颗粒、养殖动物的粪便及细菌生物絮团组成，其中有机质含量高达50%～92%

（Mirzoyan 等，2010），因而也常常被叫作"有机颗粒物"。这些颗粒大多数呈片状结构，椭球形或细长颗粒相对较少，近球形的颗粒则更少（Becke等，2020）。

养殖水体中固体颗粒物的质量密度一般在1 050～1 200 kg/m³（Veerapen等，2005），与水本身的密度（淡水约1 000 kg/m³，海水1 020～1 070 kg/m³）相差无几，因此很难分离去除；同时，养殖水中的有机颗粒十分微小，其中粒径＜100μm的颗粒占50%～70%（宋德敬等，2003），因此想要彻底滤除也十分困难。这些物质如果过多或长时间存在于水体当中，就会被氧化降解，不仅会降低水中的溶解氧，还会促进水中有害微生物的繁殖，产生氨氮、硫化氢等有毒物质，对养殖动物的健康造成危害。因此，固体颗粒物去除是循环水养殖系统水处理的重点和难点之一。

固体颗粒物的去除效果直接决定了循环水养殖系统水质的好坏、系统运行的稳定和养殖生物的健康。目前，循环水养殖系统固体颗粒物的去除工艺大致可分为化学法、生物法和物理法（图1-9）；由于各类工艺、技术、方法之间在作用原理上存在交叉重叠，要将它们彻底分开几乎是不可能的，因此只能按照主要的工艺原理和设计思路进行划分。化学方法由于需要添加化学试剂，容易引起二次污染，笔者不建议在循环水养殖工艺中采用；生物法和物理法在目前的水处理工艺中较为常见。

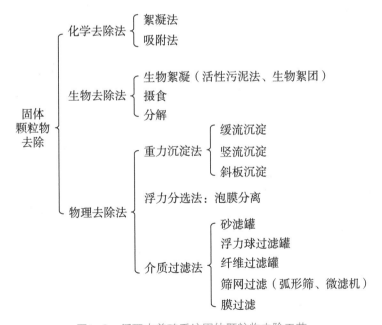

图1-9　循环水养殖系统固体颗粒物去除工艺

Fig.1-9　Technology and methods for suspended solids removal in RAS

处理精度是固体颗粒物去除方案首先要考虑的因素，但是养殖水体中有机颗粒物越小，其去除工艺则越烦琐，设备造价和动力配置也越高，无形中会增加养殖成本。因此，应根据水体中总固体悬浮物的产生量、分布规律、控制目标、系统工况等多方面的需求，选取最适合的去除工艺（倪琦和张宇雷，2007）。目前，固体颗粒物的物理去除方法有重力沉淀、浮力分选和介质过滤等，这些方法又各自衍生出多种不同的处理方法和工艺装备（图1-9）。本节仅以目前国内循环水养殖系统中较为常见的竖流沉淀技术、筛网过滤技术、膜过滤技术和泡沫分选技术为例，简要介绍循环水养殖当中的固体颗粒物去除工艺。

1. 竖流沉淀技术

在工厂化循环水养殖过程中，对于密度较大的颗粒物可采用重力沉淀技术予以去除。按照养殖水在沉淀时的状态，重力沉淀又分为静态沉淀和动态沉淀。静态沉淀属于序批式处理，要求处理空间足够大，在工厂化循环水养殖中的应用价值不高。动态沉淀是指水与固体颗粒在平流或竖流情况下受重力作用连续下沉的过程。动态沉淀装置通常由进水区、沉淀区、集泥区和出水区4部分组成（刘振中，2004）。旋流分离器（swirl separator），通常又称作竖流沉淀器、竖流式沉淀池、立式沉淀池，是我国目前使用最多的动态沉淀装置，具有结构和工艺简单、无能耗等特点，一般用于养殖水体中固体颗粒物的初级沉降，应用于微滤机等高精度物理过滤的前端。旋流分离器设计图和参数见图1-10、图1-11和表1-1。

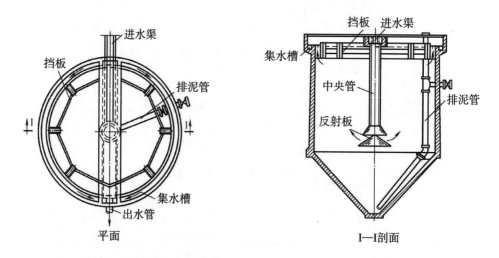

图1-10　旋流分离器平面和剖面设计图（引自中华水网 https://www.h2o-china.com/news/）

Fig.1-10　Graphic and sectional design of a swirl separator

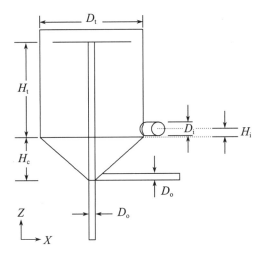

图1-11　旋流分离器设计图（引自Veerapen等，2005）

Fig.1-11　Design of a swirl separator

表1-1　旋流分离器（图1-11）的主要设计参数

Tab. 1-1　Main design parameters of a swirl separator

设计参数	图中对应符号	规格大小/cm	
		小型旋流分离器	大型旋流分离器
水槽直径	D_t	62[a]	150
水槽高度	H_t	28，56[a]	75
锥形底高度	H_c	25[a]	0
进水管径	D_i	3.8，7.6[a]	3.8
进水管高度	H_i	5[a]，28，48	35
出水管径	D_o	3.8[a]	3.8

注：上标字母[a]表示基础设计参数。

2.　筛网过滤技术

筛网过滤也称微网过滤（micro-screen filtration），是采用不锈钢、铜合金等合金丝编织的微孔筛网，或在不锈钢板上利用激光打孔技术打制的微孔网，固定在不同的过滤设备上，以拦截养殖尾水中的固体颗粒，通过手动或自动反冲洗装置实现固液分离。早期的筛网过滤法采用了洗煤用的弧形筛，其优点是建设成本低、无运行能耗、维护方便，但需要定期进行人工反冲洗。后来逐渐发展出履带式、滚筒式微滤机，具有半自动或全自动反冲洗功能。全自动反冲洗微滤机（图1-12）能连续、快速、有效地将养殖水体中的剩余饲料、动物排泄物和残渣等悬浮颗粒物分离出来，对水质有显著的净化作用，能极大地提高水体的透明度，减少颗粒物分解对水产动物带来的毒害。目前，我国

图1-12　全自动反冲洗滚筒式微滤机
Fig.1-12　Automatic backwashing rotary
drum microfiltration machine

有多个厂家自主研发并设计制造了全自动反冲洗微滤机，虽然结构大体相似，但在框架结构与材质、筛网制作工艺与固定方式、传动方式、反冲洗压力等方面存在较大差别。

微滤机的过滤精度应根据养殖品种对水质的要求而定，可以通过调整过滤筛网的网目数而改变，筛网网目数越高过滤精度越高。但是，随着过滤精度的提升，微滤机的造价和运行能耗也会迅速上升，而过高的过滤精度和网目数实际上是生产系统无法承受的（Dolan等，2013）。一般来说，鱼类循环水养殖系统的过滤精度以60μm为宜，虾类循环水养殖系统的过滤精度以90μm较为经济。

3. 膜过滤

对于筛网过滤不到的细小颗粒物（粒径＜20μm），也可以利用其他一些技术来去除，例如膜过滤。膜过滤具有常温、高效、节能、设备小和工艺简单等优点，已从海水淡化、纯水制备拓展到环保、化工、医药、食品等诸多领域；膜分离技术也为循环水养殖系统高精度水处理的实现创造了条件。当膜两侧的压力差大于某物质渗透压时，可使该部分溶剂和小于膜孔径的组分透过，而微粒、大分子、盐等被截留下来，从而实现分离的目的。按照膜孔径不同，将膜分为微滤、超滤、纳滤和反渗透膜。使用0.05μm的半透膜过滤养殖尾水能截留94%的总颗粒物（total suspended solids, TSS）和76%的生化需氧量（Viadero和Noblet，2002）；膜过滤也可将循环水养殖尾水中的胶体颗粒减少77%，浊度减少44%（Holan等，2014）。然而，膜过滤相对比较昂贵，虽然将膜过滤应用于大西洋鲑（*Salmo salar*）的循环水养殖（Fossmark等，2020）能显著改善水质和水体中的微生物结构、降低异养菌数量，但成本却增加了27%；这也是膜过滤未能在水产养殖当中广泛使用的主要原因（Viadero和Noblet，2002）。不过，将膜过滤技术用于养殖用水病原微生物丰度较高地区的原水处理，可以最大限度地降低循环水养殖系统病害发生的概率。

除上述几种技术外，以石英砂、塑料颗粒、纤维丝等作为滤料的介质过滤技术通过截留、沉降、吸附作用过滤养殖废水中的微细颗粒，也可以达到滤清和净化水质的目的，而以砂滤坝、砂滤池为代表的无压过滤设施和以砂滤罐、彗星式纤维滤料高效过滤器（宋德敬等，2003；李锦梁，2004）为代表的高压过滤设备等，也都可以应用于水产养殖中。不过，考虑到运行能耗高、容易堵塞、反冲洗费时费力、流量不稳定等问题（朱建新等，2009），目前除了弧形筛和微滤机以外，其他固体颗粒物过滤技术较少在国内循环水养殖系统中应用。

4. 泡沫分选技术

泡沫分选技术（foam fractionation），又称泡沫吸附分离（adsorptive bubble separation technique）、气提和蛋白质去除（airstripping and protein skimming）、泡沫浮选（foam flotation）或泡沫分离技术，最初用于矿物的浮选，后来又被用于脱除溶解在水中的表面活性物质（如表面活性剂、蛋白质、酶等）和洗涤剂，或用于提取可与表面活性剂络合或螯合在一起的物质，如金属离子；也可作为一种浓缩手段，对高浓度可生化性较差（$BOD_5/COD_{Cr} < 0.2$）的表面活性剂废水进行处理。此外，在生化制品领域中，还可以通过泡沫分选技术进行病毒分离以及蛋白质、酶的提炼（齐荣等，2004）。

在水质净化处理中，泡沫分选技术有其独特的功能。它能通过气泡的吸附将溶解性有机物及微细悬浮物形成泡沫，再通过一定的方法加以去除（罗国芝等，1999），该技术尤其适用于高密度集约化的循环水养殖系统。在循环水养殖系统中，蛋白质泡沫分离器、气浮泵是常见的泡沫分选设备（朱建新等，2009），其作用原理是利用微小气泡的表面张力来吸附养殖尾水中的残饵等微细颗粒和可溶性蛋白等黏性物质，然后利用物理方法将气泡移除。蛋白质泡沫分离器在降低微细颗粒物的数量和体积（分别为58%和62%）、水体浊度（62%）、细菌活性（54%）和总BOD_5（51%）方面效果非常显著（de Jesus Gregersen等，2021）。实际应用过程中，臭氧与泡沫分离器联合使用能收到更好的净水效果。研究发现，同时使用臭氧和气浮可使养殖水总BOD_5减少75%、浊度减少79%、颗粒数量减少89%、细菌活动减少90%（de Jesus Gregersen等，2021）。

虽然泡沫分选兼具去除溶解性和固体污染物的作用，但从工艺上来说，它主要是一种物理去除法。目前较为通用的泡沫分选设备的工艺原理是向待处理养殖尾水中持续通入空气，不断形成微小的气泡；依靠气泡表面吸附作用将液相中的活性物质携带并上浮到水体表面，形成泡沫，进而，通过收集水面泡沫来去除养殖尾水中的微细颗粒物和溶解态污染物。针对工厂化循环水养殖系统专门研发的蛋白质泡沫分离器（protein skimmer），又称作泡沫分离器、蛋白质撇除器、蛋白质除沫器、蛋白质脱除器、蛋白质分馏器、泡沫分馏器、蛋分器等，一般是将泡沫分离与臭氧氧化技术合为一体，同时实现水体消毒、增氧，能显著改善养殖水质指标，现已成为循环水养殖水处理的核心设备之一。

（二）可溶性有毒有害无机盐去除

研究表明，饲料中只有21%～22%的碳和27%～28%氮被养殖鱼类吸收，其余碳、氮营养素都以有机颗粒物、溶解性有机物和无机盐的形式进入水中（Hall等，1990，1992）。有机质在水中被细菌分解会产生氨，加上养殖生物排泄的氨，饲料中35%以上的氮最终以氨的形式排入水中（Yamamoto，2017）。溶解在水体中的氨氮和亚硝酸盐氮是对养殖生物有剧毒，且是制约养殖生物正常生长的主要水质因子。从物质平衡的角度来看，养殖密度越大，进入水中的氨氮、亚硝酸盐氮等污染物的量越大，其影响越明显（Mook等，2012）。在循环水养殖系统中，快速去除氨氮、亚硝酸盐氮是水处理的重点和难点，而生物净化法是降解或移除养殖水中氨氮和亚硝酸盐氮最快捷、最廉价、最实用的方法。

养殖水体的生物净化方法有很多种，但大体上可以归为菌法生物净化和藻法（植物法）生物净化两大类，其各自包含了很多种工艺技术（图1-13）。其中，藻法对光照要求较高，不太适合工厂化循环水养殖系统的环境条件。因此，工厂化循环水养殖系统一般采用菌法，且同时利用好氧菌和厌氧菌的水质净化作用。从具体的水处理工艺来说，虽然不同的系统设计可能对好氧或厌氧反应各有侧重，但绝大多数都兼顾了

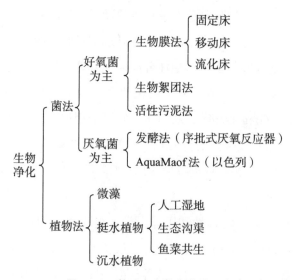

图1-13　养殖水生物净化常见方法

Fig.1-13　Common methods for biological purification of aquaculture water

两者的优势。同时，主要针对固体颗粒物去除的介质过滤方法当中（例如浮力球过滤器和砂滤罐等），往往也叠加了微生物净化作用。这些协同效应无形中提高了循环水系统的净水效率。

菌法水处理工艺当中比较有代表性的是生物膜法和活性污泥法，虽然后者主要用于高浓度的生活污水和工业废水处理，但其中一些技术方法已经被借鉴到水产养殖的水处理当中。

1. 生物膜法

生物膜是指由微生物、原生动物、多糖组成，具有生物降解、硝化功能、亚硝化功能及硫代谢功能的固定化生物絮团（高喜燕等，2009）。生物膜的作用机理是将氨氮转化为亚硝酸盐和硝酸盐，从而降低其毒性。其反应方程式为

$$NH_4^+ + 1.5O_2 \longrightarrow 2H^+ + H_2O + NO_2^-$$

$$NO_2^- + 0.5O_2 \longrightarrow NO_3^-$$

上式表明，将1 mol氨转化为硝酸盐，需要消耗2 mol氧气和2 mol碱度，说明这是一个耗氧过程，同时会导致pH降低。

目前，生物膜法的典型装备有固定床生物滤器、移动床生物滤器、流化床生物滤器等。它们都是采用各种适宜的生物滤料（生物填料）作为微生物挂膜的载体，同时提供必要的营养和环境条件，或者通入一定量的氧气，使微生物在此附着生长并逐渐富集直至成熟。培养成熟的生物膜能去除养殖水体中可溶性的有机污染物、吸附和沉积悬浮颗粒物、吸收和转化各种含氮污染物（氨氮、亚硝酸盐、硝酸盐），从而发挥净化水质的作用。

在循环水养殖系统当中，用于承载生物填料的组件或容器（水池）也叫生物滤池（或生物滤器），养殖尾水从生物滤池的一端（以上进水或者下进水的形式）进入生物滤池，流过滤料的水从另一端排出。浸没式生物滤池在国内工厂化循环水养殖中应用较多，一般采用方形或圆形水泥池，在池内吊装或堆放生物滤料（图1-14）。

开放式固定床和移动床生物滤池是现阶段国内循环水养殖系统生物净水技术中最常用、最经济实用的方法，其工艺技术要点主要体现在生物滤器与养殖水体的比例、生物填料的选择、生物膜的培养、工况条件的控制等方面。生物滤池的特点是占地面积小（一般仅占养殖总水体的10%～15%）、运行管理简单、净水效果好、运行能耗低，因而在国内循环水养殖系统中得到广泛应用。

生物滤器的分类、生物膜的结构和水处理工艺将在本节"二、生物膜的结构及其水处理工艺"部分详细介绍。

图1-14　浸没式固定床生物滤池内立体弹性填料的布设

Fig. 1-14　Layout of elastic biofilm carrier in submerged fixed bed biofilter

2. 活性污泥法

传统活性污泥（conventional activated sludge, CAS）法是高浓度的生活污水、工业废水处理当中使用最广泛的方法，其作用机理包括吸附、微生物氧化分解、絮凝等，是一种废水好氧生化处理技术。活性污泥中以好氧微生物为主，也有兼性好氧和厌氧微生物。活性污泥法的工艺流程主要由曝气池、二次沉淀池、曝气系统以及污泥回流系统等组成。它能从污水中去除溶解的和胶体的可生物降解的有机物以及能被活性污泥吸附的悬浮固体和溶解性无机盐等其他一些物质（魏海涛等，2005）。利用活性污泥去除微滤机反冲洗水等浓缩后的养殖废水，为工厂化循环水养殖尾水治理提供了一种新的选择。

目前国外循环水养殖系统当中使用的序批式反应器（sequencing batch reactors, SBR）是一种改良的活性污泥法水处理工艺，按间歇曝气的方式运行，其污水处理工艺的名称为序列间歇式活性污泥法，又称序批式活性污泥法。与传统污水处理工艺不同，SBR采用时间分割的操作方式替代空间分割的操作方式，主要特征是在运行上的有序和间歇操作，处理过程主要由初期的污染物去除与吸附作用、微生物的代谢作用、絮凝体的形成与絮凝沉淀等几个净化过程组成。

在循环水养殖系统当中，微滤机的反冲洗水和生物滤池底部集污抽提水都是高浓度废水。在这些废水的集中处置过程中，可以利用SBR等活性污泥法进行降解，或者培养生物絮团并进行资源化利用。例如，Liu等（2016）研究发现，利用好氧SBR接收反冲洗水培养生物絮团是可行的，在外加碳源且水力停留时间为1~3 d的条件下，以活性悬浮颗粒物（volatile suspended solids）计算的生物絮团产量可高达2.30~2.54 g/g（按外加碳源的量计）；因生物絮团的营养成分符合罗非鱼的营养需求，利用絮团颗粒喂养罗非鱼，取得了不错的表观消化系数（apparent digestibility coefficients, ADC）和养殖效果。另外，与传统SBR相比，藻辅助SBR具有提高脱氮除磷效果、增加污泥活性和降低能源消耗的特点（于少鹏等，2021），可以有效净化水产养殖和禽畜养殖废水。

Santorio等（2022）研究并比较了好氧颗粒污泥-序批式反应器（aerobic granular sludge-SBR，AGS-SBR）和连续流颗粒反应器（continuous flow granular reactor, CFGR）系统，发现CFGR的氨去除率是AGS-SBR的6倍，适用于处理较高的流量；而AGS-SBR虽然处理的流量很低，却几乎可以去除废水中100%的氨氮，水处理效果更好，回水对鱼类的毒性更低。由于污泥颗粒中需氧层、厌氧层和缺氧层共存，因此对有机碳和营养盐的去除更为彻底。另外，AGS-SBR和CFGR都不需要占用很大的空间，可以节省用地，与传统的活性污泥水处理工艺相比有明显优势。

此外，经过活性污泥法处理后的养殖尾水，还可以利用生态沟渠（亦即氧化沟渠）做进一步净化处理。生态沟渠一般为露天的狭长沟渠，也可以通过人工曝气为其增氧，加强氧化和净化效果。氧化降解和微生物分解利用，是生态沟渠净水的主要工艺原理。

3. 其他方法

除了生物膜技术和活性污泥法之外，电化学水处理技术也是有望应用于循环水养殖的水质净化技术。电化学水处理技术是在外加电场作用下，通过一系列物理、化学过程使污染物分解转化，实现污染物的最终去除。相较于传统的渗析、离子交换、生物净化等处理方式，电化学水处理技术有着如下优点：处理效果稳定，不受气候和温度等环境条件影响；电化学水处理技术启动的时间短且反应迅速；海水中存在的氯离子有良好的导电性，可以降低运行能耗。此外，电解产生的活性氧等物质还可发挥杀菌消毒、除臭等作用（张鹏，2019）。电化学水处理技术的原理：富含电解质的水体在电场作用下产生强氧化物，将氨氮氧化为硝酸盐甚至氮气，进而达到去除水中氨氮的目的。在水产养殖系统中，氨氮含量通常较低但水力负荷大，电化学水处理技术直接处理养殖水体效率低且成本高，而通过离子交换富集水体中低浓度氨氮，然后再进行电化学氧化，可有效提高处理效率（沈加正，2016）。近年来，随着电化学理论的逐渐完善和新电极材料的研发，为养殖废水的综合处理提供了新的解决方案，显示出较好的应用前景。

二、生物膜的结构及其水处理工艺

生物净化是循环水养殖系统水处理的核心。生物净化是由附生在生物填料表面的生物膜通过一系列生物、物理和生物化学过程完成的。生物膜是指由微生物、原生动物、多糖等组成，具有生物降解、硝化（亚硝化）功能以及硫代谢功能的固定化生物絮团。某些细菌能产生多糖类的黏液胶状物质，它将无数细菌、霉菌、酵母菌等黏集在一起而形成团块，称为菌胶团。菌胶团在生物膜形成以及水质净化中发挥了重要作用。生物膜通过微生物吸收和代谢、原生动物捕食和分解以及菌胶团的吸附和絮凝作用，可以降解和去除水体中大部分氨氮和亚硝酸盐氮以及部分溶解有机物和颗粒有机物，起到净化水质的作用。生物净化赋予了循环水养殖系统一种特殊的意义，使循环水养殖与流水养殖有了显著的区别，其本质区别在于：流水养殖只养鱼，而循环水养殖既要养鱼，又要养菌（生物膜），而且只有养好菌才能养好鱼。鉴于生物膜培养及维护是循环水养殖最为核心的技术之一，循环水养殖系统可以看作是一个"菌鱼共生系统"。

一般来说，在工厂化循环水养殖系统启动初期，需要为期50～60 d的生物膜预培养过程，该阶段需要严格检测养殖水中氨氮、亚硝酸盐氮的变化，并通过控制养殖密度、调节新水补充量和投喂量来控制水质指标的变化。直到生物滤池的出水水质指标趋于稳定，说明生物膜已经基本成熟，方可开始正常养殖。

（一）生物滤器的分类

生物膜法是工厂化循环水养殖中已经广泛采用的主流技术，其工艺流程相对成熟。生物滤器是承载生物膜并完成生物净化作用的工艺装备。生物滤器有很多种类型，目前在商业化运行的循环水系统中比较常见的生物滤器包括以下几种。

（1）开放式生物滤器，又分成固定床生物滤器（fixed-bed filer）和移动床生物滤器（moving-bed filter），后者亦称作移动床生物反应器（moving bed bioreactor, MBBR）。（图1-15）

（2）流化床生物滤器（fluidized bed filter, FBF），亦作流化砂生物滤器（fluidized-sand biofilter, FSB）。（图1-16）

（3）浮珠滤器（floating bead filter, FBF）。（图1-16）

（4）微珠滤器（micro bead filter, MBF）。

（5）滴滤器（trickling filter, TF）。（图1-16）

（6）旋转生物接触器（rotating biological contactor, RBC），亦作转盘生物滤器（rotating disk filter, RDF）。

图1-15 国内较为常见的固定床（上）和移动床（下）生物滤池及滤料

Fig. 1-15 Fixed-bed and moving-bed filters and filter media usually applied in RAS in China

1. 固定床和移动床生物滤器

开放式固定床和移动床生物滤器在国内较为常见，设备主体一般为长方形水泥曝气池，其他核心组件包括滤料、曝气装置（散气石）和格栅等。出于商业化运营降本增效的考虑，滤料（生物填料）大多采用比表面积大、价格低廉的材料。不同的天然或人工材料、相同材质的不同生产工艺，都会显著影响材料的比表面积。例如，固定床生物滤器所用毛刷的比表面积为240 m²/m³左右，而移动床生物滤器所用多孔塑料环（国外一般称作凯氏环，kaldnes biofilter media）的比表面积为600～3 500 m²/m³（表1-2）。目前，国内循环水养殖系统应用比较多的固定床生物滤器填料包括毛刷、生物绳（俗称辫带式填料、方便面填料）和珊瑚沙，而移动床生物滤器的填料普遍采用多孔塑料环（球）、聚氨酯软质泡沫塑料球［亦称作聚氨酯软泡（soft polyurethane sponges）、聚氨酯生物海绵球］，以及多面空心球与各种弹性填料组合而成的复合型填料等，其结构特点和比表面积参数见表1-2。填料的材质多为高密度聚乙烯（HDPE）、高强丙纶、聚乙烯（PE）、聚氯乙烯（PVC）、聚苯乙烯（PS）以及异氰酸酯和聚醚等（图1-15）。这些填料的相对密度略大于水，可以随着水流和充气搅动而自由运动，因而不会大量漂浮和聚集于生物滤池的表面。

许多固定床生物滤器都采用了聚氯乙烯（PVC）立体弹性填料作为滤料。PVC材料经拉毛处理，形成丝长20 cm左右的毛刷状结构。毛刷以悬垂式布设，填料间距略小于丝长。经过一段时间（30～70 d）的浸泡和施肥培养，在毛刷表面会形成以硝化细菌为主的固定化自养菌以及多种微生物共同组成的生物膜。开放式生物滤器兼具硝化和反硝化功能（simultaneous nitrification-denitrification，SND），其工作原理以好氧硝化反应为主，一般发生在生物膜表面；以厌氧反硝化为辅，一般发生在生物膜内部。

固定床和移动床生物滤器都采用比表面积大的滤料来承载大量的生物膜，并且需要在滤池底部设置曝气装置，系统运行过程中需要持续不断地充入大量空气，以便在保证微生物获得充足氧气的同时，使生物膜与水体和氧气接触面积最大化，从而实现水质净化效率的最大化。对于移动床生物滤器来说，通过曝气量的调节还可以保持滤料悬浮和运动，通过滤料之间的摩擦和水流冲刷等过程，维持生物膜的健康状态和适宜的厚度，在系统运行中完成生物膜的自我维护。由于可以通过曝气和水流量调节来维护生物膜的厚度，避免了其他生物反应器维护所必需的反冲洗和生物膜清理等操作，因此，固定床和移动床生物滤器具有节约空间、节约能耗、高效净化以及维护和操作简单等优势。

表1-2　国内常见的生物滤池类型及其填料特点

Tab.1-2　Common types of biofilter and characteristics of biofilm carrier in China

生物滤池类型	填料	比表面积	特点	缺点
固定床	毛刷	240 m²/m³	价格便宜、通透性好、具有截污沉淀功能，底部需要特殊排污设计	比表面积较小，体积较大
	生物绳	100～300 m²/m³	生物亲和性好、比表面积和孔隙率较大、耐高负荷冲击	纤维丝容易脱落、使用寿命受限
	珊瑚砂	500 m²/m³	体积小，安装方便，运行能耗低	容易堵塞，需要定时冲洗
	多孔塑料环	600～3 500 m²/m³	处理精度高、安装使用方便，国内外常用	造价高，水易混浊
移动床	聚氨酯生物海绵球	孔隙率可高达96%，孔隙大小500 nm～50 μm	价格低廉、比表面积和孔隙率较大、生物活性高、亲水性好、安装方便、耐高负荷冲击、使用寿命长	生物膜易生易脱落、出水格栅容易阻塞
	多面空心球+聚氨酯海绵等复合型填料	孔隙大小500 nm～50 μm	比表面积和孔隙率较大、生物活性高、亲水性好、不会阻塞出水格栅	造价高

根据Shitu等（2022）最新报道，移动床生物滤器，亦即移动床生物反应器（moving bed bioreactor, MBBR），已在国内外不同规模的循环水养殖系统中得到成功应用。由于工作原理较为相似，循环水养殖系统的移动床生物滤器借鉴了许多污水处理厂常用的移动床生物膜反应器（moving bed biofilm reactor, MBBR）的工艺技术（Leyva-Díaz等，2017，2020），包括生物填料的选择、运行条件的控制等。相比于历史悠久的传统活性污泥（conventional activated sludge, CAS）污水处理法，移动床生物膜反应器（MBBR）虽然发展历史较短，但工艺技术已经相当成熟，具有比CAS法更高的脱氮和污染物去除效能，平均COD和BOD_5的去除率分别为70%和80%以上（Leyva-Díaz等，2017）。它分为好氧、低氧和厌氧几种类型；其中好氧系统依靠充气搅动，低氧和厌氧系统依靠机械搅动，来促进生化反应和加速水质净化。目前，CAS和MBBR污水处理技术均已得到广泛应用，是各类城市和生产、生活污水处理中最为常见的两种工艺技术（Frankel，2022）。

2. 流化床生物滤器

流化床生物滤器，亦称作流化砂生物滤器（fluidized-sand biofilter, FSB）或流化床颗粒滤器（fluidized bed granular filters），属于封闭型生物滤器。其工作原理是利用水压使砂粒上浮、砂床膨胀，水流经过砂粒之间的缝隙时与生物膜发生反应，从而得到净化。FSB依靠硝化细菌和异养微生物的共同作用，完成硝化、反硝化和厌氧氨氧化等反应。由于该系统多以砂粒作为填料，其比表面积高达4 000～20 000 m^2/m^3，FSB的净化效率非常高，通常可以一次性去除50%～90%的铵，从而将出水氨氮和亚硝酸盐氮分别控制在0.1～0.5 mg/L和0.1～0.3 mg/L（Summerfelt，2006），适合寡营养的低温养殖系统，尤其适用于对水质要求较高的育苗系统和冷水性鱼类养殖系统。一段时间以来，美国的循环水养殖系统当中广泛采用了FSB净化工艺。

FSB的外形一般为圆柱形或长方体（图1-16），制造容器的材料为塑料、玻璃钢、亚克力或水泥等，填料为粒径相对均匀、相对密度为2.6 g/cm^3的石英砂（程果锋等，2011），或相对密度为2.65 g/cm^3的结晶硅砂（Summerfelt，2006）；也有一些改良的系统，为了更好地调控养殖水体中碱度、pH和CO_2水平，使用了文石颗粒作为填料（Wills等，2016）。因此，FSB比其他类型的生物滤器造价更低，也更加节省空间。

3. 浮珠滤器

浮珠滤器（floating bead filter, FBF）是一种多功能滤器，使用有微弱浮力的聚乙烯滤料，具有类似于砂滤器（罐）的净水功能：既能去除水中的固体颗粒物，起到物理过滤的作用，也能促进细菌的生长，通过生物过程去除溶解废物（Malone和Beecher，

2000）。FBF能通过4种物理机制（过滤、沉降、拦截和吸附）捕获固体颗粒物。同时，浮珠滤器属于固定膜生物反应器（Malone和Beecher，2000），其每一粒浮珠表面都会形成一层由异养菌（占优势）和硝化细菌组成的生物膜，不断地从循环水中吸收各种营养，起到净化水质的作用。如果按照滤料体积计算氨氮转化效率，即单位体积总氨氮转化率（volumetric TAN conversion rate, VTR），则FBF的硝化作用效率［VTR = （586±284）g /m^3］虽然略逊于流化床生物滤器，但显著高（约为2倍）于移动床生物滤器（Guerdat等，2010）。

FBF一般采用加压容器（罐），以粒径2～3 mm的圆球形聚乙烯塑料珠作为填料，填料一般为略长型米粒状，表面粗糙，其比表面积为1 150～1 475 m^2/m^3，具有轻微浮性。通过集成多种过滤功能，FBF具有很好的滤清和净水效果，通过一个循环可以去除几乎全部50μm以上的颗粒物以及40%～50%的粒径＜10μm的微细颗粒；而经过多次循环后，养殖水几乎可以达到完全透明的状态（Malone和Beecher，2000）。正是因为具有良好的净水性能，FBF在国际上应用较多。

FBF的滤料具有类似于流化床生物滤器的可膨胀性，为了避免砂滤罐的阻塞和"压实"效应，同时也为了更好地保持滤器内部硝化反应和厌氧反应之间的平衡，需要定期对FBF进行反冲洗和搅拌。而根据冲洗搅拌的动力源不同，FBF可分为两种类型：依靠水压或气充的"温和型"和依靠螺旋桨的"强力型"。前者采用高频率的温和反冲洗工艺，避免了反冲洗过程中的生物膜磨损；而后者在反冲洗过程中会对相对厚重的生物膜造成损害。

4. 微珠生物滤器

作为滴滤滤器和颗粒生物滤器的结合体，微珠生物滤器（microbead biological filter, MBF）与出现较早的浮珠滤器（使用直径约3 mm的介质）在结构与工艺上有明显不同；就流量分配与收集装置的设计和操作方式而言，微珠生物滤器可以算是一种滴流式生物滤器（Timmons等，2006）。微珠滤器使用直径为1～3 mm的聚苯乙烯珠（微珠）作为填料，其大致密度为16 kg/m^3，孔隙率为40%，1 mm粒径的微珠比表面积为3 936 m^2/m^3；由于使用了更加细小的滤料，MBF能最大限度地发挥颗粒型滤器在去除微细颗粒物方面的优势，对养殖水的滤清效果更好。对温水循环水养殖系统来说，如果进水的氨氮水平为2～3 mg/L，则1 m^3微珠每天能硝化大约1.2 kg的总氨氮（TAN）；而冷水系统的MBF净化效率为温水系统的50%左右，与流化（砂）床生物滤器的效率相似。

微珠生物滤器（MBF）的工作原理与浮珠滤器（FBF）有很大不同，且造价低廉、净化效率更高，优势明显。MBF能显著改善循环水养殖系统的水体透明度，降低有机质含量，因而有利于生物膜的稳定运行，并提高净水效率。另外，传统浮珠滤器使用有微弱浮力的聚乙烯滤料，价格较高；而微珠滤器采用超低密度聚苯乙烯材质，其一大优势是非常便宜，批发价大约为4美元/升，且运行成本也比浮珠滤器和流化（砂）床生物滤器低很多（Timmons等，2006）。为此，MBF取得了非常好的产业化效果，甚至被看作是流化（砂）床生物滤器的廉价替代装备，自20世纪90年代中期首次投入使用以来，已被多家国外循环水养殖企业成功采用。

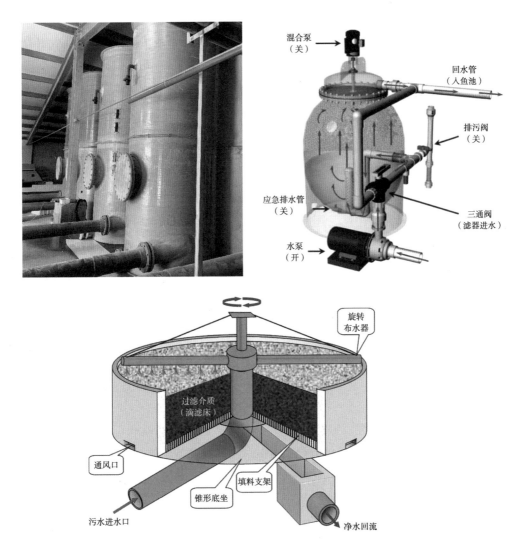

流化床生物滤器（左上）、浮珠生物滤器（右上，图片来源：https://heatpumpsuppliers.com/propeller-washed-filters.html）、滴滤器［下，图片来源：Falck（2006）］

图1-16　几种国外常见的生物滤器

Fig. 1-16　Biological filters frequently used in international RAS: fluidized bed filter（upper left），microbead filter（upper right），and trickling filter（lower middle）

5. 滴滤器

滴滤器（trickling filter, TF）也叫滴滤介质生物滤器（trickling media biofilter），具有工艺成熟、抗液压和有机质冲击性较好，且结构简单、机械化水平较低、造价和维护费用低等优点，在早期的循环水养殖系统和城市污水处理中应用较多。TF一般为圆形罐状容器，具有固定的生物膜载体（即过滤介质或滤料），预过滤后的养殖水通过位于容器顶部的分水盘或转轮洒水器散落，在重力作用下流过介质，不断滴落到好氧生物膜上而得到净化，再经过容器底部的水管回流进入养殖系统。由于滴滤器的水流缓慢，与空气接触面积大、相对接触时间较长，因此还兼有向水中充氧和脱除CO_2的作用。

滴滤器可以采用聚乙烯包装材料小块、凯氏环、膨胀黏土（即轻质膨胀黏土集料，light expanded clay aggregate, Leca）或人造草坪等作为滤料（Greiner和Timmons，1998；Lekang和Kleppe，2000），其比表面积中等偏低，一般为100~1 000 m^2/m^3（Xiao等，2019）。滤料的孔隙率和通透性是影响滴水与生物膜的接触时间，进而影响生物净化效果的主要因素。理想的滴滤器生物膜载体（滤料）应该具有相对较高的比表面积、低成本和高耐用性，还应具有足够高的孔隙率并且内部水流均匀，以避免堵塞和促进空气流通（Daigger和Boltz，2011）。滴滤器的净化效率非常高，使用膨胀黏土、凯氏环、诺顿环（Norton ring columns）和人造草坪滤料的滴滤器，其硝化率可分别达到100%、80%、60%和40%（Lekang和Kleppe，2000）；如果以过水面积计算，可以比微珠生物滤器高数倍（Greiner和Timmons，1998）。

滴滤器的主要缺点是体积（占地面积）庞大且容易堵塞，并且按照比表面积计算的滤料价格偏高。

6. 旋转生物滤器

旋转生物滤器，也叫旋转生物接触器（rotating biological contactor, RBC）或转盘滤器（rotating disk filter），是一种成本和运行能耗都较低、水处理效率较高的生物反应器，曾长期应用于城市污水处理，后经改装而应用于循环水养殖系统。RBC的主体设备是转鼓，由统一尺寸的圆形高密度聚苯乙烯或聚氯乙烯板以很小的间距固定在水平中央转轴上制成，由机械力、水流冲力或气浮系统提供旋转动力；转鼓下半部分浸没在待处理的水体（一般为微滤机过滤后的养殖水）中，生物净化反应就发生在（塑料板）附着基表面的生物膜上（Brazil，2006）。

RBC的优点是比表面积大、运行能耗低、水处理效率高、操作简便。RBC对养殖水中氨氮的去除率为40%~80%（Brazil 2006；Xiao等，2019）。Crab等（2007）比较了不同生物滤器的氨氮去除效率和运行成本，也认为RBC的氨氮去除效率最高，而且除了上述优点之外，RBC还具有较好的通透性、不容易阻塞，不需要曝气装置或污泥回流装置（因此能耗低）、不造成二次污染，易清洗和维护。

由于RBC的生物膜上既有好氧区，也有缺氧区，如果连续旋转，可导致溶解氧偏高，不利于实现稳定的反硝化反应；而间歇式旋转则可以促进亚硝化和厌氧氨氧化（PN/A）同时发生，从而提高水处理效果（Bicelli等，2020）。由于RBC与空气接触面积大，因而具有显著的脱除CO_2的作用，一过性脱除率可高达39%（Brazil，2006）。

除此之外，养殖水体的碳氮比和操作手法都会影响RBC的水处理效果；若能克服RBC运行当中的技术难点，稳定其水处理效果，必然将在循环水养殖系统中有更加广阔的应用前景。

除了上述几种类型的生物滤器，日本学者还开发了间歇性生物滤器（intermittent filter）和固定化生物滤器（immobilization filter），前者通过间歇性进排水而优化和提高微生物的脱氮效率，而后者则利用聚合物浓缩培养从活性污泥中接种的硝化细菌（Yamanoto, 2017）。不过，这两种工艺在其他国家鲜有报道。

出于环境保护等多方面考虑，欧洲国家对水产养殖废弃物，尤其是固体废物的转化与回收利用开展了较多研究，已经开发出连续搅拌罐反应器（continuously stirred tank reactor, CSTR）、上升流厌氧污泥毯反应器（upflow anaerobic sludge blanket reactor, UASB）、膜生物反应器（membrane bioreactor, MBR）等厌氧发酵（anaerobic digestion, AD）工艺（Mirzoyan等，2010）。此外，Martins等（2009）在荷兰的循环水养殖实验系统中使用了悬浮单污泥反硝化生物反应器（single-sludge denitrification reactors）。该反应器为上升流污泥床（upflow sludge bed, USB）反应器，也叫作上流式化粪反应器（upflow sludge bed manure denitrification reactor, USB-MDR）（SustainAqua, 2009），专门接收并处理微滤机反冲洗水和其他来源的高浓度废水，以养殖生物的残饵和粪便有机质作为主要的营养源，通过厌氧反硝化过程将系统中的无机和有机氮转化为氮气而移除，取得了较好的净水和减排效果。

笔者持续多年对生物膜水质净化工艺技术开展深入系统的研究，通过研究不同生物填料的特性和使用方法，以及不同温度、盐度、营养盐浓度、气水比、水力停留时间等要素对生物膜构建时间、稳定性、净化效率的影响，系统性构建了生物膜预培养及运行维护技术，并在国内十几个省份开展了大规模产业化应用。同时，针对生物膜预培养时间长、培养成本高、生物膜生长不稳定等问题，通过调节养殖密度、新水补充量、饲料投喂量等，开发了生物膜负荷高效培养技术。此外，为了提高生物膜的稳定性和水质净化效率，笔者系统开展了环境因子、有机碳源及碳氮比对生物膜结构及其净化效率的影响研究，构建了养殖微生态环境调控技术，为精准控制工厂化循环水养殖环境奠定了基础。本书后续章节将对上述工作进行详细介绍。

（二）生物膜结构

在循环水养殖系统中，生物填料表面会形成以硝化细菌为主的固定化自养菌和多种其他微生物及它们分泌的胶质物质，以及原生动物等复杂生物群落所构成的生物膜（图1-17）。生物膜可分为两层（区）：处于生物膜外侧的好氧生物膜层（区）和处于生物膜内侧的厌氧生物膜层（区）。（曹涵，2008；高喜燕等，2009）

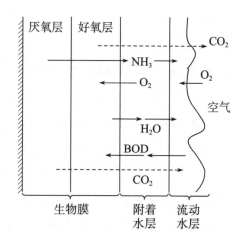

图1-17　生物膜结构及其工作原理示意图（引自曹涵，2008）

Fig. 1-17　Schematic structure and theoretical functions of biofilm

在循环水养殖系统启动阶段，微生物以水中的有机物为营养进行生长繁殖，生物量由少变多，逐渐在生物填料表面形成略带黏性的微生物薄膜，即生物膜。笔者一般采用生物膜快速启动技术，通过接种或者直接将带有自然菌种的养殖尾水或人工加富海水通入生物滤池，让微生物慢慢生长并自然附着在滤料上。这样的培养方法可以大大缩短生物膜的培养时间，并尽快开始养殖生产。系统运行时，养殖生物的代谢产物、残饵、粪便等污染物，会随着水流进入生物滤池，不断地为生物膜提供营养。水体中的有机质可促进生物膜上异养菌的生长，无机氮则会促进硝化细菌的生长。水体中这两种营养物质的比例往往决定了生物膜上异养菌和硝化细菌的构成比例。如果水体中有机质含量过高，就会导致生物膜上异养菌的过度繁殖，压制硝化细菌的生长，从而影响生物膜的净水功能（Timmons等，2002）。

生物膜净化水质的机理分为两类：① 硝化与反硝化作用，即有毒的氨氮被硝化细菌通过多级氧化反应转化为亚硝酸盐，进而转化为相对无毒的硝酸盐氮，实现污染物去除和养殖水体循环利用；② 同化吸收作用，异养菌利用有机物同化吸收氨氮合成菌体，促进生物膜的生长和新陈代谢。目前在水产养殖当中广泛采用的生物絮团技术也是基于类似的原理，絮团本身不仅能净化水质，还能作为营养补充被养殖动物摄食，从而提高饲料利用率。

生物膜在滤料表面自下而上形成正常的分层微生物相，最外层以好氧型微生物为主。好氧层的深部扩散作用制约了溶解氧的渗透，所以在生物膜的内侧往往形成厌氧区，由于厌氧菌的作用，硫化氢、铵和有机酸等物质容易在这里积累（曹涵，2008）。王威等（2013）针对黑鲷循环水养殖系统，运用PCR-DGGE技术，从分子生物学水平上分析了挂膜成熟后的陶环滤料表面的生物膜群落组成，发现样品中的17株菌株分别属于变形菌纲（α-Proteobacteria和β-Proteobacteria）、黄杆菌纲（Flavobacteria）和芽孢菌纲（Bacilli）。黄杆菌（*Flavobacteriaceae bacterium*）、泥滩杆菌属（*Gaetbulibacter* sp.）和玫瑰杆菌属（*Roseobacter* sp.）等兼性厌氧细菌与好氧细菌同时存在于生物膜中，说明生物膜是硝化与反硝化细菌共存系统，它们共同完成对水体的脱氮净化。

笔者研究发现，在墨瑞鳕（*Macculochella peeli*）循环水养殖系统中，生物膜的组成结构复杂。在门水平的优势菌为变形菌门（Proteobacteria）、疣微菌门（Verrucomcrobia）、浮霉菌门（Planctomycetes），在纲水平的优势菌为γ-变形菌纲（γ-Proteobacteria）、α-变形菌纲（α-Proteobacteria）、疣微菌纲（Verrucomicrobiae）。在生物滤池不同深度上，生物膜属水平优势菌有所不同，上层生物膜优势菌属是不动杆菌属（*Acinetobacter* sp.）、黄体菌属（*Luteolibacter* sp.）、罗氏杆菌属（*Rhodobacter* sp.），生物滤池下层生物膜优势菌属是黄体菌属、气单胞菌属（*Arenimonas* sp.）、不动杆菌属、金黄色葡萄球菌属（*Sandaracinobacter* sp.）。墨瑞鳕循环水养殖系统生物膜中硝化细菌为亚硝化单胞菌（*Nitrosomonas* sp.）和硝化螺旋菌（*Nitrospira* sp.），其相对丰度分别为0.03%～0.11%和1.35%～2.71%。相关研究结果详见第二章。

此外，笔者也研究了南美白对虾（*Litopenaeus vannamei*）工厂化循环水养殖系统一级和二级移动床生物滤池的微生物群落结构，发现水体中以放线菌门（Actinobacteria）为优势菌，生物膜上以浮霉菌门（Planctomycetes）和硝化螺旋菌门（Nitrospirae）为优势菌，对虾肠道中则以厚壁菌门（Firmicutes）为优势菌；养殖系统水体、生物净化载体和虾肠道样品中共有的优势菌为变形菌门

（Proteobacteria）、拟杆菌门（Bacteroidetes）。另外，因为养殖工艺中融入了"浑水生物絮团技术"，对虾养殖水体当中的微生物数量显著高于生物膜，但生物膜上的微生物多样性高于养殖水体，生物净化载体中微生物具有低丰度和高多样性的特点。相关研究结果详见第二章。

归纳上述研究结果可以看出，尽管循环水养殖系统生物膜上都存在硝化细菌和其他自养菌，但不同养殖系统、不同养殖对象、不同养殖阶段的生物膜的微生物群落都可能会有明显的差别。如果生物滤器供氧充分，厌氧层的厚度会被控制在某一限度，形成的有机酸在异氧菌的作用下转化为CO_2和水，而氨及硫化氢在自养菌作用下被氧化为各种稳定的盐类；而在溶解氧缺乏的情况下，尤其是当进入生物滤池的微细颗粒物增多，或由于水体有机质含量偏高导致游离的生物絮团增多，就会造成厌氧代谢产物增多，使生物膜固着力减弱，甚至老化、脱落。在系统实际运行过程中，这往往表现为生物滤池表面骤然出现大量泡沫且难以消除的现象。比较而言，浸没式生物滤池具有更强的抗冲击负荷能力。但实际运行中，游离生物絮团、积污和老化脱落的生物膜容易堵塞滤床，导致水流不畅、流速下降且降低处理效率。因此，所有的生物滤器都需要定期通过反冲洗和排污进行维护。

三、影响生物膜净水效果的工况条件

有关生物膜结构和微生物组成的研究结果也说明：生物膜的培养和维护是一个技术难题。了解和掌握影响生物膜运行的主要因素并加以调控，对维持生物滤器的最佳状态、高效去除污染物十分重要。一般来讲，生物与非生物因素都会对生物膜产生影响，而影响生物滤器净水效果的非生物因素一般包括环境因子和工况条件两类。其中，环境因子有水温、溶解氧、盐度、pH等；非环境因子包括外加有机碳源，以及水力负荷、水力剪切力、水力停留时间等工况条件（朱建新等，2014）。由于水流工况条件都会影响生物膜反应器的运行，因而需要在系统运行过程中随时进行检测与调控。有关环境因子和外加有机碳源对循环水养殖系统生物膜净化效率的影响将在本章第三节、第四节详细论述。这里仅就水力负荷、水力剪切力和水力停留时间对循环水养殖系统生物膜净化效率的影响略作说明。

1. 水力负荷

水力负荷（hydraulic loading rate, HLR）是指单位时间内通过单位体积滤料或单位面积生物滤池的养殖尾水水量，如果系统存在回流装置，则应包括回流水水量。HLR的单位有两种，一种是每天流经单位体积滤料的养殖尾水流量，表示为

"$m^3/(m^3 \cdot d)$"；另一种是每天流经单位面积生物滤池的养殖尾水流量，表示为"$m^3/(m^2 \cdot d)$"。当循环水流量恒定时，水力负荷大小主要是由生物滤池容积大小决定，两者成反比关系。

水力负荷是影响反应器持续高效脱除污染物的重要因素，而对工厂化循环水养殖来说，持续、稳定地脱氮十分重要。一般情况下，生物滤池的净水效果可能会随着水力负荷的增加而提高。而Greiner等（1998）认为，当HLR的值在469～1 231 $m^3/(m^2 \cdot d)$时，微珠生物滤器和滴滤器的净水效果没有显著变化。由于与循环水养殖相关的研究较少，笔者参考了王文东等（2016）关于污水处理的一体式生物净化-沉淀池的研究结果。该一体式生物净化-沉淀池通过将生物转盘和平流式沉淀池相结合，对水中致浊物质、有机组分、氨氮和总磷进行同步去除。研究发现，浊度、有机组分和氨氮的平均去除率随水力负荷的增大均呈现"先相对稳定、后下降的趋势"；同时，硝化和除磷过程与水相中的有机碳源及溶解氧存在竞争关系，适当减小或增大水力负荷均有助于除磷过程的进行。唐小双等（2021）关于人工湿地的研究表明：当水利负荷减少时，人工湿地对养殖尾水当中的活性磷和总氮的去除率都显著增加；并且水力负荷状态也会影响脱氮能力，只有适宜的水力负荷才能维持系统的稳定。

此外，有研究表明过大的水力负荷对生物膜有破坏作用；只有在适当的水力负荷条件下，生物膜才稳定附着于生物滤料表面，而不被冲刷掉。此时，生物膜与水体中可溶性污染物和溶解氧充分接触，生物膜中的微生物生长、繁殖较快，且生物膜活性得以提高。总之，HLR是影响生物膜生长、活性及硝化速率的重要因素，需要在系统设计和运行当中适度把握。

2. 水力剪切力

在循环水养殖系统生物滤池中，水流和曝气都会形成水力剪切力（hydraulic shear force, HSF）。一般认为，水力剪切力是影响颗粒污泥的形成和颗粒污泥性质，进而影响生物反应器运行的关键因素之一（吴静等，2010）。适宜的水力剪切力应该既有利于生物膜形成和固着（不会因剪切力过大而造成生物膜破碎），也有利于保持生物膜的适当厚度（不至过厚），从而强化生物膜的活性。同时，适度的水力剪切力应该有助于溶解氧和NH_4^+-N扩散到生物膜上，从而促进硝化反应。但是，如果曝气剧烈或水流过强，则会导致生物膜被过度剪切，甚至破碎，减少硝化细菌生长所需的培养基表面积。因此，水力剪切力应作为循环水养殖生物滤器最重要的运行参数之一。不过迄今为止，国内外尚缺乏相关研究。

在生物滤器内，养殖尾水进入生物滤池的水流遇到阻力或剧烈曝气所形成的水流搅拌作用力，都会在生物滤池内形成复杂的流态。这种搅拌使水质趋于均匀，并迫使养殖尾水中悬浮的有机颗粒物在水中翻滚流动，增加了这些颗粒物与生物膜接触的概率，从而加速了这些颗粒物的附着与沉淀。水力剪切力的大小与生物滤池的结构、进水口和排水口的位置，以及水力负荷的强弱有一定关系。

在循环水养殖系统内，生物膜的厚度大致在70~100μm；如果生物膜过厚，则膜内传质阻力大、活性差，不仅会导致生物滤器水处理效果变差，而且这样的生物膜很容易从内部老化、脱落。从维持生物膜健康与活力的角度考虑，适当增大水力剪切力可不断地促进生物膜更新代谢、保持整体上较高的活性。不过，当水力剪切力突然增大时，也容易使成熟的生物膜被冲刷而脱离滤料。因此，维持合适的、相对均匀的水力剪切力，对生物膜稳定运行及提高水质净化能力至关重要。

3. 水力停留时间

水力停留时间（hydraulic retention time，HRT）是指进入生物滤器内需要净化的养殖尾水在生物滤器内部停留的时间，即养殖尾水与生物膜中微生物群落接触并得到净化的时间。水力停留时间等于生物滤器有效容积与养殖尾水进水流量之比。

$$HRT = \frac{V}{Q} \ (h)$$

式中，HRT为水力停留时间，V为生物滤器的容积（m^3），Q为生物滤器的进水流量（m^3/h）。

水力停留时间决定了养殖废物在生物滤池中的停留时间，进而影响到养殖尾水的净化处理效果。只有充足的水力停留时间，才能让生物滤器尽可能多地去除污染物。刘飞等（2004）研究表明，总氨氮（TAN）去除率与水力停留时间呈双曲线关系，即生物滤器在不同的水力停留时间条件下，存在一个最高的TAN去除率，此时的水力停留时间为T_b。当HRT<T_b时，由于TAN与生物膜接触时间短，不利于TAN的去除；当HRT>T_b时，由于平均反应时间长、TAN浓度降低过快、生物滤器内的TAN浓度较低，导致TAN的去除受到限制，进一步影响TAN的去除率。

因为生物膜的净化效率在低温条件下比高温条件下明显偏低，对虹鳟等冷水性鱼类循环水养殖系统来说，其生物滤池的性能必须得到保证，所以需要有更高的水质净化效率。Suhr和Pedersen（2010）认为，在虹鳟循环水养殖系统中，生物滤器需要85~150 min的HRT来氧化水中全部的铵态氮。不过，当养殖某些对流量需求非常高的品种时，必须尽可能缩短HRT，以避免使用巨型生物反应器，进而造成养殖系统结构

上的失衡和运行的低效。Santorio等（2022）以中试规模的底进水式连续流颗粒反应器
（continuous flow granular reactor，CFGR）进行实验，以16~40 min的HRT来处理极低
污染物浓度（0.1~1.8 mg/L的NH_4^+-N；0~0.4 mg/L的NO_2^--N；3~8 mg的TOC）的虹
鳟循环水养殖尾水，获得了较为理想的效果。Santorio等（2022）也发现，通过增加机
械搅拌，并在反应器顶部加设筛网，可以改善CFGR内的生物絮团的保留时间，从而
有利于铵态氮和亚硝酸盐的去除。

四、工厂化循环水养殖水处理技术存在的问题和未来发展趋势

虽然工厂化循环水养殖与众多传统的水产养殖模式相比具有明显的优势，但从世界
范围来看，其发展时间并不长，与之相配套的技术、工艺和设施设备尚有许多不完善之
处，尤其是在基础研究和应用技术等方面，循环水养殖还有很大的提升空间。其中，关
于水处理技术，不仅有不少基础科学问题有待突破，也有许多技术难题需要解决。

1. 生物膜的结构与功能

作为循环水养殖系统最主要的水质净化环节，生物膜的结构和功能始终受到国内
外学者的关注。早期对不同类型生物滤池的结构设计及去除铵态氮、亚硝酸盐氮和有
机质的效果研究较多（刘鹰等，2004；Malone和Pfeiffer，2006；Brazil，2006），并
逐渐开始关注不同养殖系统中微生物群落结构的差异（Blancheton等，2013）等。生
物膜的存在使循环水养殖系统比其他养殖系统拥有更加多元化和稳定的微生物群落，
从而大大增加了水质稳定性（Attramadal等，2012）；细菌作为分解者在生态系统C、
N营养物质循环再生过程中发挥着重要作用。

在水产养殖系统和自然海洋生态系统中，细菌群落结构和数量都与水中溶解有机碳
（DOC）密切相关。当水中有机质含量高时，异养细菌有可能在竞争中取胜，并抑制
生物滤池的硝化作用（Zhu和Chen，2001），进而影响整个生物滤池的菌落结构与功
能（Blancheton等，2013）。此外，生物滤池的功能还会受到系统中N、O等元素通量
的影响，并且与滤池容积、养殖密度、养殖时间、饲料投喂量及各种环境因子密切相
关。研究和揭示这些相互作用过程对于循环水养殖系统的工艺优化和稳定运行至关
重要。

但迄今为止，国内外相关研究报道多限于循环水养殖系统设计和工艺等，对营
养元素和污染物在系统内的循环、转化与富集过程和机制很少涉及。由于生物膜的菌
落组成复杂、影响因子多样、动态变化极难控制，因此在大多数相关研究中仍被视为
"黑箱"。此外，生物膜与养殖生物在结构和数量上的动态平衡关系，尤其是因载鱼

量和投喂量变化而造成水中营养物质通量改变对生物膜菌落结构和功能的影响还需要进一步研究。

2. 固体颗粒物和溶解有机质去除

工厂化循环水养殖系统普遍采用的物理过滤装置有弧形筛、砂滤罐、无阀过滤池、微滤机、机械式气浮等，这些装置都有各自的优势和局限性。例如，全自动滚筒式微滤机虽具有过滤精度高、自动反冲洗、节省人力等优点，但存在耗能高的问题；弧形筛虽然在过滤精度和降低能耗等方面都有优势，但需要手动冲洗，耗费人力；传统压力式砂滤罐虽然具有突出的过滤精度和水质净化效果，但需要定期反冲洗，耗能高，且长时间工作后截留大量固体颗粒物，会导致系统阻塞、反冲洗困难。为此，需要针对循环水系统中各个环节的流体力学、悬浮颗粒物的物理性质，以及水力停留时间等工况条件对颗粒物滤除率的影响开展深入研究，并以此为基础逐步改进上述设备及其工艺技术。

为提高泡沫分离的效率、改善泡沫分离设备的性能，有关养殖尾水中各种表面活性剂（包括蛋白质和酶等）在气-液界面处发生分离的吸附机理以及吸附特性，尤其是吸附动力学、表面活性物质混合物的竞争吸附等，还有待深入研究。此外，因吸附而引起的溶液黏度等物理特性的变化，也可能会影响到泡沫排液量和泡沫稳定性。因此，在循环水养殖水质净化相关设备和工艺的设计当中，需要全面考虑这些因素。

3. 成本和能耗问题

工厂化循环水养殖与传统水产养殖模式相比，单位水体/面积的养殖生产效率更高，同时，加以良好管理的循环水养殖系统单位产量的养殖成本也更低。不过，循环水养殖的成本与能耗问题，如前期投资、建设与运行成本较高，物料与能源消耗以及温室气体排放量也相对较高，运行管理方面的技术性更强等，在一定程度上制约了循环水养殖业的快速发展。循环水养殖系统的单位面积建设成本远远大于其他养殖模式，如比普通工厂化流水养殖高出1~2倍，运行成本也比流水养殖模式要高得多（王峰等，2013）。另据Summerfelt（2013）核算，循环水养殖企业每年的运行成本中，设备折旧占11%~22%，能耗占8%~15%，人工成本占8%~11%，苗种占9%~12%；而规模化的养殖系统在成本收益上更加划算，因为系统建设、设备和人工成本都被摊薄，以单位产量计算的生产成本更低。笔者经过多年的循环水养殖系统设计与运行实践，总结出一整套节约型工厂化循环水养殖系统设计理念，已在国内沿海和内陆10多个省份进行了产业化示范，并收到了良好的效果；与国内外同类系统相比，平均建设成本低60%，运行成本低40%。

工厂化循环水养殖系统建设内容可包括厂房、养殖池、蓄水池、管路和水处理系统等，其中水处理系统占总建设成本的20%左右，因此有必要进一步挖掘其降本增效的潜力。Pfeiffer和Wills（2011）对3种不同滤料的价格和氨氮去除效率比较后发现，不同滤料以单位体积计算的价格和水处理效率都有显著差异（相差25%～40%）。从节约成本考虑，未来需要开展更多精细化实验研究，尤其是产业化规模的实验研究，以研发更加便宜、耐用，运行能耗更低，且比表面积更大、水处理效率更高的生物滤器和滤料。此外，还应针对系统水循环量、生物滤池气水比、水力停留时间等工艺环节开展研究，在保证水处理效果的同时降低能耗，并且针对特定养殖品种设计定制化的水处理技术工艺，通过实验研究确定其养殖过程全生命周期（life cycle）的能耗、水耗和总成本，从而更好地指导工厂化循环水养殖的经营管理。

当前，我国正面临能源紧缺问题和实现"碳中和"目标的重大需求，各行各业都在大力发展节能技术和加快清洁能源的使用。利用光伏、水源热泵和热交换器等可以在一定程度上改善循环水养殖的高能耗问题，目前已经有多个渔光互补项目将工厂化循环水养殖与太阳能发电结合起来，大大降低了项目运行能耗。例如，国家电投集团舟山智慧海洋能源科技有限公司于2019年成立，项目位于嵊泗县洋山镇大洋山岛西南部的外云鹅，规划用地约445.29亩[①]，以"光伏+工厂化养殖区"为主，项目建成后形成了"上可发电、下可养殖"的新型养殖-发电模式；项目总投资5.87亿元，其中养殖工程投资55 856万元，光伏投资2 890万元，光伏部分已于2020年年底并网发电，预计可节省企业运行成本约40%。

从世界范围看，工厂化循环水养殖发展时间并不长，不过30～40年的时间，在我国的发展时间更短。虽然我国目前已初步建立了适合中国国情的节约型循环水养殖工艺和技术体系，并在国内近百家企业推广应用，但随着新技术、新材料、新工艺的不断涌现，系统在工艺技术和装备方面的提升空间依然很大。笔者希望与产学研各界同仁一起，不断努力完善工厂化循环水养殖技术，提高我国工厂化循环水养殖的水平，为迎接工业化水产养殖时代的到来奠定坚实基础。

（朱建新，刘慧，白莹，程海华，杨志强，张龙，陈世波）

① 亩为非法定单位，1亩≈666.7 m²。

第三节 环境因子对循环水养殖系统生物膜净化效率的影响

具有集约高效、节能减排、环境友好、养殖条件便于调控等特点的封闭式循环水高效养殖技术，目前已经在国内得到广泛认可。温度、盐度、pH 和溶解氧（DO）等环境因子对生物膜中微生物的生化反应和新陈代谢、微生物活性有着显著的影响，并进而影响生物膜的净化效果。本节拟对这些研究做一综述，考察和分析这一领域的最新研究进展和存在问题，这对了解和掌握影响生物膜运行的主要制约因素、提高生物膜高效去除污染物的能力和维持生物滤池的最佳状态，都相当重要。

一、温度对生物膜净化效率的影响

水温是微生物生存的重要限制因子，任何微生物只能在一定的温度范围内生存。当温度急剧变化时，循环水养殖系统生物滤池中参与净化的微生物种类与活性以及生化反应速率都随之改变（Holmes等，1999）。温度能影响生物化学反应速度，一般而言，微生物的新陈代谢活动会随着温度的升高而增强，随着温度的下降而减弱（李迎全，2012）。

（一）温度对微生物生长和代谢活性的影响

水温是影响微生物生长和新陈代谢的重要因素。当温度低于某一阈值时，净化微生物细胞膜呈凝胶状态，营养物质的运输受阻，细胞会因缺乏营养而停止生长；反之，当温度高于某一阈值时，细胞的某些组分如蛋白质和核酸开始变性，细胞难以生长甚至死亡（郑平等，2004）。净化微生物的最适生长温度在28℃左右，且温度每下降10℃，生化反应速率将下降1倍（王建龙，2003）。生物膜中具有降解有机物作用的主要是异养菌，而去除氨氮（NH_4^+-N）的主要是硝化自养菌。水温对硝化自养菌的生长和硝化速率有较大的影响（Antoniu等，1990）。对于大多数硝化自养菌而言，合适的生长温度是 25～30℃。当温度<25℃或者>30℃时，硝化自养菌生长减慢；当温度<10℃时，硝化自养菌的生长及硝化作用显著减慢（金吴云和沈耀良，2008）。

（二）温度对微生物酶活性的影响

微生物的新陈代谢为酶所催化，受温度变化影响非常大。温度的变化对生物膜中净化微生物酶的活性影响极其显著（张金莲等，2009）。同时，水温是影响自然生物膜微生物活力的一个重要因素，温度对氧化细菌的反应活性影响很大，其中包括有利和有害两个不同的方面：一方面，随着温度的升高，自然生物膜微生物细胞内的化学反应和酶反应随之加快，生长速度变得比较快，这主要是因为微生物细胞内酶活性增强。另一方面，由于蛋白质、核酸和其他细胞的组分很容易受到温度的影响，可能产生不可逆的失活。因此，当温度在一定范围内增加时，自然生物膜的生长和代谢功能通常也随之增加；当超过临界温度时，细胞功能会很快下降直至失活，从而失去其应有效应。同理，低于最低临界温度时，生物有机体自身生长会受到抑制甚至停止生长。研究表明，当温度<10℃ 或>35℃ 时，生物膜对COD和 NO_2^--N 去除效果都不理想，温度为 30℃ 时处理效果最好（庞朝晖等，2010）。

（三）温度对微生物中氧传递速率的影响

温度升高会使饱和溶解氧降低，氧的传递速率降低，在供氧不充分时溶解氧就会不足，导致生物膜中好氧微生物缺氧腐化而影响水处理效果（郑俊和吴浩汀，2005）。温度对生物膜的影响还体现在氧向水中转移速率方面：温度降低，水的黏滞性增大，溶解氧在水和生物膜内的扩散阻力增大，从而使扩散系数减少。由于扩散系数与扩散速率成正比，所以水温的降低会导致溶解氧扩散速率的下降。总之，温度的变化对水体中氧气浓度有很大影响（冯志华等，2004），且温度对好氧微生物处理工艺中氧的传递产生较大的影响（章胜红，2006）。

二、盐度对生物膜净化效率的影响

盐度会影响微生物的新陈代谢，降低微生物的生长及总氨氮氧化速率（高喜燕等，2009）。虽然无机盐类在微生物生长过程中起着促进酶反应、维持膜平衡和调节渗透压的作用（钱晖，2010），但超过微生物耐受阈值的盐度会对微生物的生长产生一定的抑制作用，并且这种抑制作用会随着盐度的升高而加强。

（一）盐度突变对净化微生物的影响

盐度的变化对生物膜系统存在影响。生物膜所含微生物种类和数量较多，在受到较低盐度波动的冲击时，系统仍能保持相对稳定，且膜的截留作用能将难降解的有机物截留在反应器中继续进行降解，从而保证了良好的出水水质。随着盐度升高的幅度加大，系统中微生物的种类和数量不断减少，活性也大大降低，新陈代谢变得缓慢。因此，当盐度升高到一定值后，生物膜对有机物的去除效果会明显下降。在盐度升高的初期，由于盐度突变的冲击，微生物尚未适应新环境，所以去除率会有所下降；随着微生物对高盐环境的适应，去除率便逐渐升高。因此，低盐度时，盐度增加会对微生物产生冲击；而经过一段时间，生物膜也基本能够适应较高盐度。但当盐度增加并超过一定阈值时，微生物已经无法适应，存活的硝化自养菌数量和种类也越来越少。

（二）盐度对生物膜菌群结构的影响

盐度会抑制硝化自养菌的生长，硝化反应对盐度和盐冲击都敏感（邹小玲等，2008）。适应于淡水环境的亚硝酸菌在盐度较高的环境中会受到很强的抑制。硝化自养菌对盐度比亚硝酸菌更敏感，在盐度较低时也会受到一定的抑制，结果导致在硝化反应过程中出现亚硝态氮累积现象。当盐度超过阈值时，亚硝酸菌和硝化自养菌完全受到高盐度的抑制，失去硝化功能。适应于淡水环境的反硝化细菌在受到盐度冲击时，其所受到的抑制作用相对较小，反硝化细菌对高盐度的敏感性比硝化自养菌低得多。例如，适应于淡水环境的聚磷菌在受到高盐度冲击时，其厌氧阶段释磷和好氧阶段吸磷均会受到明显的抑制；在高盐环境中，聚磷菌几乎完全受到抑制，并且由于细菌发生溶胞作用，在整个反应过程中磷酸根浓度持续上升（李玲玲，2006）。

三、pH 对生物膜净化效率的影响

pH 对生物膜的影响是非常重要的，有时甚至是决定性的。虽然生物膜反应器具有一定的耐冲击负荷的能力，但是如果系统 pH 大幅度变化，则会影响反应器的效率，甚至对微生物造成毒性而使反应器失效。这主要归因于pH的改变可能会引起细胞膜电荷的变化，进而影响微生物对有机物的吸收和微生物代谢过程中酶的活性（石驰，2007）。生物膜在pH<9的碱性条件下运行正常，弱碱性环境对污染物去除无不良影响。但是，酸性条件则会对微生物有抑制作用，无论NH_4^+–N还是高锰酸盐指数（COD_{Mn}）的去除效果均随pH的降低而降低。不过，并没有发现弱酸性水对生物膜有严重不良影响，导致生物膜大面积脱落的现象，这可能与水体本身的缓冲体系有关。总之，生物滤池抗pH冲击能力较强，短时冲击不会对装置产生较大影响（陈江萍，2010）。

（一）pH对微生物生命活动的影响

pH对微生物的生命活动有着很大的影响（陈燕飞，2009），微生物的生命活动与pH有着紧密的联系。大部分微生物的最适pH为6.0～8.0。应该对pH过高或过低的废水进行预处理，控制pH在中性或略偏碱性范围内。当pH在6.5以下时，活性污泥中就会有霉菌大量繁殖。由于多数霉菌不像细菌那样向细胞外分泌黏性物质，这就会降低活性污泥的整体吸附能力，导致其絮凝性能变差、结构松散不易沉降，因而水处理效果下降；严重的情况下，甚至会导致活性污泥丝状膨胀（郑俊和吴浩汀，2005；熊志斌和邵广林，2009）。

不仅偏酸性的环境不利于净化微生物的生长，碱性过高同样也会阻碍微生物的生长。此外，pH通过影响细胞质膜的通透性、膜结构的稳定性，以及物质的溶解性或电离性来影响营养物质的吸收，从而影响微生物的生长速率和生命活动（陈燕飞，2009）。

（二）pH对微生物酶及硝化过程的影响

pH是影响硝化细菌代谢活动的另一重要环境因子。这是因为，pH可以引起细胞膜电荷的变化，进而影响硝化细菌对营养物质的吸收；引起酶活性的改变，影响细菌代谢反应进程；引起有害物质毒性的变化，如在NH_4^+-N浓度和NO_2^--N浓度保持不变的情况下，二者的毒性在很大程度上取决于水体pH的变化情况（郑平等，2004）。总的来说，各种细菌都有其适宜的pH范围，生物膜中的生化反应大都是在酶的参与下进行的，酶反应需要适宜的pH范围，pH过高或过低都会导致酶的失活，因此废水的pH对微生物的代谢活力有很大的影响（Chen等，2006）。大多数微生物适宜生长的pH范围为6.0～8.0，其中亚硝酸菌的最适pH为7～8，硝化细菌的最适pH为6.0～7.5，所以短程硝化工艺最适的pH一般在7.5左右（石驰，2007）。

四、溶解氧对生物膜净化效率的影响

溶解氧是影响生物膜生长和出水效果的重要因素。生物膜的量、微生物的代谢能力和代谢过程、有机物的去除动力学、出水中有机物的浓度等均与氧的供给密切相关。因此，控制曝气量的大小就显得尤为重要。曝气量大，生物滤池中的溶解氧高，可提高好氧微生物的活性和生物膜内氧化分解有机物的速率，从而出水的COD就低（王冠平等，1999）。此外，加大曝气量后，气流上升产生的剪切力有助于老化的生物膜脱落，防止生物膜过厚、水流堵塞，提高生物滤池内部的通透性，有利于废水在滤池中的扩散，从而扩大了硝化反应界面的相对面积。

（一）溶解氧对微生物新陈代谢的影响

水体中所含的溶解氧浓度会影响生物膜内微生物的新陈代谢。因此，充足的溶解氧也是生物膜反应器保持较高净化能力的必要条件。溶解氧对生物膜脱氮功能有重要影响，供氧不足会使好氧生物膜降解有机物的能力降低。在有氧条件下，养殖废水的净化处理主要依靠好氧菌，此时的生物滤池需要从外部供氧。由于生物膜会对溶解氧的传递产生阻力，所以有可能导致局部溶解氧不足，好氧微生物由于得不到足够的氧，正常的生长受到影响，轻则影响好氧微生物的活性，其新陈代谢能力降低，重则会使生物膜受到破坏。在这种情况下，正常的生化反应过程将受到影响，养殖废水中的有机物氧化不彻底，水处理效果下降；严重时，生物滤池中的生物膜还会恶化变质、发黑发臭，出水水质显著下降（杨明辉，2012）。同时，供氧不足还会使内层微生物膜附着力降低，较易脱落，池内微生物浓度下降，影响生物反应速率（王劼等，2012）。

（二）溶解氧对硝化过程的影响

生物膜最主要的功能是对氮的转化，所依赖的主要是硝化细菌。硝化反应必须在好氧条件下进行，因而溶解氧浓度就成为影响硝化反应速率的重要因素（陈江萍，2010）。当溶解氧下降时，硝酸菌和亚硝酸菌的活性均受到抑制，但两类菌种相比，亚硝酸菌比硝酸菌对溶解氧有更大的亲和力，受到抑制的程度相对较小；当溶解氧浓度上升时，NH_4^+-N 去除率显著上升，硝化速率也迅速上升，亚硝酸菌与硝酸菌均表现出较高的活性（郑赞永和胡龙兴，2006）。在生物滤池中，硝化自养菌为了获得足够的能量用于生长，必须氧化大量的 NH_4^+ 或 NO_2^-。因此，液相环境中的溶解氧浓度会极大地影响硝化反应的速度及硝化自养菌的生长速率（郑俊和吴浩汀，2005）。

五、存在问题与未来研究方向

（1）生物膜法发展至今已取得很大的成果，该技术目前在循环水养殖当中已有广泛应用，也开展了大量的研究工作，但其除氮和除磷效果、反应机理、反应动力学、反应的影响因素等方面还有待进一步的研究。

（2）对海水和淡水循环水养殖系统生物滤池中微生物的分布规律，以及微生物群落结构与养殖尾水净化过程与功能的相关性方面还缺乏系统性了解，需要针对这个方向展开更加深入系统的研究。同时，针对水产养殖条件下生物膜净水效率的影响因素也应深入研究，从而为促进生物膜法在生产中的应用以及更好发挥其水处理作用提供理论指导与优化建议，更好地为养殖生产服务。

（3）随着现代生物技术的发展，将会出现更加先进的微生物分离与鉴定技术，为定性、定量分析和检测生物膜中的菌落结构提供更好的方法。应对这一领域的发展给予更多关注，及时将相关技术引入到循环水养殖系统生物膜研究中来。

（4）现有研究多关注单一环境因子对养殖系统水处理效果的影响，而没有考虑多种环境因子的综合作用，今后可以就各种环境因子的综合分析来开展生物膜净化效率的研究，分析各种环境因子之间的相互影响，以期设计最优化环境因子组合，最大限度地提高生物膜的净化效率。

（杨志强，朱建新，刘慧，程海华，曲克明，刘寿堂）

第四节　有机碳源对循环水养殖系统生物滤池净化作用的影响

将养殖水体中的有害物质含量稳定地控制在安全范围内是循环水养殖系统的重要功能，其主要的方法是依靠附着于生物滤池内的生物填料上的细菌净化水质（Chen等，2006）。碳源作为细菌必需的营养要素之一，其在养殖水体中的含量与生物滤池净化效果存在密切关系。有报道称，细菌每转化1 g氨氮，大约需要8.6 g有机碳，生成0.17 g细菌干物质，同时消耗4.18～4.57 g氧及7.14 g碱度（朱松明，2006）。然而，硝化细菌（nitrifying bacteria）属于自养型细菌，包括亚硝化细菌属（*Nitrosomonas*）和硝化杆菌属（*Nitrobacter*）的种类。当生物滤池中有机碳含量高时，会抑制硝化作用的进行（陈婧媛等，2012）。此外，通过异养反硝化作用将硝酸盐还原成N_2，是去除硝酸盐的理想方法，但异养反硝化过程需要水体中含有充足的有机碳和合适的碳氮比（C/N）。

当前，关于有机碳源（TOC）在循环水养殖系统中的作用和分解转化规律的研究越来越受到国内学者的重视，相关研究主要集中在生物膜培养过程和脱氮作用等方面（钱伟等，2012；王威等，2013；刘伶俐等，2013）。为此，笔者针对近年来国内外有机碳源对循环水养殖系统生物滤池净化作用的研究进行了全面检索，概括总结了外加碳源对生物滤池净化作用的研究成果，目的是梳理和凝练相关的科学认知，并为实际生产中筛选高效且经济的外加碳源、提高生物滤池净水效率、完善循环水高效养殖技术提供理论支持。

一、有机碳的存在形式及来源

（一）内源性有机碳源

内源性有机碳源主要来源于养殖过程中产生的饵料残渣、代谢物及其水解产物（罗国芝等，2011），主要存在形式及来源：① 颗粒态有机碳，主要包括养殖过程中的残饵和养殖对象的部分排泄物。在循环水养殖系统中，残饵和养殖对象代谢废物等主要有机物负荷大约占投饵总量的25%（Lekang，2007）。② 溶解态有机碳，养殖水体中的残饵、养殖对象的排泄物和细胞物质经过不断降解形成的溶解态部分。据刘松岩和熊彦辉（2007）报道，生产1 kg鱼类生物量将伴随产生162 g粪便等溶解性有机物废物，其中包含50 g蛋白质、31 g脂质和81 g碳水化合物。

（二）外源性有机碳源

外源性有机碳源是指在循环水养殖系统运行过程中人为向系统中添加的有机物，其主要目的是为了提高生物滤池净水效率。在循环水养殖系统中，常用的外源性有机碳源主要有葡萄糖、蛋白胨、乙酸钠、甲醇、牛肉膏等（钱伟等，2012；王威等，2013；赵倩等，2013）。考虑到节约成本和添加量不易控制等问题，也有部分学者采用一些廉价的固体有机物作为外加有机碳源来提高硝化细菌的净水效果，如报纸（Volokita等，1996）、棉花（Soares等，2000）、麦秆（Soares和Abeliovich，1998）和聚β-羟基丁酸（PHB；Boley等，2000）等。

二、有机碳源对生物膜构建与结构的影响

（一）对生物膜构建的影响

在实验室条件下，海水循环水养殖系统中生物滤池的挂膜时间一般需要45 d以上（傅雪军等，2011）。然而，添加一些易被微生物利用的有机碳源，可以刺激微生物的繁殖，加快生物膜的成熟（王丽丽等，2004）。研究发现，以微生态制剂作为挂膜菌种，采用葡萄糖、蛋白胨和乙酸钠作为外源有机碳源，生物膜成熟时间分别为31 d、40 d和28 d（王威等，2013）。这可能是由于较好的水溶性使得小分子类有机碳源具有良好的细胞亲和性，便于生物膜上异养细菌利用，从而促进细胞代谢（李秀辰等，2010）和微生物的生长繁殖。

细胞代谢旺盛可加速胞外聚合物（EPS）的生成。EPS是在特定条件下细菌分泌于体外的一些高分子聚合物，是可以将微生物黏结在一起的胞外产物，其存在有助于生物膜的快速形成（臧倩等，2005）。因此，外加有机碳也会促进生物膜上的细菌生物量快速增加。

研究发现，采用乙醇为外加碳源，以碳氮比为3控制添加量，外加有机碳源会造成生物滤池主要细菌的生物量变化（钱伟等，2012）；生物滤池新产生的细菌量随着养殖废水中碳氮比增大而增大，对于更高的碳氮比，载体附着的细菌总量增加了1倍（Michaud等，2006）。然而，如果碳氮比过高，也会导致生物膜上细菌数量下降。胡学伟等（2014）通过改变培养液中蔗糖和NH_4Cl浓度进而改变水中碳氮比，进行生物滤池挂膜实验，发现碳氮比越高，生物膜上细菌数量越少；而且培养时间越长，细菌

数量下降幅度越大。

不过，迄今为止的多数研究仅限于实验室模拟装置，在生产系统中开展的相关研究还不多见，因而所得到的最佳有机碳源及添加量的结论具有很大的局限性。今后可以结合不同养殖对象的生活习性，在生产系统中开展有关有机碳源及其添加量对生物膜构建的影响方面的研究，便于研究结果在实际生产中推广应用。

（二）对生物膜结构的影响

在循环水养殖中，向水体中添加有机碳源有利于异养菌的生长，自养菌难以与其竞争如溶解氧与空间等生存资源（Ohashi等，1995），从而影响生物膜上菌落的分布空间。研究显示，水体中较高的碳氮比有益于异养菌更多地占据生物膜载体上的空间，使其在与自养菌竞争空间和氧气时更具优势（Ling和Chen，2005）；生长速率快的异养菌占据生物膜的最外层，生长速度慢的自养菌占据生物膜的内层（Lee等，2004）。另外，不同类型的有机碳源会使生物膜表面微生物的种类产生差异。向循环水系统中添加碳源并运行一段时间后，生物滤池载体表面优势菌群种类明显增加（张兰河等，2014）。而另外一些研究发现，甲醇为碳源时滤料表面生物膜几乎全部为杆菌；而以乙酸钠为碳源，虽然载体表面分泌有大量的黏性物质，却未明显观察到生物膜表面有微生物生长（刘秀红等，2013）。

三、有机碳源对生物滤池净化效果的影响

（一）对有机物去除效果的影响

在溶解氧充足的条件下，外加有机碳源可以增强生物膜对有机物的降解能力，使有机物含量迅速降低。另外，易于被微生物分解利用的碳源更有利于促进生物膜对有机物的去除，这类有机碳源往往更有利于异养细菌的繁殖；异养细菌在生长代谢过程中会大量分解利用有机物，为其提供所需物质和能量。魏海娟等（2010）研究发现，添加葡萄糖和甲醇时，系统中有机物平均去除率均在90%左右；而添加淀粉的平均去除率为78.48%，出水有机物均在100 mg/L左右。究其原因，可能是由于淀粉比葡萄糖和甲醇更难被降解。

（二）对硝化作用的影响

硝化作用包括氨氮转化为亚硝酸盐氮、亚硝酸盐氮转化为硝酸盐氮两个阶段，分别由亚硝化细菌属（*Nitrosomonas*）及硝化杆菌属（*Nitrobacter*）的菌种完成，它们都是自养型细菌（刘瑞兰，2005）。

生物膜的硝化作用强度随着有机碳含量的升高而明显降低。当循环水养殖系统

中溶解态和颗粒状的有机碳浓度分别升高时，会对硝化反应产生抑制作用，导致硝化效率降低（黄志涛，2007）。Guerdat等（2011）研究发现，在持续添加碳源（蔗糖）的情况下，生物滤池单位体积载体上附着的生物膜对总氨氮（TAN）的去除率（volumetric TAN removal rate，VTR）比正常生产条件下降低了大约50%。另外一些研究也发现，当系统中不含有机碳源即碳氮比为0时，生物滤池的TAN去除率较高；而向系统中加入有机碳源将碳氮比提高至1~2时，TAN去除率约下降了70%（Zhu和Chen，2001）；而且碳氮比越高，这种抑制作用越大（Okabe等，1996）。TAN去除率在碳氮比为0.5时，比为0时降低30%，主要原因是当碳氮比升高后，硝化反应速率快速下降（Michaud等，2006）；当养殖水体中碳氮比超过1时，TAN去除的速率大约降低70%（Ling和Chen，2005）。

不过，近期研究发现，在溶解氧充足的条件下，合适的有机碳源含量有利于硝化反应的进行。这可能是因为碳源增加后，异养细菌快速繁殖，其代谢过程中产生的CO_2可以被硝化细菌所利用，从而促进其繁殖，加快硝化作用的进行（於建明等，2005）。研究发现，在碳氮比为0.255时，硝化细菌菌群的增殖速率达到每天增殖5.18倍、硝化活性达到每小时20.2，且分别达到最大值，与不添加有机物相比，分别增长了27.9%和4.3%（王歆鹏等，1999）；而当添加大约20 mg/L葡萄糖时，硝化效率达到最高值，约为95%（陈婧媛等，2012）。这是由于添加少量碳源后，硝化细菌获得了增殖所需的营养，繁殖速度更快，从而保持了较高的硝化反应速率。然而，当实验过程中葡萄糖的浓度增加到25 mg/L左右时，硝化反应效率反而下降至65%，这表明过高的有机碳源含量可能会使异养菌的增殖速率远高于硝化细菌，从而抑制了硝化细菌的繁殖，并影响了硝化速率。总之，在循环水养殖系统中添加有机碳源是一项技术性很强的管理工艺，与循环水系统工艺类型、养殖品种、养殖条件息息相关。掌握好有机碳源的添加量和添加速度，就能更好地促进生物滤池的物种平衡，从而提高生物滤池的水质净化效果。

（三）对异养反硝化作用的影响

1. 碳源类型对反硝化作用的影响

反硝化作用主要指异养反硝化细菌在无氧或低氧（溶解氧<0.5 mg/L）的条件下，以有机碳为电子供体、硝酸盐为电子受体，在合适的碳氮比条件下把硝酸盐还原成气体，并从水中逸出的过程。根据碳源对反硝化速率的影响，可将有机碳源分为3类：第1类是易于生物降解的有机物，包括甲醇、蔗糖、葡萄糖等；第2类是可被慢速生物降解的有机物，包括淀粉、蛋白质等；第3类为细胞物质成分，可被细菌利用进行

内源反硝化（杨殿海和章非娟，1995）。在反硝化过程中，易于生物降解的有机物是最好的电子供体，其反硝化速率较快。添加混合挥发性脂肪酸作为碳源时，其反硝化的速率最快；添加城市生活污水作为碳源时，反硝化的速率最低，这说明内源代谢产物充当碳源时其反硝化速率更低（郑兴灿和李亚新，1998）。这可能是因为内源性代谢产物多为细胞物质，不易被生物降解，故反硝化速率最慢。

碳源类型直接影响碳源的可生化性，从而会影响反硝化的效率。研究发现，添加乙酸钠比添加葡萄糖、蛋白胨具有更好的生物脱氮效果（王威等，2013）；以甲醇和乙酸钠作为外源碳源时生物滤池脱氮效果较好，而以葡萄糖为碳源时的脱氮效果明显逊于前者（许文峰等，2007）。这主要是因为大分子有机物需要经过水解过程才能为微生物利用，而甲醇和乙酸钠等小分子化合物可生化性强。

有机碳化合物的种类会影响反硝化过程中间产物的积累（van Rijn，1996）。有研究发现，以醇类物质作为外加碳源，NO_2^--N积累量不明显，而以葡萄糖、蔗糖等糖类物质作为外加碳源时，有明显的NO_2^--N积累现象（钱伟等，2012）。van Rijn等（1996）以斯氏假单胞菌（*Pseudomonas stutzeri*）为单一菌种进行反硝化研究时发现，仅以乙酸为碳源时，水体中亚硝酸盐的积累量要多于以丁酸为碳源的积累量。

2. 碳氮比对反硝化作用的影响

在反硝化过程中，有机碳源与NO_3^--N的比例大小直接影响反硝化反应的最终产物。Kuba等（1996）提出，当进水碳氧比低于3.4时，需外加碳源来保证生物脱氮效果。当水体碳氮比从3提高到6时，反硝化细菌能够完全把硝酸盐还原成无机氮气体（Skrinde和Bhagat，1982）。另外，在TAN初始浓度为5 mg/L的条件下，当碳氮比为4时，生物滤池对溶解态无机氮及总氮的去除效果最佳，碳氮比过高或过低时均会明显影响滤器的硝化和反硝化性能（王威等，2013）。

碳源不足，即碳氮比较低，会造成反硝化过程受阻，表现为水中NO_2^--N和NO_3^--N含量较高（Soares和Abeliovich，1998）。van Rijn等（1996）以乙酸为碳源进行反硝化研究发现，当碳氮比为2～3时，NO_3^--N可被完全还原而没有NO_2^--N的积累；当碳氮比降为1时，NO_3^--N仍然可以被还原，但超过50%的初始硝酸盐氮以NO_2^--N的形态积累存在于系统当中。然而，也有研究发现，循环水养殖水体中过高的碳氮比不仅会影响反硝化过程，同时也会引起水质的恶化。例如，Sauthier等（1998）认为，反硝化细菌对养殖水体的反硝化效率与碳氮比有关，当两者比例为1∶1时，反硝化速率最大；如果碳氮比过高，会使水中的SO_4^{2-}被还原成有毒的硫化物，造成水质恶化。

四、存在问题与展望

碳作为循环水养殖系统中生物膜的重要营养素，其存在形式多为有机碳源。有机碳源不仅是生物膜上微生物群落、原生动物及胞外聚合物的营养源，而且碳源类型、碳氮比也会对生物膜菌落结构、净化效率及养殖生物产生显著影响。然而，盲目地向生物滤池中添加有机碳源，不仅会造成资源浪费、养殖成本增加，而且可能会对养殖环境产生二次污染。因此在循环水养殖中，根据预处理养殖水体的水质特征，如何正确选择碳源类型、添加频率及碳氮比，是需要研究和解决的问题。因此建议：① 未来应开展有关添加有机碳源对挂膜阶段生物膜内微生物种类和结构影响等方面的研究，在生物膜培养阶段通过添加特定碳源及调节碳氮比，实现对生物膜内微生物种类和结构的合理调控；② 针对价格低、易于被微生物分解利用的有机碳源，研究其在循环水养殖生物滤池中的迁移转化规律，提出其被生物膜上微生物分解利用的动力学参数，确定科学的添加量及添加频率；③ 继续筛选物美价廉的新型有机碳源。

（程海华，朱建新，曲克明，杨志强，刘慧，白莹）

第五节　好氧反硝化技术处理水产养殖废水研究进展

水产养殖过程中部分饲料在鱼类消化、吸收等代谢过程中转化为氨氮排泄到养殖环境中，鱼类产生的残饵粪便也会在微生物作用下矿化为氨，进而转化成亚硝酸盐氮、硝酸盐氮。循环水养殖过程中的生物过滤环节可以将水体中毒性较高的氨氮和亚硝酸盐氮转化成毒性较低的硝酸盐氮，这将引起水体中的硝酸盐积累，硝酸盐浓度可达100 mg/L以上，甚至达到500 mg/L以上（Freitag等，2015）。研究表明，硝酸盐氮对于养殖对象的毒害作用比同浓度的氨氮和亚硝酸盐氮要低，但高浓度的硝酸盐氮仍会导致鱼类生长缓慢，成活率降低，免疫力下降（Kamstra和van der Heul，1998；Kellock等，2017；Barak等，1998；Steinberg等，2018；Hamlin等，2008）。高浓度硝酸盐氮养殖废水的排放，是自然海域水体富营养化的重要原因之一，因而应将循环水养殖系统中的硝酸盐氮的浓度控制在合理范围内。

生物脱氮技术是目前处理水产养殖废水的有效方式之一。实际生产中，养殖水体中的溶解氧一般保持在4~8 mg/L。而传统反硝化理论认为氧气的存在会抑制反硝化酶活性，只有在缺氧或兼性厌氧的条件下反硝化酶系才具有活性，生物反硝化过程才能进行。20世纪80年代，Robertson和Kuene（1984）报道了好氧反硝化细菌和好氧反硝化酶系的存在，为水产养殖在有氧条件下去除硝酸盐提供了一种崭新的思路。

近年来，随着人们对生物脱氮研究的深入，有关好氧反硝化细菌的研究日益增多，但在水产养殖废水处理方面的应用研究较少。本节介绍了好氧反硝化细菌的作用机理，分析了好氧反硝化细菌的影响因素，重点介绍了好氧反硝化细菌在水产养殖废水处理中的应用现状，指出存在的问题并对其应用前景进行展望，以期为水产养殖废水好氧反硝化技术的应用和推广提供理论参考。

一、好氧反硝化作用机理探讨

近年来，不同学者对于好氧反硝化的作用机理存在不同的观点，下面从微环境理论、生物化学机理和微生物理论三个方面对近几年国内外学者所做的一些研究成果进行阐述。

（一）微环境理论

微环境理论主要侧重于从物理角度阐述好氧反硝化作用机理（周少奇和周吉林，2000；马放等，2005）。该理论认为由于氧气的扩散作用，微生物絮团内部或者生物膜表面会产生溶解氧的浓度梯度，即微生物絮团表面溶解氧较高，好氧硝化细菌发生反应，当深入絮团内部时，氧气的传递受到阻碍，其微环境为缺氧区，厌氧反硝化反应占据优势地位。当微生物反应池内溶解氧不高时，会使缺氧环境的比例有所升高，会更有利于反硝化作用的进行（张立东和冯丽娟，2006）。实际生产中，由于外部环境多变，微生物群落复杂，以及电子传递不均匀等因素，使微生物絮团内或者生物膜表面产生多种微环境。

（二）生物化学机理

生物化学机理认为在反硝化过程中，硝酸盐被还原导致总氮的损失，其反应过程为$NO_3^- — NO_2^- — NO — N_2O — N_2$，在这个反应过程中，产生的三种气体（NO、$N_2O$和$N_2$）溢出，使总氮浓度降低，此过程中，以NO和$N_2O$形式去除的氮的量约占10%（李贵珍等，2018）。Hong等（1993）发现如果碳氮比较低，或者溶解氧较低，都能导致

N₂O释放量增大，反硝化中N₂O的最大积累量可达到总氮去除率的50%~80%，构成了好氧条件下总氮损失的一部分。虽然这部分不是反硝化脱氮，但人们往往将其归功于反硝化作用，因此生物化学机理和微环境理论都认为，在有氧条件下的反硝化仍是传统意义的缺氧反硝化。

（三）微生物理论

1. 协同呼吸理论

协同呼吸理论由Robertson等（1988）提出，并得到大多数学者的认同，他们认为在好氧反硝化过程中，硝酸盐和氧气均可作为电子受体参与反应，细胞色素c和细胞色素aa₃之间电子传输过程中的"瓶颈"可以被克服，因而电子流就可以同时传输给反硝化酶和氧气，故反硝化就可以在好氧环境中发生（图1-18）。Huang和Tseng（2001）也认为，氧气和硝酸盐氮同时存在时，反硝化作为辅助电子传递途径，是对有氧呼吸的补充，可防止烟酰胺腺嘌呤二核苷酸磷酸（NADP）的大量积累。此外，细胞色素的氧化还原水平会控制电子流向不同的细胞色素，以确定电子是否能够发生反硝化。Wilson和Bouwer（1997）提出的好氧反硝化过程中电子传递见图1-18，反硝化细菌可以将电子从被还原的物质传递给O₂，同时也可通过硝酸盐还原酶将电子传递给硝酸根。

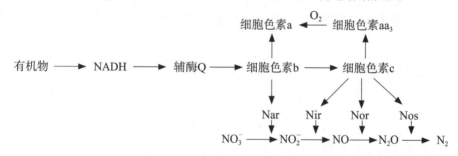

Nar. 硝酸盐还原酶　　Nir. 亚硝酸盐还原酶　　Nor. 一氧化氮还原酶　　Nos. 一氧化二氮还原酶

图1-18　好氧反硝化细菌电子传递过程

Fig.1-18　The electron transport process of aerobic denitrifying bacteria

2. 好氧反硝化酶作用

好氧反硝化被认为是一个涉及4种酶，即硝酸盐还原酶（Nar）、亚硝酸盐还原酶（Nir）、一氧化氮还原酶（Nor）和一氧化二氮还原酶（Nos）的四步复杂生化还原反应。从好氧反硝化酶系角度阐述好氧反硝化机理开始于对泛养硫球菌（*Thiosphaera pantotropha*；Jetten等，1997。现已更名为脱氮副球菌*Paracoccus denitrifications*）的研究，在泛养硫球菌（*T.pantotropha*）内包含着膜内硝酸盐还原酶（Nar）和周质硝酸盐还原酶（Nap），在好氧条件下，Nap优先被还原；而在厌氧条件下，Nap的活性被抑制，Nar活跃，被优先利用。Bell等（1990）利用硝酸盐还原酶对含氮化合物在不同条件下的敏感性进行试验，发现在厌氧环境下，90%的硝酸盐还原酶活性被抑制；而在好氧的环境下，好氧生长细胞被抑制了25%。亚硝酸盐还原酶主要有2种：一种是人们熟知的细胞色素cd1，由Nirs基因编码；另一种是Nir，位于外周胞质，是一种可溶性含铜酶，由Nirk基因编码。刘兴等（2018）研究铜绿假单胞菌YY24发现，该菌存在膜结合硝酸盐还原酶，亚硝酸盐还原酶类型为细胞色素cd1型Nir。一氧化二氮还原酶（Nos）已在 *P.stutzeri*、*P.denitrifications* 等细菌中分离提纯，其部分特征已被确定由Nor CB基因编码（李平等，2005）。好氧反硝化细菌的Nos是一种含铜蛋白，位于膜外周质中（Richardson和Ferguson，1992）。Bell等（1990）认为，在有氧条件下，脱氮副球菌细胞的Nos具有活性，且能将NO、N_2O两种气体同时还原。硝酸盐降解过程是因为好氧反硝化细菌菌体内依次产生硝酸盐还原酶（Nar）、亚硝酸盐还原酶（Nir）、一氧化氮还原酶（Nor）和一氧化二氮还原酶（Nos），最终生成氮气。

二、好氧反硝化影响因素

影响好氧反硝化反应的因素有碳氮比、溶解氧、碳源、温度、pH等，但不同的菌株种类、好氧反硝化反应器结构以及环境调控措施等，使得这些因素的影响能力不同。近几年的研究表明，在水产养殖废水处理中，反硝化主要受碳源、溶解氧和碳氮比等因素影响。

（一）碳源

碳源是细菌生长过程中必不可少的能量来源，研究显示，碳源越充足，好氧反硝化速率越快，总氮去除率也越高（高秀花等，2009）。孙庆花等（2016）从海洋沉积物中分离出一株好氧反硝化细菌y5，研究发现以柠檬酸三钠为碳源时，硝酸盐氮的去除率为90.27%，且无亚硝酸盐氮积累。Hamlin等（2007）利用甲醇、乙酸、葡萄糖、水解的淀粉作为反硝化的碳源，对西伯利亚鲟养殖水体进行净化实验，结果表明4种碳源均能有效地将硝酸盐氮浓度从11～57 mg/L降至接近零，在不考虑碳源限制的情况下，每天最大的反硝化率为670～680 g/m^3。白洁等（2018）从胶州湾沉积物中分离出1株异养硝化-好氧反硝化细菌菌株 *Zobellella* sp. B307，在最优条件下考察其在单一和混合碳源中的脱氮效果。结果表明，该菌的最佳碳源为丁二酸钠，在最佳条件下对氨氮和硝酸盐氮的去除率分别达到97.67%和94.39%；而Duan等（2015）研究发现，好氧反硝化细菌 *Vibrio diabolicus* SF16的最佳碳源为乙酸钠。Bernat和Wojnowska（2007）利用活性污泥处理无碳源的废水时脱氮率为1.54 mg/L，而添加醋酸钠后处理废水时脱氮率达到22.50 mg/L，说明好氧反硝化细菌外源呼吸比内源呼吸效率高。综上所述，不同好氧反硝化细菌最适宜的碳源不尽相同，这是由于碳源结构及相对分子质量的差异导致菌株生长和脱氮效果的不同。

（二）溶解氧（DO）

研究溶解氧对于脱氮反应的影响是一个辩证的过程。硝酸盐在厌氧环境中被还原主要有两个异化通路：一是呼吸脱氮，二是硝酸盐异化还原为氨。在上述反应过程中，氧的存在对于专性微需氧反硝化细菌的存活和亚硝化单胞菌的氨氧化反应的启动都是必不可少的（Tiedje，1988）。尽管微量的溶解氧能促进水体中的反硝化作用，但典型的有氧反硝化反应速率仅为厌氧反硝化反应速率的0.3%～3%，说明氧对脱氮作用的抑制效果十分显著；而进一步的研究发现，溶解氧通过抑制反硝化酶的合成和活性，或者与硝酸盐竞争电子供体等途径影响好氧反硝化反应进程（Tiedje，1988）。近年来，对反硝化反应适宜的溶解氧阈值开展了进一步研究。邵晴和余晓斌（2008）分离的好氧反硝化细菌a1，在溶解氧为5 mg/L时，对亚硝酸盐的去除率高达99%，且反硝化反应主要发生在菌种生长的对数期。Huang和Tseng（2001）认为溶解氧是细菌进行好氧反硝化的关键因素，当溶解氧为5 mg/L时，好氧反硝化细菌（*Citrobacter diversus*）的反硝化速率最高，溶解氧的升高和降低都会造成好氧反硝化速率的下降；推测其原因可能是溶解氧在该阈值以上时，氧气对反硝化酶有抑制作用。溶解氧阈值是区分厌氧反硝化与好氧反硝化的主要标志之一，该值越高，表明菌株对氧的耐受能力越强，即在高溶解氧条件下仍表现出良好的反硝化能力（范利荣和黄少斌，2008）。

（三）碳氮比

水产养殖废水通常含有较低浓度的营养物质（废物），所以需要额外添加碳源来促进有机质的降解和营养盐还原。因而，碳源在反硝化过程中起着重要作用。研究发现，好氧反硝化的效率随碳源的增加而提高，碳氮比的降低会减少反硝化基因表达，并且没有足够的碳源来合成反硝化酶，从而影响菌体生长以及硝酸盐氮和亚硝酸盐氮的去除（范利荣和黄少斌，2008）。Guo等（2016）对好氧反硝化细菌HNR进行正交实验表明，在碳氮比为13时具有最大反硝化率。如果降低碳氮比，会使反硝化反应过程不完全，导致水体中硝酸盐氮的积累（赵鑫等，2018）。程海华等（2015）以乙酸为反硝化碳源实验时发现，当碳氮比为2或者3时，亚硝酸盐氮完全还原成气体，而当碳氮比下降为1时，仅有50%硝酸盐氮被还原。除此之外，对于某些特定的菌株，其适宜的碳氮比的范围较小，在最佳碳氮比时能够诱导菌株释放足够的反硝化酶，如果继续增加碳源，其反硝化酶活性并不会增加（Duan等，2015）；例如，改变碳源浓度调整碳氮比分别为5、10、15、20，研究DL-23菌株的反硝化能力，发现在碳氮比为10~15时均表现出了相似的脱氮效果，当继续增加碳源添加量时，硝酸盐氮去除能力并未增强（梁书城，2011）。

三、固定化好氧反硝化细菌处理水产养殖废水

将好氧反硝化细菌直接投加到水处理体系中，通常会因为不能成为优势菌株而被淘汰，导致脱氮性能不稳定。微生物固定化技术能够将游离的微生物固定到载体上，利用微生物自身活性和代谢功能去除有害物质。研究发现，将好氧反硝化细菌利用微生物固定化技术固定，能够有效去除养殖废水中的硝酸盐。连晋（2005）利用固定化反硝化细菌处理热带观赏鱼养殖水体中的亚硝酸盐和硝酸盐时发现，虽然固定化反硝化细菌对硝酸盐还原速率是游离反硝化细菌的74%，但经过20 d的连续处理，固定化微生物的稳定性远大于游离微生物，28 d后，游离微生物在反应器内的浓度几乎为零，而固定化微生物的浓度和活性几乎不变。林桂炽和伍卫阳（2006）利用固定在聚乙烯醇（PVA）凝胶膜中的同步硝化反硝化的细菌，对水产养殖废水进行脱氮实验，载体内部形成的缺氧区和厌氧区，从微观环境及微生物组成条件上促使好氧条件下发生反硝化反应，将NO_2^--N和NO_3^--N还原成氮气，体系中的NO_2^--N的峰值浓度仅为传统浓度的40%，说明在混合固定的体系中有部分NO_2^--N被好氧反硝化细菌直接还原成N_2。Sauthier等（1998）利用颗粒固定化反硝化技术，建立好氧反硝化系统处理养殖废水，其反硝化处理能力为2.4 kg/（$m^3 \cdot d$），硝酸盐浓度从60 mg/L下降至4 mg/L，且在碳氮比为1时，处理效果最佳。但是细菌生长会使得滤料表面堵塞，需要定期对滤料进行反冲洗。

许多学者还将多种好氧反硝化细菌简单组合构建成微生物制剂，相对于纯菌的处理工艺，微生物制剂的混菌的降解能力增强。陈进斌等（2017）从天津某海水养殖场底泥中分离筛选3株具有高效好氧反硝化特性的微生物，通过正交试验确定三株菌的最适比例是3∶2∶1，最适比例的菌剂组合在12 h内对海水养殖废水中硝酸盐氮、亚硝酸盐氮的去除率分别为60.45%和67.44%。杜刚和王京伟（2007）利用PVA和海藻酸钠（SA）固定由光合细菌、放线菌、硝化细菌、好氧反硝化细菌以及枯草芽孢杆菌组合成的混合菌群用于养殖污水脱氮处理，结果表明氨氮、亚硝酸盐氮、硝氮的去除率分别为85.0%、87.3%、79.3%。将不同功能的微生物固定在同一个载体上，能够构建成一个微型人工生态系统，菌种之间协同作用进行水产养殖废水脱氮，具有良好的效果。因而，在水产养殖废水处理中，可以将反硝化细菌和硝化细菌按一定比例混合，

从而加快脱氮处理效果，实现在同一个反应器中同步硝化反硝化。

四、好氧反硝化反应器处理养殖废水的实际应用

随着研究的深入，许多学者通过建立各种好氧反硝化反应器开展对好氧反硝化的研究，取得了显著的脱氮效果。郝兵兵等（2014）利用膜生物反应器处理水产养殖废水，分离纯化出一株好氧反硝化细菌F28，处理2 d后，NO_3^--N和NH_4^+-N的浓度由最初的77.1 mg/L、46.3 mg/L分别降至7.4 mg/L、1.59 mg/L，去除率分别为90.4%、96.6%，养殖废水中的COD去除率为33.7%。Furukawa等（2016）研制出了海洋水族馆中的上流悬挂海绵-下流污泥层反应器（DHS-USB），并发现碳氮比为1.2时该反应器反硝化率最佳，硝酸盐的浓度保持在3 mg/L以下，总氨氮和亚硝酸盐浓度低于0.1 mg/L。并通过微生物群落分析表明，在反应器中存在两种反硝化细菌，好氧反硝化细菌和一种自养型反硝化细菌。陈钊等（2018）分离出 8 株具有去除硝酸盐能力的菌株并测定了其反硝化性能，选择Z1、Z8两株脱氮效果较好的菌株进行了好氧反硝化反应器的混合接种实验，发现反应器挂膜迅速、高效，接种2周后即达到相对稳定的水处理状态，硝酸盐去除率超过98.8%，总氮去除率超过71.8%，亚硝酸盐和氨氮的积累不明显，脱氮效果良好（详见本书第二章）。江玉立等（2019）通过接种好氧反硝化细菌的方式构建海水好氧反硝化反应器，对其反硝化脱氮性能和动力学特征展开研究，发现在有氧条件下，反应器对NO_3^--N的去除率可达到90%以上（详见本书第三章）。

一些学者在研究好氧反硝化细菌时发现有些细菌不仅能够在好氧的时候进行反硝化，同时也可以进行异养硝化。汤茵琪等（2017）利用异养硝化-好氧反硝化细菌与生态浮床填料结合建立的反应器，对NH_4^+-N、NO_3^--N、TN的去除率分别为54.5%、100%和59.8%。增加曝气和添加异养硝化-好氧反硝化细菌，提高了浮床对有机物的降解，增强了其在高溶解氧水平下的反硝化作用，克服了曝气生态浮床对NO_3^--N降解效果差的缺点。因此，利用异养硝化-好氧反硝化细菌建立反应器，能够使硝化过程产生的硝酸盐、亚硝酸盐直接作为好氧反硝化的底物，大大降低运行成本和操作难度。

在产业化规模的循环水养殖系统内，硝酸盐可以积累到400～500 mg/L（Honda等，1993），这样高的浓度有可能会影响养殖生物的生长。因此，在相关研究的基础上，已经研发了不同类型的好氧反硝化反应器，应用于养殖生产当中。Kaiser和Schmitz（1988）在封闭循环水虹鳟养殖系统中应用了一种转盘式生物滤器，通过添加可水解玉米纤维（碳源）来促进生物滤池内好氧反硝化细菌进行反硝化，在系统运行的118 d内，

硝酸盐由120 mg/L下降至10 mg/L后趋于稳定。Yossi等（2003）在金头鲷（*Sparus aurata*）循环水养殖系统中，利用海藻酸盐凝胶微球建立移动床生物反应器（MBB），以淀粉为碳源处理养殖排放污水，最大的硝酸盐氮脱除速率可达2.7 mg/（L·h）。

五、外加碳源的好氧反硝化处理水产养殖废水技术

好氧反硝化细菌是一种异养菌，而养殖水环境通常是贫营养条件，并不能满足好氧反硝化细菌的生长，故在利用好氧反硝化细菌处理养殖废水时，需要添加额外的碳源来促进其生长，以期获得更好的处理效果。Yossi等（2003）利用甲醇、乙酸和葡萄糖等作为反硝化碳源对鳗养殖循环水体进行净化试验研究，第42天后硝酸盐浓度由151 mg/L迅速降至40 mg/L，整个试验期间对总氮的去除率达到90%，鳗净重增加3倍，存活率达到91%。程海华等（2016）以养殖废水为处理对象，探讨了4种常见有机碳源（葡萄糖、乙醇、红糖和淀粉）及不同碳氮比对有机物去除、硝化反应和异养反硝化作用等生物滤池主要净化过程的影响，发现当碳氮比为4时，各类污染物的去除率分别达到最高值；乙醇作为外加碳源及碳氮比为4时，能很好地提高生物滤池的净化效率。

Piamsak等（2001）利用不同的载体和碳源组合（多孔塑料球+乙醇，碎牡蛎壳+乙醇，碎牡蛎壳无外加碳源）对斑节对虾养殖水体进行反硝化研究，发现养殖水体中氨氮和亚硝酸盐含量均保持在养殖水质要求的浓度范围内（分别小于0.5 mg/L和0.2 mg/L）；同时，反硝化效果明显，NO_3^--N由160 mg/L下降到25 mg/L以下。利用养殖固体废弃物作为好氧反硝化碳源，能够有效脱氮，并且可以克服外加碳源的二次污染和成本增加等问题。李秀辰等（2010）在海水循环水养鱼系统中，以养殖固体废弃物作为碳源，10 h后NO_3^--N和COD的去除率分别为36.5%和75.9%。利用养殖固体废弃物作为碳源是一种新的思路，相关技术工艺可为实现海水养殖"零排放"、保护水资源和环境做出贡献。

近年来，许多学者利用新型的可生物降解聚合物作为反硝化碳源和生物膜载体以去除养殖废水中硝酸盐。Boley等（2000）利用聚己内酯（PCL）、聚-β-羟丁酸（PHB）、二羧酸二元醇（Bionolle）三种可生物降解材料作为生物膜载体和反硝化碳源，出水硝酸盐氮浓度能够稳定在0.1 mg/L以下，而亚硝酸盐氮浓度也可以维持在0.05 mg/L以下，并未出现积累。张兰河等（2014）利用聚羟基丁酸戊酸共聚酯（PHBV）作为固体碳源和生物膜载体，与其连接的固相反硝化反应器能使循环水系统中积累的硝酸盐显著降低，并维持在较低水平（小于10 mg/L）。

六、结论与展望

好氧反硝化作为一种新型的脱氮工艺，具有技术简便，占地小，能够实现硝化、反硝化同时进行等优点，被国内外学者广泛关注。目前越来越多的好氧反硝化细菌被发现，但对于好氧反硝化技术的研究仍停留在实验阶段。虽然有不少学者将好氧反硝化细菌应用到反应器中，但在实际生产中的应用较少。今后的研究重点应该在以下几个方面拓展。

（1）筛选分离耐高氨氮、耐高溶解氧、耐盐等特性的好氧反硝化细菌，探究影响好氧反硝化细菌脱氮性能的因素，并结合水产养殖废水的特点，设计适合水产养殖的反应器和运行模式，为其在海水循环水养殖系统中的应用打下良好的基础。

（2）利用分子生物学等技术，深入研究好氧反硝化反应机理，建立好氧反硝化动力学模型。利用基因重组等分子生物学技术强化功能基因，对好氧反硝化细菌种群进行鉴定和跟踪，提高对水产养殖废水的脱氮效率。

（3）生物固定化技术可以提高水产养殖废水中菌种的密度，防止流速过快使菌种流失，避免养殖废水中的有毒物质对菌株的毒害，故应对固定化微生物技术进行深入的研究，并将其应用在实际的水产养殖中，实现养殖废水高效经济脱氮。

（黄志涛，江玉立，宋协法）

本章参考文献

白洁，陈琳，黄潇，等，2018. 1株耐盐异养硝化-好氧反硝化细菌*Zobellella* sp. B307的分离及脱氮特性［J］. 环境科学，39（10）：4793-4801.

陈江萍，2010. 海水循环水养殖系统中生物滤器污染物去除机理的初步研究［D］. 青岛：青岛理工大学.

陈进斌，苗英霞，任华峰，等，2017. 好氧反硝化复合菌剂的研制及其在海水养殖废水处理中的应用［J］. 湖北农业科学（11）：2049-2052.

陈婧媛，朱秀慧，巩菲丽，等，2012. 碳源对硝化细菌的影响研究［J］. 燃料与化工，43（5）：41-42.

陈军，徐皓，倪琦，等，2009. 我国工厂化循环水养殖发展研究报告. 渔业现代化，36（4）：1-7.

陈燕飞，2009. pH对微生物的影响［J］. 太原师范学院学报（自然科学版），8

（3）：121-124.

陈钊，宋协法，黄志涛，等，2018. 循环水养殖系统中好氧反硝化细菌的分离和应用［J］. 中国海洋大学学报，48（4）：27-33.

曹涵，2008. 循环水养殖生物滤池滤料挂膜及其水处理效果研究［D］. 青岛：中国海洋大学.

程果锋，张宇雷，吴凡，等，2011. 涡旋式流化砂床生物滤器的设计与研究［J］. 渔业现代化，38（6）：6-10.

程海华，朱建新，曲克明，等，2015. 有机碳源对循环水养殖系统生物滤池净化作用的研究进展［J］. 渔业现代化，42（3）：28-32.

程海华，朱建新，曲克明，等，2016. 不同有机碳源及C/ N对生物滤池净化效果的影响. 渔业科学进展，37（1）：127-134.

杜刚，王京伟，2007. 共固定化微生物对养殖水体脱氮的研究［J］. 山西大学学报（自然科学版），30（4）：550-553.

范利荣，黄少斌，2008. 好氧反硝化脱氮技术研究进展［J］. 工业用水与废水，2008，39（2）：5-9.

冯志华，俞志明，刘鹰，等，2004. 封闭循环海水育苗系统生物滤池的应用［J］. 中国环境科学，24（3）：350-354.

傅雪军，马绍赛，朱建新，等，2011. 封闭式循环水养殖系统水处理效率及半滑舌鳎养殖效果分析［J］. 环境工程学报，5（4）：745-751.

高喜燕，傅松哲，刘缨，等，2009. 循环海水养殖中生物滤器生物膜研究现状与分析［J］. 渔业现代化，36（3）：17.

高秀花，刘宝林，李昌林，等，2009. 好氧反硝化生物脱氮研究进展［J］. 给水排水（S1）：58-62.

郝兵兵，罗亮，战培荣，等，2014. MBR处理水产养殖废水好氧反硝化细菌分离与鉴定［J］. 环境科学与技术，37（10）：42-47.

胡学伟，李姝，荣烨，等，2014. 不同EPS组成生物膜对Cu^{2+}吸附的研究［J］. 中国环境科学，34（7）：1749-1753.

黄志涛，2007. 封闭式循环水养殖系统生物滤池及滤料的研究［D］. 青岛：中国海洋大学.

江玉立，黄志涛，宋协法，等，2019. 基于好氧反硝化反应器的海水脱氮性能及动力学特征［J］. 环境工程学报，13（2）：365-371.

金吴云，沈耀良，2008. 影响曝气生物滤池硝化性能的因素［J］. 环境科学与管理，33（1）：76-79.

雷霁霖，2010. 中国海水养殖大产业架构的战略思考［J］. 中国水产科学，17（3）：600-609.

雷衍之，2004. 养殖水环境化学［M］. 北京：中国农业出版社.

李贵珍，赖其良，邵宗泽，等，2018. 异养硝化-好氧反硝化细菌的研究进展［J］. 生物资源（5）：419-429.

李玲玲，2006. 高盐度废水生物处理特性研究［D］. 青岛：中国海洋大学.

李平，张山，刘德立，2005. 细菌好氧反硝化研究进展［J］. 微生物学杂志，（1）：60-64.

李秀辰，李俐俐，张国琛，等，2010. 养殖固体废弃物作碳源的海水养殖废水反硝化净化效果［J］. 农业工程学报（4）：275-279.

李迎全，2012. 曝气生物滤池运行过程中影响因素的研究［D］. 长春：吉林大学.

连晋，2005. 水产养殖水体好氧同时硝化-反硝化脱氮的研究［J］. 山西大学学报（自然科学版），28（3）：328-332.

林桂炽，伍卫阳，2006. 同步硝化反硝化在水产养殖废水处理中的应用［J］. 广州化工，34（5）：63-65.

刘飞，胡光安，韩舞英，2004. 水力停留时间、水温与氨氮浓度对浸没式生物滤池氨氮去除速率的效应［J］. 淡水渔业，34（1）：3-5.

刘晃，张宇雷，吴凡，等，2009. 美国工厂化循环水养殖系统研究［J］. 农业开发研究（3）：10-13.

刘伶俐，宋志文，钱生财，等，2013. 碳源对海水反硝化细菌活性的影响及动力学分析［J］. 河北渔业，40（1）：6-9.

刘瑞兰，2005. 硝化细菌在水产养殖中的应用［J］. 重庆科技学院学报，7（1）：67-69.

刘松岩，熊彦辉，2007. 水产养殖对水域环境的影响及其治理措施［J］. 安徽农业科学，35（23）：7258-7259.

刘兴，李连星，薄香兰，等，2018. 铜绿假单胞菌YY24的异养硝化-好氧反硝化功能基因的研究［J］. 水产科学，37（4）：475-483.

刘秀红，甘一萍，杨庆，等，2013. 碳源对反硝化生物滤池系统运行及微生物种群影响［J］. 水处理技术，39（11）：36-40.

刘鹰，杨红生，张福绥，2004.封闭循环水工厂化养鱼系统的基础设计［J］.水产科学，23（12）：36-38.

刘鹰，刘宝良，2012.我国海水工业化养殖面临的机遇和挑战［J］.渔业现代化，39（6）：3-4.

刘振中，2004.沉淀池优化设计研究［D］.西安：西安理工大学.

李锦梁，2004."彗星式纤维滤料"高速滤池工艺设计［J］.净水技术，23（2）：45-47.

罗国芝，谭洪新，施正峰，等，1999.泡沫分离技术在水产养殖水处理中的应用［J］.水产科技情报，26（5）：202-206.

罗国芝，鲁璐，杜军，等，2011.循环水养殖用水中反硝化碳源研究现状［J］.渔业现代化，38（3）：11-17.

马放，王弘宇，周丹丹，2005.好氧反硝化生物脱氮机理分析及研究进展［J］.工业用水及废水.36（2）：11-14.

马绍赛，曲克明，朱建新，2014.海水工厂化循环水工程化技术与高效养殖［M］.北京：海洋出版社.

倪琦，张宇雷，2007.循环水养殖系统中的固体悬浮物去除技术［J］.渔业现代化，34（6）：7-10.

农业农村部渔业渔政管理局等，2021.中国渔业统计年鉴［M］.北京：中国农业出版社.

庞朝晖，张敏，张帆，2010.电极生物膜处理地下水中的硝酸盐氮实验研究［J］.水处理技术，36（5）：93-95.

钱晖，2010.环氧丙烷废水和高盐度废水的生物处理技术探讨［J］.能源与环境，（1）：66-67.

钱伟，陆开宏，郑忠明，等，2012.碳源及C/N对复合菌群净化循环养殖废水的影响［J］.水产学报，12（12）：1880-1890.

曲克明，杜守恩，崔正国，2018.海水工厂化高效养殖体系构建工程技术［M］.北京：海洋出版社.

邵晴，余晓斌，2008.好氧反硝化细菌的筛选及反硝化特性研究［J］.生物技术，18（3）：63-65.

石驰，2007.曝气生物滤池运行影响因素试验研究［D］.镇江：江苏大学.

宋协法，李强，彭磊，等，2012.半滑舌鳎封闭式循环水养殖系统的设计与应用

［J］.中国海洋大学学报（自然科学版），10：26-32.

孙庆花，于德爽，张培玉，等，2016. 一株海洋异养硝化-好氧反硝化细菌的分离鉴定及其脱氮特性［J］.环境科学，37（2）：647-654.

唐小双，张可可，贾军，等，2021. 不同水力负荷下人工湿地对海水养殖尾水污染物的净化特征［J］.渔业科学进展，42（5）：16-23.

汤茵琪，李阳，常素云，等，2017. 好氧反硝化细菌强化生态浮床对水体氮与有机物净化机理［J］.生态学杂志，36（2）：569-576.

王峰，雷霁霖，高淳仁，等，2013. 国内外工厂化循环水养殖研究进展［J］.中国水产科学，20（5）：1100-1111.

王冠平，许建华，肖羽堂，1999. 生物接触氧化池两种不同曝气方式的充氧性能的比较研究［J］.净水技术，17（4）：11-14.

王建龙，2003. 生物固定化技术与水污染控制［M］.北京：科学出版社.

王丽丽，赵林，谭欣，等，2004. 不同碳源及其碳氮比对反硝化过程的影响［J］.环境保护科学，30（1）：15-18.

王威，曲克明，朱建新，等，2013. 不同碳源对陶环滤料生物挂膜及同步硝化反硝化效果的影响［J］.应用与环境生物学报，19（3）：495-500.

王文东，马翠，刘荟，等，2016. 水力负荷对生物沉淀池污染物净化性能的影响特性［J］.环境科学，37（12）：4727-4733.

王歆鹏，陈坚，华兆哲，等，1999. 硝化细菌群在不同条件下的增殖速率和硝化活性［J］.应用与环境生物学报，5（1）：65-69.

王劼，宫艳萍，白莹，等，2012. BAF 去除氨氮关键影响因素研究［J］.环境科学与技术，35（5）：147-151.

魏海娟，张永祥，蒋源，等，2010. 碳源对生物膜同步硝化反硝化脱氮影响［J］.北京工业大学学报，36（4）：506-510.

吴静，周红明，姜洁，2010. 水力剪切力对厌氧反应器启动的影响［J］.环境科学，31（2）：368-372.

熊志斌，邵广林，2009. 曝气生物滤池技术研究进展［J］.当代化工，38（1）：61-64.

许文峰，李桂荣，汤洁，2007. 不同碳源对缺氧生物滤池生物脱氮的试验研究［J］.吉林大学学报（地球科学版），37（1）：139-143.

杨殿海，章非娟，1995. 碳源和碳比对焦化废水反硝化工艺的影响［J］.同济大学学报（自然科学版），23（4）：413-416.

杨明辉，2012. 曝气生物滤池处理效果的影响因素［J］. 安徽农学通报（下半月刊），18（2）：63.

齐荣，余兆祥，李佟茗，2004. 泡沫分离技术及其发展现状［J］. 辽宁化工，33（9）：517-522.

沈加正，2016. 海水循环水养殖系统中生物膜生长调控与水体循环优化研究［D］. 浙江：浙江大学.

宋德敬，李振瑜，鲁伟，等，2003. 新型高效过滤器的研究［J］. 海洋生产研究，24（4）：51-56.

魏海涛，刘响江，李涛，2005. 活性污泥法处理生活污水、废水综述. 河北电力技术，24（4）：36-38.

于少鹏，刘嘉，周彬，等，2021. 杜丛菌藻共生系统对序批式反应器处理养猪废水脱氮除磷效果及微生物群落结构的影响［J］. 微生物学通报，48（8）：2583-2594.

张鹏，2019. 电化学水处理技术在循环水养殖中的应用研究［D］. 上海：上海海洋大学.

於建明，石建波，吴庆荣，等，2005. 外加有机碳源对NO硝化去除的影响［J］. 能源环境保护，19（4）：13-17.

臧倩，孙宝盛，张海丰，等，2005. 胞外聚合物对一体式膜生物反应器过滤特性的影响［J］. 天津工业大学学报，24（5）：47-50.

张兰河，刘丽丽，仇天雷，等，2014. 以聚羟基丁酸戊酸共聚酯为碳源去除循环水养殖系统的硝酸盐及生物膜中微生物群落动态［J］. 微生物学报，54（9）：1053-1062.

张金莲，张丽萍，武俊梅，等，2009. 不同营养源对人工湿地基质生物膜培养液pH值的影响［J］. 农业环境科学学报，28（6）：1230-1234.

张立东，冯丽娟，2006. 同步硝化反硝化技术研究进展［J］. 工业安全与环保（3）：22-25.

章胜红，2006. 曝气生物滤池深度净化有机废水的研究［D］. 上海：东华大学.

张宇雷，吴凡，王振华，等，2012. 超高密度全封闭循环水养殖系统设计及运行效果分析［J］. 农业工程学报，15：151-156.

赵倩，曲克明，崔正国，等，2013. 碳氮比对滤料除氨氮能力的影响试验研究［J］. 海洋环境科学，32（2）：243-248.

赵鑫，刘芳，赵研，等，2018.C/N对好氧反硝化细菌强化的SBR脱氮效率的影响［J］.东北大学学报（自然科学），39（8）：1205-1210.

郑俊，吴浩汀，2005.曝气生物滤池工艺的理论与工程应用［M］.北京：化学工业出版社：40-44.

郑平，徐向阳，胡宝兰，2004.新型生物脱氮理论与技术［M］.北京：科学出版社：146-190.

郑兴灿，李亚新，1998.污水除磷脱氮技术［M］.北京：中国建筑工业出版社.

郑赞永，胡龙兴，2006.低溶氧下生物膜反应器的亚硝化研究［J］.环境科学与技术，29（9）：29-32.

周少奇，周吉林，2000.生物脱氮新技术研究进展［J］.环境污染治理技术与设备，6（1）：13-15.

朱建新，曲克明，杜守恩，等，2009.海水鱼类工厂化养殖循环水处理系统研究现状与展望［J］.科学养鱼（5）：3-4.

朱建新，刘慧，徐勇，等，2014.循环水养殖系统生物滤器负荷挂膜技术［J］.渔业科学进展，35（4）：118-124.

朱松明，2006.循环水养殖系统中生物过滤器技术简介［J］.渔业现代化，33（2）：16-18.

邹小玲，丁丽丽，赵明宇，等，2008.高盐度废水生物处理研究［J］.工业水处理，28（9）：1-4.

Ahmed N, Turchini G M, 2021. Recirculating aquaculture systems（RAS）: Environmental solution and climate change adaptation［J］. Journal of Cleaner Production, 297:126604.

Antoniu P，Hamilton J，Koopman B, et al., 1990. Effect of temperature and pH on the effective maximum specific growth rate of nitrifying bacteria［J］. Water Research, 24（8）:97-101.

Barak K, Tal Y, van Rijn J. 1998.Light-mediated nitrite accumulation during denitrification by Pseudomonas sp. strain JR12［J］. Applied and Environmental Microbiology, 64（3）,813-817.

Becke C, Schumann M, Geist J, et al., 2020. Shape characteristics of suspended solids and implications in different salmonid aquaculture production systems［J］. Aquaculture, 516:734631.

Bell L C, David J R, Stuart J F, 1990. Periplasmic and membrane−bound respiratory nitrate reductases in *Thiosphaera pantotropha*［J］. FEBS, 265:85−87.

Bernat K, Wojnowska B I. 2007. Carbon source in aerobic denitrification［J］. Biochemical Engineering Journal, 36（2）:116−122.

Bicelli LG, Augusto MR, Giordani A, et al., 2020. Intermittent rotation as an innovative strategy for achieving nitritation in rotating biological contactors［J］. Science of the Total Environment, 736: 139675.

Blancheton J P, Attramadal K J K, Michaudd L, 2013. Insight into bacterial population in aquaculture systems and its implication. Aquacultural Engineering, 53: 30– 39.

Boley A, Müller W R, Haider G, 2000. Biodegradable polymers as solid substrate and biofilm carrier for denitrification in recirculated aquasculture systems［J］. Aquacultural Engineering, 22（1−2）:75−85 .

Bovendeur J, Zwaga A B, Lobee B G J, et al., 1990. Fixed-biofilm reactors in aquacultural water recycle systems: Effect of organic matter elimination on nitrification kinetics［J］. Water Researcg, 24（2）: 207–213.

Brazil B L, 2006. Performance and operation of a rotating biological contactor in a tilapia recirculating aquaculture system［J］. Aquacultural Engineering, 34: 261–274.

Chen S L, Jian L, Blancheton J, 2006. Nitrificati on kinetics of biofilm as affected by water quality factors［J］. Aquacultural Engineering, 34（3）:179−197.

Crab R, Avnimelech Y, Defoirdt T, et al., 2007. Nitrogen removal techniques in aquaculture for a sustainable production［J］. Aquaculture, 270: 1−14.

Daigger G T, Boltz J B, 2011. Trickling filter and trickling filter-suspended growth process design and operation: a state-of-the-art review［J］. Water Environment Research, 83（5）: 388−404.

Dalsgaard J, Lund I, Thorarinsdottir R, et al., 2013. Farming different species in RAS in Nordic countries: Current status and future perspectives［J］. Aquacultural Engineering, 53: 2−13.

de Jesus Gregersen K J, Pedersen L F, Pedersen P B, et al., 2021. Foam fractionation and ozonation in freshwater recirculation aquaculture systems. Aquacultural Engineering, 95: 102195.

Dolan E, Murphy N, O'Hehir M, 2013. Factors influencing optimal micro-screen drum filter selection for recirculating aquaculture systems ［J］. Aquacultural Engineering, 56: 42-50.

Davidson, 2020. Evaluating the suitability of RAS culture environment for rainbow trout and Atlantic salmon: A ten-year progression of applied research and technological advancements to optimize water quality and fish performance ［D］. Norway: University of Bergen.

Falck W E, 2006. Remediation of sites with mixed contamination of radioactive and other hazardous substances ［J］. International Atomic Energy Agency, Vienna. pp232.

Fossmark R O, Vadstein O, Rosten T W, et al., 2020. Effects of reduced organic matter loading through membrane filtration on the microbial community dynamics in recirculating aquaculture systems (RAS) with Atlantic salmon parr (*Salmo salar*). Aquaculture, 524: 735268.

Freitag A R, Thayer L R, Leonetti C, et al., 2015. Effects of elevated nitrate on endocrine function in Atlantic salmon, Salmo salar ［J］. Aquaculture, 436. (1) :8-12.

Furukawa A, Norihisa M, Masahito M, et al., 2016. Development of a DHS-USB recirculating system to remove nitrogen from a marine fish aquarium ［J］. Aquacultural engineering, 74: 74-179.

Goldman J, 2016. So, you want to be a fish farmer? ［J］. World Aquacult. 47 (2) ,24- 27.

Gonzalez-Silva B M, Jonassen K R, Bakke I, et al., 2016. Nitrification at different salinities: Biofilm community composition and physiological plasticity ［J］. Water Research, 95: 48-58.

Gonzalez-Silva B M, Jonassen K R, Bakke I, et al., 2021. Understanding structure/function relationships in nitrifying microbial communities after cross-transfer between freshwater and seawater. ［J］ Scientific Report, 11 (1) :2979. doi: 10.1038/s41598-021-82272-7.

Greiner A D, Timmons M B, 1998. Evaluation of the nitrification rates of microbead and trickling filters in an intensive recirculating tilapia production facility ［J］. Aquacultural Engineering, 18: 189-200.

Guerdat T C, Losordo T M, Classen J J, et al., 2010. An evaluation of commercially available biological filters for recirculating aquaculture systems ［J］. Aquacultural Engineering, 42: 38-49.

Hall P O J, Anderson L G, Holby O, et al., 1990. Chemical fluxes and mass balances in a marine fish cage farm. I. Carbon［J］. Marine Ecology Progress Series, 61: 61−73.

Hall P O J, Holby O, Kollberg S, et al., 1990. Chemical fluxes and mass balances in a marine fish cage farm. IV. Nitrogen［J］. Marine Ecology Progress Series, 1990, 89: 81−91.

Holan A B, Wold P A, Leiknes T O, 2014. Intensive rearing of cod larvae（Gadus morhua)in recirculating aquaculture systems（RAS）implementing a membrane bioreactor（MBR）for enhanced colloidal particle and fine suspended solids removal. Aquacultural Engineering, 58: 52−58.

Guerdat T C, Losordo T M, Classen J J, et al.,2011. Evaluating the effects of organic carbon on biological filtration performance in a large scale recirculating aquaculture system［J］. Aquacultural Engineering, 44（1）:10−18.

Guo L J, Zhao B, An Q, et al., 2016. Characteristics of a novel aerobic denitrifying bacterium, Enterobacter cloacae strain HNR［J］. Applied biochemistry and biotechnology, 178（5）:947−959.

Hamlin H J, Michaels J T, Beaulaton C M, et al.,2007. Comparing denitrification rates and carbon sources in commercial scale upflow denitrification biological filters in aquaculture［J］. Aquacultural Engineering, 38（2）:79−92.

Hamlin H J, Moore B C, Edwards T M, et al., 2008. Nitrate-induced elevations in circulating sex steroid concentrations in female Siberian sturgeon（Acipenser baeri）in commercial aquaculture［J］. Aquaculture, 281（1）: 118−125.

Holmes R M，Aminot A, Ke Rouel R, et al.,1999. A simple and precise method for measuring ammonium in marine and freshwater ecosystems［J］. Canadian Journal of Fisheries and Aquatic Sciences, 56:1801−1808.

Honda H, Watanaba Y, Kikuchi K,1993. High density rearing of Japanese Flounder, Paralichthys olivaceus with a closed seawater recirculation system equipped with a denitrification unit［J］. Suisanzoshoku, 41:19−26.

Hong Z, Hanaki K, Matsuo T, 1993. Greenhouse gas-N_2O production during denitrification in wastewater treatment［J］. Water Science and Technology, 28（7）:203−207.

Huang H K, Tseng S K, 2001. Nitrate reduction by Citrobacter diversus under aerobic environment［J］. Applied microbiology and biotechnology, 55（1）:90−94.

Jetten M S M, Logemann S, Muyzer G, et al., 1997. Novel principles in the microbial conversion of nitrogen compounds [J] . Antonie van Leeuwenhoek, 71 (1-2) :75-93.

Duan J M, Fang H D, Su B, et al., 2015. Characterization of a halophilic heterotrophic nitrification-aerobic denitrification bacterium and its application on treatment of saline wastewater [J] . Bioresource Technology, 179:421-428.

Kaiser H, Schmitz O, 1988. Water quality in a closed recirculating fish culture system influenced by addition of a carbon source in relation to feed uptake by fish [J] . Aquaculture Research, 19 (3) :265-273.

Kamstra A, van der Heul J W, 1998. The effect of denitrification on feed intake and feed conversion of European eel *Anguilla anguilla* L. [J] . Aquaculture and Water: Fish Culture, Shellfish Culture and Water Usage. European Aquaculture Society Special Publication, (26) :128-129.

Kellock K A, Moore A P, Bringolf R B, 2017. Chronic nitrate exposure alters reproductive physiology in fathead minnows [J] . Environmental Pollution, 232,322-328.

Kuba T, van Loosdrecht M C M, Heijnen J J, 1996. Phosphorus and nitrogen removal with minimal COD requirement by integration of denitrifying dephosphatation and nitrification in a two-sludge system [J] . Water Research, 30 (7) :1702-1710.

Lee L Y, Ong S L, Ng W J, 2004. Biofilm morphology and nitrification activities: recovery of nitrifying biofilm particles covered with heterotrophic outgrowth [J] . Bioresource Technology, 95 (2) :209-214.

Lekang O I, Kleppe H, 2000. Efficiency of nitrification in trickling filters using different filter media [J] . Aquacultural Engineering, 21: 181-199.

Leyva-Díaz J C, Monteoliva-garcía A, Martín-pascual J, et al., 2020. Moving bed biofilm reactor as an alternative wastewater treatment process for nutrient removal and recovery in the circular economy model [J] . Bioresource Technology, 299, 122631.

Leyva-Díaz J C, Martín-Pascual J, Poyatos J M, 2017. Moving bed biofilm reactor to treat wastewater [J] . International journal of Environmental Science and Technology, 14, 881-910.

Liu B, Jia R, Han C, et al. Effects of stocking density on antioxidant status, metabolism and immune response in juvenile turbot (*Scophthalmus maximus*) [J] . Comparative Biochemistry and Physiology Part C: Toxicology & Pharmacology, 2016, 190: 1-8.

Ling J, Chen S L, 2005. Impact of organic carbon on nitrification performance of different biofilters ［J］. Aquacultural Engineering 33（2）:150-162.

Malone R F, Beecher L E, 2000. Use of floating bead filters to recondition recirculating waters in warmwater aquaculture production systems ［J］. Aquacultural Engineering, 22: 57-73.

Martins C I M, Ochola D, Ende S S W, et al., 2009. Is growth retardation present in Nile tilapia *Oreochromis niloticus* cultured in low water exchange recirculating aquaculture systems ［J］. Aquaculture, 298（1-2）:43-50.

Martins C I M, Eding E H, Verdegem M C J, et al., 2010. New developments inrecirculating aquaculture systems in Europe: a perspective on environmental sustainability ［J］. Aquacultural Engineering, 43（3）:83-93.

Michaud L, Blancheton J P, Bruni V, et al.,2006. Effect of particulate organic carbon on heterotrophic bacterial populations and nitrification efficiency in biological filters ［J］. Aquacultural Engineering. 34（3）:224-233.

Mirzoyan N, Tal Y, Gross A, 2010. Anaerobic digestion of sludge from intensive recirculating aquaculture systems: Review ［J］. Aquaculture, 306: 1-6.

Mook W T, Chakrabarti M H, Aroua M K, et al., 2012. Removal of total ammonia nitrogen （TAN）, nitrate and total organic carbon (TOC) from aquaculture wastewater using electrochemical technology: A review ［J］. Desalination, 2012, 285: 1-13.

Murray F, Bostock J, Fletcher D, 2014. Review of recirculation aquaculture system technologies and their commercial application ［J］. Stirling Aquaculture, University of Stirling, UK.

Ohashi A, Viraj de Silva D G, Mobarry B, et al.,1995. Influence of substrate C/N ratio on the structure of multi-species biofilms consisting of nitrifiers and heterotrophs ［J］. Water Science and Technology,（32）:75-84.

Okabe S, Oosawa Y, Hirata K, et al., 1996. Relationship between population dynamics of nitrifiers in biofilms and reactor performance at various C：N ratios ［J］. Water Research, 30（7）:1563-1572.

Pfeiffer T J, Wills P S, 2011. Evaluation of three types of structured floating plastic media in moving bed biofilters for total ammonia nitrogen removal in a low salinity hatchery recirculating aquaculture system ［J］. Aquacultural Engineering, 45: 51-59.

Rajapakse N, Zargar M, Sen T, et al, 2022. Effects of influent physicochemical characteristics on air dissolution, bubble size and rise velocity in dissolved air flotation: A review [J]. Separation and Purification Technology, 289:120772.

Richardson D J, Ferguson S, 1992.The influence of carbon substrate on the activity of the periplasmic nitrate reductase in aerobically grown *Thiosphaera pantotroph* [J]. Archives of Microbiology, 157 (6) :535-537.

Robertson L A, Kuene J G, 1984. Aerobic denitrification: a controversy review [J]. Archives of Microbiology, 139 (4) :351-354.

Robertson L A, van Niel E W, Torremans R A, et al., 1988. Simultaneous nitrification and denitrification in aerobic chemostat cultures of *thiosphaera pantotropha*. [J]. Applied and environmental microbiology, 54 (11) :2812-2818.

Santorio S, Val del Rio A, Amorim CL, et al., 2022. Pilot-scale continuous flow granular reactor for the treatment of extremely low-strength recirculating aquaculture system wastewater [J]. Journal of Environmental Chemical Engineering 10 (2022) 107247.

Sauthier N, Grasmick A, Blancheton J P, 1998. Biological denitrification applied to a marine closed aquaculture system [J]. Water Research, 32 (6) :1932-1938.

Shitu A, Liu G, Muhammad AI, et al., 2022. Recent advances in application of moving bed bioreactors for wastewater treatment from recirculating aquaculture systems: A review [J]. Aquaculture and Fisheries, 7: 244-258.

Soares M, Abeliovich A, 1998. Wheat straw as substrate for water denitrification [J]. Water Research, 32 (12) :3790-3794.

Soares M, Brenner A, Yevzori A, et al., 2000. Denitrification of groundwater: pilot plant teasting of cotton packed bioreactor and post microfiltration [J]. Water Science and Technology, 42 (1-2) :353-359.

Steinberg K, Zimmermann J, Stiller K T, et al., 2018. Elevated nitrate levels affect the energy metabolism of pikeperch (*Sander lucioperca*) in RAS [J]. Aquaculture, 497:405-413.

Suhr K I, Pedersen P B, 2010. Nitrification in moving bed and fixed bed biofilters treating effluent water from a large commercial outdoor rainbow trout RAS [J]. Aquacultural Engineering, 42 (1) : 31-37.

Summerfelt S T, 2006. Design and management of conventional fluidized-sand biofilters [J]. Aquacultural Engineering, 34: 275-302.

Summerfelt S T, 2013. Overview of recirculating aquaculture systems in the United States. https://www3.uwsp.edu/cols-ap/nadf/Workshops/Midwest%20RAS/Overview%20RAS%20in%20US.pdf.

"SustainAqua-Integrated approach for a sustainable and healthy freshwater aquaculture", 2009. SustainAqua handbook-A handbook for sustainable aquaculture". https://haki.naik.hu/sites/default/files/uploads/2018-09/sustainaqua_handbook_en.pdf.

Takeuchi T, 2017. Application of recirculating aquaculture systems in Japan [J] . Springer, Tokyo, Japan, pp333.

Tiedje J M, 1988. Ecology of denitrification and dissimilatory nitrate reduction to ammonium [J] . Biology of anaerobic microorganisms, 717:179-244.

Timmons M B, Ebeling J M, Wheaton F W, et al., 2002. Recirculating Aquaculture Systems [M] , 2nd ed. Cayuga Aqua Ventures, Ithaca, NY, USA, pp769.

Timmons M B, Holder J L, Ebeling J M, 2006. Application of microbead biological filters [J] . Aquacultural Engineering. 34,332-343.

van Rijn J, 1996. The potential for integrated biological treatment systems in recirculating fish culture-A review [J] . Aquaculture 139:181-201.

van Rijn J, Tal Y, Barak Y, 1996. Influence of volatile fatty acids on nitrite accumulation by a *Pseudomonas stutzeri* strain isolated from denitrifying fluidized bed reactor [J] . Applied and Environmental Microbiology, 62:2615 -2620.

Veerapen J P, Lowry B J, Couturier M F, 2005. Design methodology for the swirl separator [J] . Aquacultural Engineering, 33:21-45.

Volokita M, Belkin S, Abeliovich A, et al., 1996. Biological denitrification of drinking water using newspaper [J] . Water Research, 1996,30（4）:965-971.

Wills P S, Pfeiffer T, Baptiste R, et al., 2016. Application of a fluidized bed reactor charged with aragonite for control of alkalinity, pH and carbon dioxide in marine recirculating aquaculture systems [J] . Aquacultural Engineering, 70: 81-85.

Wilson L P, Bouwer E J, 1997. Biodegradation of aromatic compounds under mixed oxygen/denitrifying conditions: a review [J] . Journal of Industrial Microbiology and Biotechnology, 18（2-3）:116-130.

Xiao R C, Wei Y G, An D, et al., 2019. A review on the research status and development trend of equipment in water treatment processes of recirculating aquaculture systems [J] .

Reviews in Aquaculture, 11: 863−895.

Yamanoto Y, 2017. Chapter 2, Characteristics of closed recirculating systems［M］. //Takeuchi T. Application of recirculating aquaculture systems in Japan. Springer, Tokyo. pp333.

Yue K N, Shen Y B, 2022. An overview of disruptive technologies for aquaculture［J］. Aquaculture and Fisheries, 7:111−120.

Zhu S M, Chen S L, 2001. Effect of organic carbon on nitrification rate in fixed film biofilters［J］. Aquacultural Engineering, 2001,25:1−11.

第二章
循环水养殖系统中的生物膜培养与调控技术

　　生物膜作为循环水养殖系统水处理的核心单元，其微生物种类构成和生长发育与水处理效果密切相关，而生物膜的净化效果又直接关系到养殖效果的好坏。因此，关于如何提高生物滤池净水能力的研究越来越受重视。在循环水养殖系统运行过程中，水体中的氮磷营养盐和有机碳源作为生物膜上微生物的重要营养物质，在养殖水体中的存在形式及含量大小，会对主要功能菌群的代谢活动、生长发育乃至种群演替产生一定的影响，进而影响生物滤池的净水效果。同时，水温、pH等环境条件的改变，以及生物膜干露时间的长短，也与膜上主要功能菌群的数量变化存在一定关系，从而会影响生物滤池净水能力。本章聚焦于循环水养殖系统生物膜的结构与功能，利用生产系统和自制的循环水养殖模拟装置，系统地研究了生物膜培养技术、环境因子对生物膜的影响、生物膜上好氧反硝化细菌的分离和应用、水质指标与生物膜菌群结构的关系，以及有机碳源和干露时间对生物膜净化功能的影响。

第一节　循环水养殖系统生物滤池负荷挂膜技术

　　循环水养殖兴起于20世纪80年代末，是一种把养殖水经过多级物理净化和生物净化，经过增氧、脱气及杀菌消毒处理后得以循环利用的新型养殖模式，具有节水、节地、节能、减排和高效等突出优点，代表了工厂化养殖未来发展方向（刘鹰，2011；Abbink等，2011；王印庚等，2013）。近年来，我国的海水鱼循环水养殖发展迅速，开展循环水养殖的企业有80多家，养殖面积近300万m^2。

在循环水养殖中，氨氮和亚硝酸盐氮是制约鱼类正常生长的主要因子之一，养殖密度越大影响越明显（Mook等，2012），并且构成了循环水养殖的潜在威胁因素（曲克明等，2007），需要通过生物净化环节予以降解。生物净化是由附着在生物填料表面的生物膜完成的，生物膜是指由微生物、原生动物、多糖组成，具有生物降解、硝化功能、亚硝化功能及硫代谢功能的生物絮团（高喜燕等，2009）。前期研究表明，在启动循环水养殖系统前，为了使生物膜的水处理功能达到稳定和高效，往往需要经过一个为期70 d左右的预培养过程。生物膜培养分为定向菌接种挂膜法、活性污泥挂膜法和自然挂膜法3种（齐巨龙等，2010）。3种方法均费时、费力，特别是用人工氮源培养的生物膜，在系统启动以后还会出现菌群衰败"脱膜"的现象（王冠平等，2003），显著影响水处理效果。

本研究的基本思路是利用一系列技术调控措施，在养鱼的同时培养生物膜，达到循环水系统稳定、快速启动的目的。实验利用新建成的循环水系统进行红鳍东方鲀养殖，通过对比实验研究和探讨了在不同水温、养殖密度、投饵量及新水补充量的条件下，生物膜的增长情况和成熟时间，同时监测了实验过程中养殖生物的生长和存活情况。研究结果可以为建立生物滤器负荷挂膜的新技术提供支撑，为实现循环水养殖系统的快速启动、改进和完善其运行工艺提供新思路。

一、实验设计与实施

（一）循环水养殖系统工艺流程

实验在新建成的6套循环水养殖系统中进行，工艺流程如图2-1所示。每套系统包括9个有效养殖水体为48.4 m^3的养殖池、过水面积为5 m^2的国产316 L不锈钢材料制作的弧形筛、流水量为400 m^3/h的离心式提水泵、产气量为35 m^3/h的潜水式气浮泵、产气量为50 g/h臭氧发生器、容积为144 m^3的生物滤池、10 m^3的曝气池和功率为2 kW的悬挂式紫外消毒器。以PVC刷状立体弹性填料作为生物膜的附着基，用罗茨鼓风机向生物滤池和曝气池供气。氧源为工业用液态氧，液氧供向增氧池和养殖池，分别作为循环水养殖时的集中供氧和停电、停水情况下的应急增氧之用。养殖用水为盐度30的地下深井海水，分别在养殖池、泵池和一级生物滤池设置了补充用水点。此类系统结构简单、运行管理方便，目前已经广泛应用于规模化水产养殖生产当中。

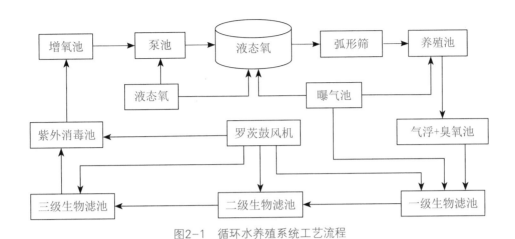

图2-1 循环水养殖系统工艺流程
Fig.2-1 Flow chart of RAS

（二）实验用鱼

实验用鱼为红鳍东方鲀（*Takifugu rubripes*），取自大连天正实业有限公司养殖二厂海上网箱养殖基地，初始规格为体重（632.5±2.26）g，初始养殖密度为（19.34±1.89）kg/m^3。

实验从2011年12月31日开始，到2012年4月30日结束，每隔30 d对实验鱼进行抽样称重；每次从养殖池中随机抽取20尾，用毛巾拭干体表水分后，用精密电子天平称重。抽样比例约为1:75。

（三）日常水质指标监测

日常水质指标的监测是循环水养殖管理的重要内容。每天早晨投饵之前，从每套系统的回水管口取水样分析，监测指标主要有水温、溶解氧、pH、氨氮浓度、亚硝酸盐氮浓度、COD和细菌总数。为了保证监测数据的准确性，测定依据《海洋监测规范第4部分：海水分析》（GB 17378.4—2007），采用仪器监测和手动监测交叉进行。

1. 溶解氧、水温、pH的监测

采用YSI 550A便携式野外溶氧仪测定各套系统养殖池水温和进出水口的溶解氧，pH采用Aquastar全能水质检测仪检测。

2. 氨氮、亚硝酸盐氮的监测

每天08:00在各套系统弧形筛溢水槽取水样，及时送检。氨氮浓度的检测采用次溴酸盐氧化法，亚硝酸盐氮浓度的检测采用萘乙二胺分光光度法。

3. COD的检测

每隔7 d在各系统弧形筛溢水槽取样，检测各系统的COD，检测方法为碱性高锰酸钾法。

4. 细菌总数检测

每隔15 d在各系统弧形筛溢水槽取样，检测各系统的细菌总数。培养基配方：每

100 mL培养基含0.5 g牛肉膏，1 g蛋白胨，0.5 g NaCl，2 g琼脂粉。培养温度为 37℃，培养时间为 48 h。

（四）生物膜培养与生产管理

1. 生物膜培养

本研究采用生物膜自然挂膜工艺，让海水中天然存在的菌株自然附着到生物填料上。生物滤池内的生物填料是用直径为 0.5 mm、比表面积为360 m²/m³的聚乙烯及聚丙烯纤维丝条加工而成的弹性刷状载体。生物填料在水中呈均匀辐射状伸展，具有一定的柔韧性和刚性，使净化微生物能均匀地附着在每一根纤维丝条上，使气、水、净化微生物之间充分接触。生物填料以竖向的方式悬挂在各级生物滤池中，并且通过池底充气增加生物滤池中的溶氧量，以满足微生物生长代谢所需。

2. 投饲率

实验用饲料采用"海旗牌"河鲀鱼专用饲料。养殖期间，每天分别在 06：00 和 17：00投饵两次。系统运行前 60 d 左右，将投饵率控制在鱼体重的0.2%～0.6%。随着生物膜逐渐成熟、系统净化效果增强，为了促进鱼的生长，投饵率逐渐增加至0.5%～0.7%。其间连续进行水质监测。当发现水中氨氮和亚硝酸盐氮指标明显升高时，立即减少投饵或停止投饵，直至水质指标改善。

3. 换水率

适时补充新水是循环水养殖过程中调节水质指标最直接、最有效的方法。本研究在生物膜的生长潜伏期将补充新水量控制在50%，然后根据生物膜的生长及水质指标变化情况逐渐减少换水量，最终在系统各项指标趋于稳定时，将换水量控制在10%左右并保持稳定。具体换水情况见图2-2。

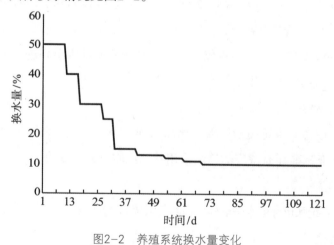

图2-2　养殖系统换水量变化

Fig.2-2　Water exchange rate of the culture system

二、实验结果

（一）生物膜形成及形态变化观察

在循环水养殖系统启动初期的第1～8天，生物填料的表面慢慢形成一层无色透明状黏液层，表明生物膜处于生长的潜伏期。第9～20天，生物膜增长速度加快，生物滤池进水端的生物填料表面逐渐出现零散絮状的浅褐色附着物。第21～29天，生物膜处于线性增长期，浅褐色附着物的覆盖范围顺水流方向向下游延伸，进水端的生物膜接近成熟期；第29～40天，生物膜不断积累并且布满载体表面，进水端生物膜增长速度开始减慢，进入减速增长期。第40天之后，生物膜生长处在稳定期和再生期。第50天，载体表面形成一层浅黄色绒毛状物质，用手触摸有滑腻感且附着牢固，水体各项指标趋于稳定，生物膜培养工作结束，进入生物膜日常维护阶段。

（二）红鳍东方鲀养殖效果

系统运行期间红鳍东方鲀生长情况见表2-1。实验结束时，平均增重（189.2±0.93）g，平均增重率为29.91%，养殖密度从（19.34±1.89）kg/m³增加到（32.17±3.40）kg/m³。系统运行第29天，红鳍东方鲀体重下降了（9.2±0.34）g。随着生物膜逐渐成熟，第60天后，实验鱼开始稳定生长，且生长速度不断加快；第90天以后，进入快速生长阶段。第60～90天生物膜从线性生长期进入成熟期。第90天以后，生物膜的各项功能已经成熟，氨氮、亚硝酸盐等各项水体指标稳定，红鳍东方鲀生长速度明显加快，第120天的增重率达到29.91%。

表2-1　红鳍东方鲀生长情况

Tab.2-1　Growth of *Takifugu rubripes* during the experiment

项目	日期				
	2011年12月31日	2012年1月31日	2012年2月29日	2012年3月31日	2012年4月30日
体重/g	632.52±2.26	623.31±2.27	643.60±2.39	678.42±2.64	821.72±3.26
净增重/g	—	−9.20±0.34	11.08±0.51	45.9±0.55	189.20±0.93
增重率/%	—	−1.45	1.75	7.26	29.91

（三）循环水系统内部水质变化

1. 亚硝酸盐氮和氨氮浓度

如图2-3所示，在系统运行初期，因生物膜未成熟，各实验养殖系统亚硝酸盐氮和氨氮浓度变化剧烈，且无明显的规律。至第60天左右时，亚硝酸盐氮浓度≤0.5 mg/L，氨氮浓度≤1 mg/L，二者均在一个相对安全的范围内呈小幅度波动，表明系统内的残饵和粪便等残留物与水体的综合消氮作用达到了一个相对平衡。此时，可视为生物膜培养成熟、系统进入稳定运行阶段。总之，在第60天左右生物膜进入成熟期以后，养殖水体中的氨氮浓度始终在0.5~1.2 mg/L，亚硝酸盐氮浓度始终在0.2~0.5 mg/L，其间不再发生剧烈波动。

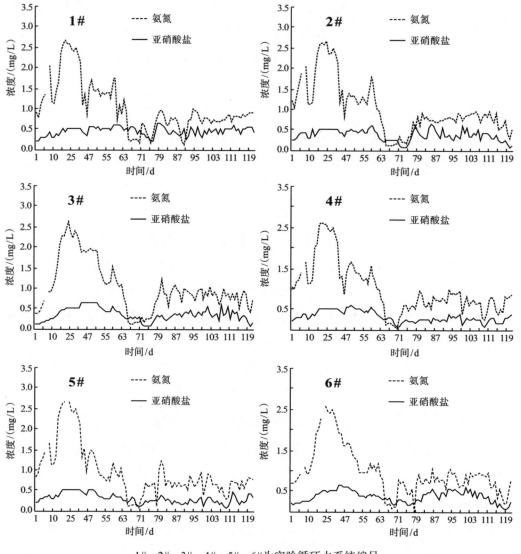

1#、2#、3#、4#、5#、6#为实验循环水系统编号

图2-3　实验期间各系统氨氮、亚硝酸盐变化情况

Fig.2-3　Variation of ammonia and nitrite concentrations in respective RAS during the experiment

2. pH

实验期间，随着鱼类养殖密度的增大，pH表现为缓慢下降趋势。笔者采用了适当补

充新水的方法来调节pH，各实验养殖系统水体pH波动于 6.8～7.5（图 2-4），虽然略微偏低，但养殖的红鳍东方鲀生长正常，生物膜也能有效去除水体中的亚硝酸盐与氨氮。

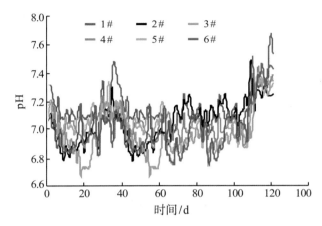

1#、2#、3#、4#、5#、6#为实验循环水系统编号

图2-4　实验期间各系统 pH 波动情况

Fig.2-4　Variation of pH in respective RAS during the experiment

3. COD

COD反映了水体中有机物的污染程度。COD越高，说明水体受有机物污染程度越重。本研究中，各循环水系统的COD始终小于4 mg/L（图 2-5），说明该系统养殖池流态、弧形筛过滤及生物滤池截污净化等方面设计合理，在养殖期间能够使水体保持较高的洁净度。

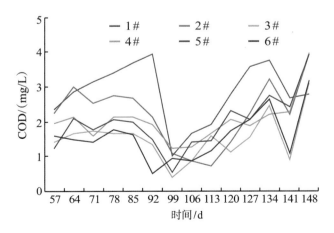

1#、2#、3#、4#、5#、6#为实验循环水系统编号

图 2-5　实验期间各系统 COD 波动情况

Fig.2-5　Variation of COD in respective RAS during the experiment

4. 细菌浓度与养殖成活率

本研究前后持续 4个月，其间养殖的红鳍东方鲀除入池时由于运输过程操作损伤和不适应新环境造成的死亡外，未发生任何因致病菌或寄生虫引发的病损，养殖成活率高达98.7%。细菌浓度检测结果显示，系统内的臭氧与紫外线消毒杀菌器很好地控制了水体的游离细菌数量，水体中的游离细菌浓度绝大多数时间维持在2 000个/mL 以下的极低水平（图 2-6）。

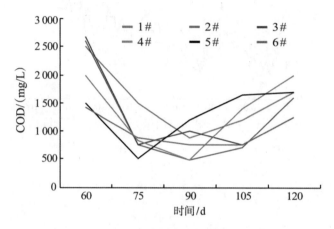

1#、2#、3#、4#、5#、6#为实验循环水系统编号

图 2-6　实验期间各系统内游离细菌浓度

Fig.2-6　Variation of free bacteria concentrations in respective RAS during the experiment

三、讨论

（一）生物滤器负荷挂膜与养殖效果分析

在实验规模的海水循环水养殖系统中，生物滤器的挂膜时间一般需要45 d以上（傅雪军等，2011），而在实际生产中，获得成熟生物膜的时间会更长。本研究采用负荷挂膜技术，在生产性循环水养殖系统建成以后，不经过生物膜预培养环节，直接投入生产运行，边养鱼边培养生物膜，既节省了系统启动前的准备时间和前期培养生物膜的费用，又避免了因使用人工氮源培养的生物膜在系统运行后发生的"脱膜"现象。

负荷挂膜的技术要点：通过调节新水补充量、养殖密度、投喂量来控制早期水质指标，使其既能满足生物膜培养的高营养需求，又不至于对养殖鱼类的生长造成太大影响。在系统运行第 50 天，载体表面即形成一层浅黄色的团状物质，水体各项指标趋于稳定，新水补充量显著下降，生物膜逐渐趋于成熟。在整个实验期间，养殖密度由（19.34±1.89）kg/m³增加到（32.17±3.40）kg/m³，投饵率由0.2%增加到0.5%～0.7%，每日换水量由50%逐渐减至10%，红鳍东方鲀平均增重29.91%，养殖成活率98.7%。这一结果表明，负荷挂膜简单、实用，具有很高的推广价值。

本研究所用红鳍东方鲀取自海上养殖网箱，实验初始水温16℃左右，逐渐把温度提升至21～22℃，由于海上网箱养殖与室内水泥池养殖环境差异较大，鱼进入室内后有一段时间的适应过程。另外，实验初期由于生物膜尚未产生，为了维持水质，对投喂量进行了严格控制，导致第一个月的鱼体重下降。随着生物膜的逐步形成与成熟，水质指标、投喂量均有了较大提高，鱼的生长速度呈逐渐加快之势。红鳍东方鲀越冬一直是制约其养殖产业发展的关键因素之一。传统的河鲀越冬多采用流水或换水方式，需要大量高温海水，能耗高。以流水或换水方式越冬，河鲀还面临丝状菌、车轮虫、小瓜虫、淀粉裸甲藻等众多病害生物侵扰的风险。所以一般情况下，越冬期间河鲀不生长，成活率也只有40%左右（王如才等，2001）。本研究采用循环水养殖，由于系统中的微生物群落以生物膜上的硝化细菌占据优势，有害微生物受到抑制，且其他各项水环境指标都控制在最适状态。因此，整个实验过程未发生任何疾病，红鳍东方鲀在保持快速生长的同时，获得了98.7%的较高成活率。

（二）氨氮浓度与挂膜速度的控制

在生物滤池中，生物膜上细菌数量及优势菌种的形成受水中初始氨氮浓度影响，初始氨氮浓度越高，越有利于硝化细菌在生物膜上聚集，生物膜上细菌数量及优势菌也越多（李秋芬等，2011）。本研究在挂膜过程中，水质监测的数据显示，初始氨氮浓度越高的生物滤池，氨氮的去除率越高，达到氨氮浓度稳定的时间越短。

从另一角度来看，循环水养殖系统氨氮和亚硝酸盐氮等水质指标的控制是依据养殖鱼类的生理生态要求，必须以不影响鱼类正常生活和生长为前提。因此，加强对不同养殖鱼类生理适应性的研究，找到负荷挂膜的最适氮化合物指标，或者采用对氨氮等营养盐耐受能力比较强的鱼类作为系统启动阶段的养殖品种，是获得养殖效果与快速挂膜双赢的合理选择。

（三）pH与生物净化效果的关系

在循环水养殖过程中，养殖动物和生物滤池内的微生物代谢产生大量的CO_2，容易导致养殖水体pH下降。研究发现，当养殖海水pH低于7.5时，不但会影响某些鱼类的摄食与生长（Abbink等，2011），而且会抑制生物膜的净化效果（Chen等，2006）。pH的变化与系统的生物承载量密切相关，如何有效控制循环水养殖系统的pH是目前国际循环水养殖研究的重点。当前最有效的调控手段是脱气和补充新水。本研究过程中，随着养殖密度的增大，pH表现为缓慢下降趋势，但通过适当换水（最大不超过10%），可以把养殖水pH维持在6.8～7.5。本研究结果显示，虽然pH始终低于7.5，但养殖的红鳍东方鲀生长正常，生物膜也能有效去除水体中的亚硝酸盐和氨氮，说明红鳍东方鲀对低pH有较强的适应能力。

（四）COD和初始氨氮浓度与生物净化效果的关系

COD反映了水体中有机物的污染程度，其值越高，水体受有机物污染程度越重。在循环水养殖系统中，一定浓度的有机物会充当微生物的碳源，有利于异养细菌繁殖（王以尧等，2011）。生物膜属于一个微生态系统，其中的异养细菌和硝化细菌存在着生长竞争（李秋芬等，2011），当COD过高时异养细菌的竞争优势比硝化细菌明显，从而导致系统消氮能力下降。氨氮和亚硝酸盐氮含量的升高会促进硝化细菌的生长，形成一种动态平衡。本研究中循环水系统的COD均小于4 mg/L，在此浓度下异养细菌和硝化细菌数量维持在平衡状态，系统运行稳定。

四、小结

负荷挂膜操作简单、实用，不仅节省了单独培养生物膜的时间及一系列繁复的培养环节，加快循环水养殖系统的启动速率，而且系统运行中后期生物膜及水质指标稳定，所养殖的红鳍东方鲀生长速度快且健康。本研究的结果可为构建循环水养殖系统生物膜培养与快速启动运行提供有力的技术支持。

（朱建新，刘慧，徐勇，陈世波，刘圣聪，张涛，曲克明）

第二节　不同有机碳源及C/N对生物滤池净化效果的影响

生物滤池作为封闭循环水养殖系统水处理的核心单元，其工作原理是依靠载体间复杂的微生物生态系统分解和利用养殖水体中的有机物和溶解态无机氮化物等污染物，从而达到净化水质的目的。生物膜的主要反应过程可以分为有机物氧化、硝化反应和反硝化反应（陈江萍，2010；钱伟，2012）。有机物氧化由异养微生物完成，有机碳源作为异养微生物生长繁殖的食物来源，可以为细胞合成提供物质基础，为其代谢活动提供所消耗的能量（张云等，2003）。硝化反应是将氨氮和亚硝酸盐氧化成硝酸盐的过程，主要是由一大类自养型好氧微生物完成（刘瑞兰，2005）。当循环水养殖水体中有机碳浓度升高时，会对硝化反应产生抑制作用（Michaud等，2006）。然而，根据反硝化机理：

$$5C（有机碳）+2H_2O+4NO_3^- \longrightarrow 2N_2\uparrow +4OH^- +5CO_2\uparrow$$

可知，反硝化过程中需要消耗有机碳源，有机碳源不足就不利于反应的进行（许文峰等，2007）。因此，水体中有机碳含量会对净化过程产生重要影响。

当前，关于有机碳源在循环水养殖系统中的作用和分解转化规律等方面的研究越来越受到国内学者重视，相关研究工作主要集中在其对生物膜培养过程的影响和对脱氮作用的影响等方面（钱伟等，2012；王威等，2013；刘伶俐等，2013），而关于有机碳源对生物滤池整个净化过程影响的研究则相对不足。一方面，在实验室条件下主要采用人工配制养殖废水，由于其与实际养殖废水存在差异，不能直接和真实地反映有机碳源的影响效果；另一方面，养殖企业在应用有机碳源时，使用成本是重要的考虑因素。因此，筛选出价格低、效果好的有机碳源将非常重要。

本研究以半滑舌鳎（*Cynoglossus semilaevis*）循环水养殖废水为处理对象，选择4种生活中常见的有机碳源——葡萄糖、乙醇、可溶性淀粉和红糖作为外加碳源，分别通过碳源初选和复选研究，探究每种碳源及不同碳氮比下，挂膜成熟的生物滤池对养殖废水净化效果的差异性，从4种碳源中选出最佳碳源及碳氮比，并探讨净化过程中污染物去除机理，为筛选出高效且经济的外加碳源，从而为进一步提高生物滤池净水效率和完善循环水高效养殖技术提供理论支持。

一、实验设计与实施

（一）材料与装置

1. 生物填料

本研究选取爆炸棉（图2-7）作为生物挂膜用的滤料，PU材质，密度为0.024 g/cm³，比表面积为350 m²/m³。

2. 实验装置

实验采用循环水生物滤池模拟装置，主要由生物滤池和蓄水箱两部分组成。生物滤池制

图2-7　生物滤料
Fig.2-7　Biological film carrier

成材料采用亚克力有机玻璃管，其内径为140 mm，管柱高度为600 mm，滤器两端都有穿孔板布水，其进水端和排水端都有水阀可以控制水流速率，整个实验过程中，每个滤器内水力停留时间（HRT）为23～25 s；另外，通过调节曝气机气阀，使滤器中气水比（单位时间曝气量与进水量的体积比值）达到5：1（赵倩等，2013）。蓄水箱采用白色圆柱塑料水箱，其有效容积为200 L，水箱里有浸没式水泵、控温加热棒和曝气石；生物滤池与蓄水箱之间采用内径为25 mm的塑料软管连接。实验采用5套互相独立的系统完成，每套系统包括3个平行并联的生物滤池，生物滤池间由内径为20 mm的PVC管连接，每组装置见图2-8。

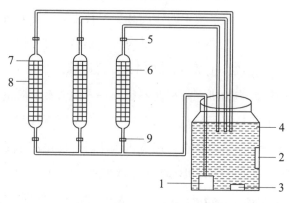

1. 水泵
2. 加热棒
3. 气石
4. 水箱
5. 排水阀
6. 滤料
7. 筛网隔板
8. 亚克力有机玻璃管
9. 进水阀

图2-8　生物滤池模拟装置示意图

Fig.2-8　Schematic diagram of experimental device

（二）实验方法

1. 实验用水

实验用水取自山东省烟台市海阳黄海水产有限公司半滑舌鳎成鱼循环水养殖车间，实验开始的时间为2014年6月22日。取水时间为早上投饵后30 min，水质参数：pH为7.8～8.2，溶解氧为5.5～7.5 mg/L，盐度为29.4～29.7。

2. 生物膜培养

生物膜培养采用预培养法。于实验前42 d向每个实验组的蓄水箱加入养殖废水200 L，并添加50 mg/L微生态净水剂（富含硝化细菌、乳酸菌、芽孢杆菌、光合菌群、放线菌群和酵母菌等益生菌，有益菌含量大于2×10^{10} CFU/g）作为挂膜菌种（王威等，2013；赵倩等，2013）。另外，为了提高生物膜培养速度，再添加20 mg/L氯化铵和20 mg/L葡萄糖作为生物膜培养的补充氮源和碳源。每7 d换水1次，换水后重新按比例添加微生态制剂、氯化铵和葡萄糖，并定期检测水中氨氮和亚硝酸盐氮浓度，直至亚硝态氮浓度降低且达到稳定状态时，表明生物膜成熟。挂膜期间系统运行参数：pH为7.5～8.0，温度为26.5～28.0℃，溶解氧＞6 mg/L。

3. 碳源初选

生物膜成熟后,排干预培养用水,从养殖池回水管中取0.5 m³养殖废水,平均加入5套实验装置中,测量初始碳氮比。结果测得实验所用养殖废水中碳氮比很小,为0.26~0.32。因此,将不添加碳源的实验组设为对照组,其他4组按照碳氮比为1、2、4、6加入碳源。启动系统,系统运行温度为26~27.5℃,溶解氧为5.5~6.5 mg/L,pH为7~8.5。实验期间,每天08:00取样,测量COD_{Mn}、NO_3^--N、NO_2^--N、TAN,另外测72 h的TN。碳源实验分批次进行,其先后顺序为葡萄糖、乙醇、红糖和可溶性淀粉,每种碳源实验周期为3 d。一种碳源实验结束后,立即排干系统里的水,重新加入养殖水,运行5 d作为恢复期,然后开始下一个碳源实验。通过碳源初选实验,比较4种碳源在不同碳氮比条件下对COD_{Mn}、NO_3^--N、NO_2^--N、TAN和TN的去除率,并以较高的TN去除率为优选指标,筛选出实验条件下每种碳源的最佳碳氮比。

4. 碳源复选

碳源复选实验方法与初选实验基本相同。从5套实验系统中随机选取1套设置为对照组(不添加碳源),其他4套分别添加通过初选实验获得的4种实验碳源的最佳碳氮比(C:N=4:1)实验组(葡萄糖添加量为57.2 mg/L,红糖为52.4 mg/L,可溶性淀粉为50.1 mg/L,乙醇为53.4 μL/L)。目的是比较在同一实验条件下,4种碳源的最佳碳氮比对COD_{Mn}、NO_3^--N、NO_2^--N、TAN和TN的去除率,以较高的TAN、NO_2^--N和TN去除率为优选指标,筛选出最佳碳源。

5. 水质分析及数据处理方法

水质指标的检测依照《海洋监测规范 第4部分:海水分析》(GB17378.4—2007):TAN采用次溴酸盐氧化法测定;NO_2^--N采用萘乙二胺分光光度法测定;NO_3^--N采用锌镉还原法测定;COD_{Mn}采用碱性高锰酸钾法测定;TN采用碱性过硫酸钾消解紫外分光光度法测定。其他水质指标测定利用实验仪器完成:TOC采用岛津总有机碳分析仪测定;pH、溶解氧、盐度和温度采用YSI-556多功能水质分析仪测定。

实验所得数据采用SPSS 20进行差异性分析,然后采用Origin 8.0软件作图。

二、结果与分析

(一)碳源初选结果

1. 各实验组溶解态无机氮化物和COD_{Mn}的初始浓度测定

不同碳源实验组溶解态无机氮化物的初始浓度见表2-2。从表2-2中可以看出,不同碳源实验组各个指标初始浓度不同,主要是因为不同碳源实验开始时间不同，养殖对象自身代谢活动和其他外界因素可能发生了变化。在这种情况下，不同碳源之间不能进行组间差异性比较，只能进行同种碳源不同C/N实验组之间的组内比较。

表2-2　各组溶解态无机氮化物及总氮初始浓度

Tab.2-2　Original concentrations（mg/L）of dissolved inorganic nitrogen compounds and total nitrogen in each group

组别	总氮/（mg/L）	硝酸盐氮/（mg/L）	氨氮/（mg/L）	亚硝酸盐氮/（mg/L）
1#	6.657±0.199	2.432±0.191	0.288±0.120	0.479±0.115
2#	7.100±0.809	2.471±0.269	0.293±0.038	0.415±0.032
3#	6.835±0.262	2.517±0.126	0.301±0.056	0.271±0.042
4#	6.750±0.443	2.446±0.272	0.236±0.023	0.504±0.039

注：数据结果以"算数平均值±标准差（Mean±SD）"表示。1#、2#、3#、4#分别代表葡萄糖组、红糖组、乙醇组和淀粉组。

不同碳源及C/N条件下实验水体COD_{Mn}初始浓度见图2-9。可以观察到不同碳源实验对照组COD_{Mn}均<2.5 mg/L，表明养殖水体中还原性有机物和无机物含量较少。另外，各处理组（除乙醇组）按C/N添加碳源后，会导致水体中COD_{Mn}在短期内迅速升高。乙醇组不同C/N条件下，COD_{Mn}变化明显低于其他3种碳源。

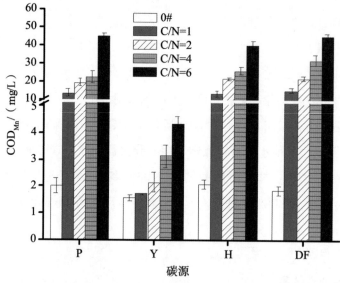

P、Y、H、DF分别表示葡萄糖、乙醇、红糖和淀粉；对照组表示为0#

图2-9　不同碳氮比条件下各组COD_{Mn}的初始浓度

Fig.2-9　Original CODMn concentrations（mg/L）of the four groups under different carbon-nitrogen ratio

2. 葡萄糖为碳源及不同C/N条件下生物滤池的净化效果

葡萄糖为外加碳源时，不同C/N条件下生物滤池对实验水体中TAN、NO_2^--N、NO_3^--N、COD_{Mn}和TN的去除率见图2-10。可以看出，对照组均为最低；随着C/N升高，各处理组对TAN、NO_3^--N、COD_{Mn}和TN的去除率逐渐增大，当C/N=4时，均达到最大值，分别为90.13%、41.39%、90.3%、40.66%，且与对照组存在显著性差异（$P<0.05$）；当C/N继续升高至6时，生物滤池对TAN、NO_3^--N、COD_{Mn}和TN的去除率均下降，其中，TAN和NO_3^--N去除率比C/N为4时显著降低（$P<0.05$）。当C/N较小时，各处理组对NO_2^--N的去除率与对照组相比差异性不显著，当C/N为6时生物滤池对NO_2^--N的去除率最小。

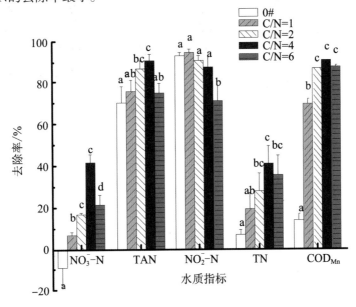

不同字母表示差异显著（$P<0.05$），对照组表示为0#

图2-10 葡萄糖组不同C/N条件下主要水质指标的去除率

Fig.2-10 Removal rate of water quality indices under different carbon–nitrogen ratios in glucose group

3. 乙醇为碳源及不同C/N条件下生物滤池的净化效果

乙醇为外加碳源时，不同C/N条件下生物滤池的净化效果见图2-11。从图2-11可以看出，随着C/N逐渐升高，生物滤池对TAN的去除率先增大后降低，当C/N为2时达到最大值，为89.44%。与其他组比较差异性显著（$P<0.05$）；对照组对NO_2^--N的去除率最大，随着C/N升高，各处理组对NO_2^--N的去除率逐渐减小，且C/N为1的处理组与对照组之间差异不显著（$P>0.05$）。研究发现，对照组对NO_3^--N、COD_{Mn}和TN的去除率均最小，随着C/N升高，各处理组对NO_3^--N、COD_{Mn}和TN的去除率先增大后减小，当C/N为4时分别达到最大值46.78%、54.88%和46.36%，与其他实验组相比存在显著性差异（$P<0.05$）。

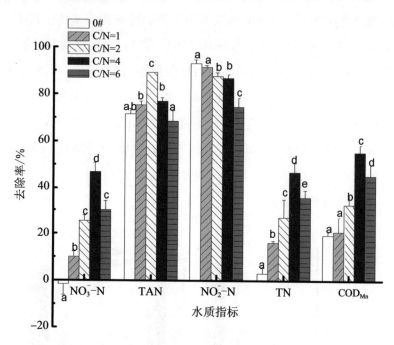

不同字母表示差异显著（$P<0.05$），对照组表示为0#

图2-11　乙醇组不同碳氧比条件下各水质指标的去除率

Fig.2-11　Removal rate of water quality indices under different carbon-nitrogen ratios in ethanol group

4. 红糖为碳源及不同C/N条件下生物滤池的净化效果

红糖为外加碳源时，不同C/N条件下生物滤池的净化效果见图2-12。从图2-12可以看出，当C/N为2和4时，生物滤池对TAN的去除率显著高于对照组（$P<0.05$）；当C/N升高至6时，TAN去除率降至最低，为65.65%。当C/N较小时，生物滤池对NO_2^--N的去除率较高，且与对照组差异不显著（$P>0.05$），随着C/N继续升高至4和6时，NO_2^--N去除率明显减小。对照组生物滤池对NO_3^--N、COD_{Mn}和TN的去除率均为最小，随着C/N升高，各处理组生物滤池对NO_3^--N、COD_{Mn}和TN的去除率先增大后减小；当C/N为4时，分别达到最大值为55.6%、44.13%和94.29%，且与其他实验组之间存在显著性差异（$P<0.05$）。

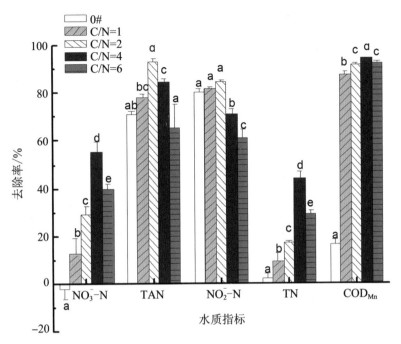

不同字母表示差异显著（$P < 0.05$），对照组表示为0#

图2-12　红糖组不同碳氧比条件下各水质指标的去除率

Fig.2-12　Removal rate of water quality indices under different carbon-nitrogen ratios in brown sugar group

5. 淀粉为碳源及不同C/N条件下生物滤池的净化效果

淀粉为外加碳源时，不同C/N条件下生物滤池的净化效果见图2-13。从图中可以看出，当C/N为2时，生物滤池对TAN的去除率最大，随着C/N升高，TAN去除率明显减小。对照组和C/N为1时，生物滤池对NO_2^--N的去除率较高，且不存在显著性差异（$P > 0.05$），C/N继续增加则NO_2^--N去除率显著减小。观察各组对COD_{Mn}的去除率发现，对照组最低，随着碳源加入生物滤池对COD_{Mn}的去除率迅速增大，当C/N为4时达到最大值。对照组对NO_3^--N和TN的去除率最小，随着C/N升高，生物滤池对NO_3^--N和TN的去除率先迅速增大然后减小，当C/N为4时达到最大值，分别为54.68%和44.13%，且与其他实验组之间存在显著性差异（$P < 0.05$）。

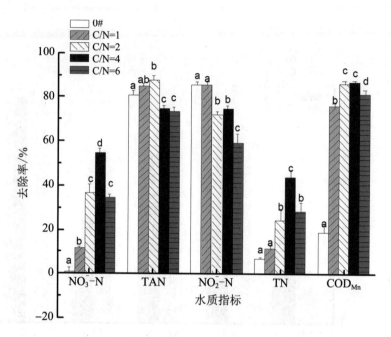

不同字母表示差异显著（$P<0.05$），对照组表示为0#

图2-13　淀粉组不同碳氧比条件下各水质指标的去除效果

Fig.2-13　Removal rate of water quality indices under different carbon-nitrogen ratios in starch group

综合来看，通过碳源初选获得的4种碳源按不同比例添加到系统中，当C/N为4时，生物滤池对TN的去除率最高。因此，以TN较高去除率作为优选指标，应选取C/N为4作为4种碳源的最佳碳氮比进行碳源复选实验。

（二）碳源及C/N复选

1. 不同碳源及C/N条件下溶解态无机氮及总氮浓度变化

4种碳源在C/N为4条件下，对TAN和NO_2^--N的去除情况见图2-14。从图2-14可以看出，实验开始24 h内，各处理组TAN、NO_2^--N的浓度迅速降低；24 h时，各实验组NO_2^--N浓度均小于0.13 mg/L，TAN浓度均小于0.1 mg/L；24～72 h，各组TAN、NO_2^--N浓度缓慢下降，直至趋于不变；72 h时，各处理组的NO_2^--N浓度排序为红糖组＞淀粉组＞葡萄糖组＞乙醇组＞对照组，TAN浓度排序为对照组＞红糖组＞淀粉组＞葡萄糖组＞乙醇组。

4种碳源及C/N为4条件下，对NO_3^--N和TN的去除情况见图2-15。从图中可以看出，72 h时，对照组NO_3^--N和TN浓度与初始条件相比没有明显变化，而添加碳源且C/N为4的4个处理组NO_3^--N和TN浓度明显下降；其中乙醇组NO_3^--N和TN的浓度最低，分别达到1.38 mg/L、2.75 mg/L。上述实验结果表明，外加碳源有利于生物脱氮的进行，相同C/N条件下，添加乙醇比其他碳源效果更好。

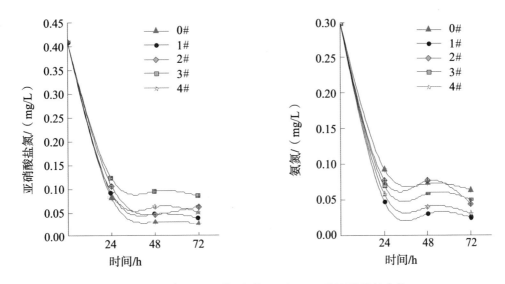

图2-14 不同碳源及C/N为4条件下NO$_2^-$-N、TAN浓度的变化

Fig.2-14 Variation of NO$_2^-$-N and TAN concentrations under different carbon sources and carbon-nitrogen ratios is four

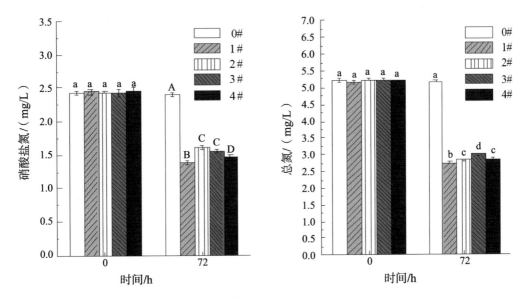

不同字母表示差异极显著（P<0.01）；对照组、乙醇组、淀粉组、红糖组和葡萄糖组分别表示为
0#、1#、2#、3#和4#

图2-15 不同碳源及C/N为4条件下NO$_3^-$-N、TN浓度的变化

Fig.2-15 Variation of NO$_3^-$-N and TN concentrations under different carbon sources and at a carbon-nitrogen ratio equals four

2. 不同碳源及C/N条件下生物滤池的净化效果

表2-3为不同实验处理组生物滤池的净化效果，在C/N为4条件下，分别添加有机碳源（乙醇、淀粉、红糖和葡萄糖）的4组对TAN、NO_3^--N、TN和COD_{Mn}的去除率显著高于对照组（$P < 0.05$）；而对照组NO_2^--N的去除率最高，达到93.59%，高于其他4组。在C/N为4条件下，4种碳源进行比较发现，添加乙醇，生物滤池对水体中TAN、NO_2^--N、NO_3^--N和TN的去除效果好于其他3种碳源。

表2-3 各组对高锰酸盐指数和氮素的平均去除率

Tab.2-3 Average removal rate of COD_{Mn} and nitrogen in each treatment

组别	亚硝酸盐氮/%	氨氮/%	硝酸盐氮/%	总氮/%	高锰酸盐指数/%
0#	（93.59±0.12）[a]	（78.63±0.34）[a]	（1.34±3.00）[a]	（0.75±1.56）[a]	（25.79±2.93）[a]
1#	（90.62±0.46）[b]	（91.61±0.15）[b]	（43.48±2.44）[b]	（46.69±1.27）[b]	（63.26±1.17）[b]
2#	（84.76±0.23）[c]	（85.25±0.25）[c]	（33.92±1.21）[c]	（46.10±0.51）[b]	（85.46±0.50）[c]
3#	（79.42±0.13）[d]	（83.28±0.10）[d]	（35.86±2.90）[cd]	（42.62±0.69）[c]	（96.05±0.20）[d]
4#	（87.74±0.72）[e]	（89.69±0.11）[e]	（40.12±2.60）[bd]	（45.00±1.07）[b]	（91.57±0.21）[e]

注：同列数据右上标中含有不相同字母的两项间呈显著性差异（$P < 0.05$），数据结果以"算数平均值±标准差（Mean±SD）"表示。对照组、乙醇组、淀粉组、红糖和葡萄糖组分别表示为0#、1#、2#、3#和4#。

三、讨论

（一）有机碳源及C/N对生物滤池COD_{Mn}去除效果的影响

COD_{Mn}又称为高锰酸盐指数，是表示水体中还原性有机物和无机物含量的综合指标，也可作为水体中有机污染物含量的相对值（吕永哲和王增长，2010）。本研究所用养殖废水的COD_{Mn}初始含量均小于2.5 mg/L，表明在半滑舌鳎实际养殖生产中，循环水系统能实现和维持水体中较低的有机污染物含量。

从表2-3、图2-10～图2-13中可以发现，各个实验的对照组对COD_{Mn}去除率最低，均不高于30%，与添加碳源组存在显著性差异（$P < 0.05$）。分析其原因可能是生物膜是由微生物、有机物和无机物组成的生物集合体，其形成及组分处于动态变化过程中（Rao等，1997）。水环境中的各种成分在生物膜上发生着合成、凝聚、转化和降解等作用，最终成为生物膜的一部分，但还会随着生物膜的脱落重新进入水体中（Suzuki, 1997），从而使水体中保持一定量的有机物。因此，在COD_{Mn}初始浓度较低情况下，这种变化不明显。按比例添加碳源的实验组（除乙醇外），COD_{Mn}去除率迅

速升高。可能是因为添加碳源会导致COD_{Mn}短期内升高，适宜的有机碳含量可以刺激生物膜上微生物的繁殖，加速有机物的利用（张若琳等，2006）；虽然经过处理的水体维持一定的COD_{Mn}，但与初始值相比仍变化显著。然而，在本研究过程中，按比例添加乙醇后，水体COD_{Mn}变化较小，其原因可能是乙醇属于易挥发性物质，碱性高锰酸钾法测COD时，需要加热煮沸10 min。在加热过程中，大量乙醇没有被氧化而直接挥发到空气中，建议采用微波密封消解法进行COD_{Mn}的测定（许美玲和徐树兰，2010）。

本研究表明，添加有机碳源后，水体中有机物能被生物滤池快速降解并利用，但是水体中有机物突然升高是否对养殖对象产生负面影响仍需进一步探究。

（二）C/N对生物滤池脱氮性能的影响

根据碳源初选结果，综合TAN、NO_2^--N去除率变化情况得出结论：在添加相同碳源的情况下，当C/N较小时，生物滤池硝化作用增强，当C/N大于2时则硝化作用减弱。这与陈婧媛等（2012）的研究结果一致，即在一定量有机碳源条件下，硝化效率随着碳源的增加有所提高，超过这个量则会下降。分析其原因是有机碳源少量增加，会使硝化细菌增殖所需的营养物质丰富起来，致其繁殖迅速，从而保持较高的硝化效率。当水体中有机碳源含量较高时，异养氧化菌快速繁殖，通过利用氮源进行合成代谢，消耗大量溶解氧，进而对硝化作用产生抑制作用（张海杰等，2005）。4种碳源实验组，当C/N为4时，生物滤池对NO_3^--N、TN去除效果均最佳，然而对NO_3^--N和TN的最大去除率分别为56.04%和46.31%，该数值比其他研究结果（钱伟等，2012；王威等，2013）小很多。Skrinde和Bhagat（1982）研究发现，当水体C/N从3提高到6时，反硝化细菌能够完全把硝酸盐还原成无机氮气体。钱伟等（2012）研究发现，当以乙醇作为电子供体，C/N≥5时，复合菌群对NO_3^--N的去除率高达100%。这可能是因为反硝化作用主要由异养反硝化细菌在无氧或低氧（溶解氧<0.5 mg/L）条件下进行，溶解氧过高会抑制其反应进行（李培等，2012）。而本研究没有专门为反硝化过程提供低氧或缺氧条件，生物滤池净化过程中水体溶解氧不小于5.5 mg/L，这样的环境不利于反硝化作用的进行；另外，本研究中，生物膜上的反硝化细菌属于自然生长，生物膜培养阶段没有进行人为添加，其生物量非常有限，这也限制了反硝化反应的高效进行。

（三）碳源类型对生物滤池反硝化作用的影响

异养反硝化细菌需要以有机碳作为电子供体、以硝酸盐作为电子受体进行反硝化反应（罗国芝等，2011）。易于生物降解的有机碳是最好的电子供体，其反硝化速率较快。杨殿海和章非娟（1995）研究表明，甲醇、葡萄糖和蔗糖等属于易于生物降解的有机物，而淀粉、蛋白质等属于可被慢速生物降解的有机物。魏海娟等（2010）研究发现，以甲醇为碳源时，同步硝化反硝化脱氮效果最好；其次是添加葡萄糖，而添加淀粉时脱氮效率最低。研究碳源复选时也发现，在C/N为4条件下，乙醇组对水体NO_3^--N去处率最高，达到43.48%；淀粉组最低，只有33.92%。

反硝化细菌利用有机碳源合成细胞物质的部分越小，则作为电子供体的部分越大。碳源类型与反硝化细菌的细胞产率之间才存在非常密切的关系（王丽丽等，2004）。反硝化细菌对不同碳源的代谢过程（呼吸途径、产生能量）不同，其细胞的产率也不同（王毓仁，1995）。一般来说，单碳低分子化合物（如醇类物质）的微生物细胞产率比较低，作为外加碳源，其利用率则较高。许文峰等（2007）研究发现，以甲醇和乙酸钠作为外加碳源时，生物滤池脱氮效果较好；而以葡萄糖为碳源时的脱氮效果明显逊于前二者。本研究也发现，以乙醇为碳源时，生物滤池脱氮效果最好，高于葡萄糖组和红糖组。这可能是由于糖类物质作为高碳化合物，易引起生物滤池中异养菌的大量繁殖，其细胞产率相对高于醇类物质。

四、小结

（1）以实际养殖废水为处理对象，向模拟生物滤池中添加适量的有机碳源，有利于增强生物滤池的净水效果。本研究表明，当添加量控制在C/N为4时，生物滤池对有机物、NO_3^--N和TN的去除能力最强，并且对TAN和NO_2^--N的去除效果影响较小。

（2）碳源添加量相同情况下，不同类型的有机碳源对生物滤池净化效果的影响存在差异。结果表明，当添加量控制在C/N为4时，添加乙醇，生物滤池对水体中TAN、NO_2^--N、NO_3^--N和TN的去除效果好于添加葡萄糖、红糖和淀粉的3个处理组。

（程海华，朱建新，曲克明，杨志强，刘寿堂，孙德强）

第三节　干露时间对生物膜净化效果的影响

在循环水养殖系统（RAS）中，生物滤池是使养殖废水得以净化处理并被重新利用的主要处理单元（Chen等，2006），其工作原理就是利用生物膜对水体进行净化处理。生物膜主要是由微生物群落组成的。微生物在利用水体中营养物质完成自身代谢活动的同时，在生物膜载体表面形成包含微生物细胞和胞外聚合物的一种黏液状的膜。在净水过程中，生物膜主要具有过滤、吸附、转化和分解水体有害物质的功能（张金莲和吴振斌，2007）。

在循环水养殖系统运行过程中，生物膜会不断地老化和自我更新。在生产管理中，由于部分企业没有制订合理的清污计划，往往导致生物滤池底部堆积较厚的生物污泥。当堆积的生物污泥达到一定量时，不仅会堵塞底部用来排污的多孔管，而且水温较高时还会释放出溶解性营养盐和有机质，污染回水水质，成为影响养殖对象健康生长的隐患。一旦发生此种情况，就需要对滤池进行排空处理，并对滤池底部进行清洗，整个过程中，生物膜都将暴露在空气中。如何控制冲洗时间，从而使干露时间对生物膜不造成影响或将影响降至最低，是养殖企业需要关注的问题。虽然目前关于生物膜影响因子方面的研究非常多，例如光照（Rao等，1997）、基底类型（Hunt和Parry，1998）、营养水平（Wimpenny，1996）和水文条件（Percival等，1998）等，但是有关干露时间对生物膜负面影响方面的研究则很少。我们研究了不同干露时间下，生物膜主要菌群数量的变化情况及对养殖水体主要水质指标的去除情况，为科学管理和保养生物滤池提供参考。

一、实验设计与实施

（一）填料与装置

实验采用5套循环水养殖生物滤器模拟装置，每套装置主要由生物滤器和蓄水箱两部分组成（图2-16）。生物滤器采用亚克力有机玻璃管，内径尺寸大小为140 mm×600 mm，其进水端和出水端都有球阀可以控制水流速率，整个实验过程，每个滤器内水力停留时间（HRT）为23～25 s。生物填料选用爆炸棉，其材质为PU海绵，基本参数为：比表面积350 m²/m³、密度0.024（g/cm³）。蓄水箱采用白色圆柱塑料水箱，其有效容积为200 L，水箱里有浸没式水泵，控温加热棒和曝气气石。生物滤器与蓄水箱之间采用φ25 mm的塑料软管连接。另外，通过调节曝气机气阀，使滤器中气水比（单位时间曝气量与进水量的体积比值）达到5：1。

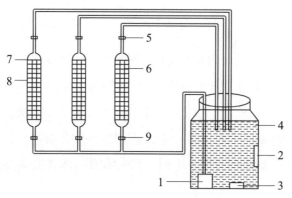

1. 水泵
2. 加热棒
3. 气石
4. 水箱
5. 排水阀
6. 滤料
7. 筛网隔板
8. 亚克力有机玻璃管
9. 进水阀

图2-16　生物滤器模拟装置示意图

Fig.2-16　Schematic diagram of experimental biofilter

（二）生物膜培养

生物膜培养采用养殖水接种预培养法。实验前6周，往每个蓄水箱注入100 L半滑舌鳎循环水养殖池水，并添加50 mg/L微生态净水剂（厦门好润牌生力菌和亚硝菌克，富含硝化细菌、芽孢杆菌等益生菌，有益菌含量大于$2×10^{10}$ CFU/g）作为挂膜菌种。另外，添加20 mg/L氯化铵，20 mg/L葡萄糖作为生物膜培养期间的补充氮源和碳源。每星期换水1次，排空并注入新的养殖水，然后重新添加同样浓度的氯化铵和葡萄糖，并定期检测水中氨氮和亚硝态氮指标含量，直至亚硝态氮含量下降且达到稳定状态时，表明生物膜成熟。

挂膜期间系统运行参数：pH7.5～8.0，温度26.5～28.0℃，溶解氧≥6 mg/ L，盐度27.5～28.0。每套系统的HRT为30 min。

（三）实验分组

待各组生物膜成熟后即开始实验。实验共分5个处理组，随机选取其中一套实验装置作为对照组（不做任何处理）；随机对剩余四套装置进行分组，依次命名为3 h组、6 h组、9 h组和15 h组。

（四）实验操作步骤

（1）生物膜成熟后，分别排干5套系统的预培养用水；

（2）立刻从养殖池中取0.5 m³养殖用水（水质参数见表2-4），平均加入5套实验装置的蓄水箱中；

（3）即刻运行对照组（A组）；其他4组不运行，并确保其生物膜处于干露状态；

（4）从对照组开始运行的时候计时，3 h后运行3 h组，6 h后运行6 h组，9 h后运行9 h组，15 h后运行15 h组，从而使对照组、3 h组、6 h组、9 h组和15 h组生物膜的干露时间分别为0 h、3 h、6 h、9 h和15 h。

表2-4　实验用水的主要水质参数

Tab.2-4　The water characteristics of experimental water

水质指标	测值	水质指标	测值
TAN/（mg/L）	$0.146\pm0.001\,3$	温度/℃	$21.3\sim22.5$
NO_2^--N/（mg/L）	0.403 ± 0.014	pH	$7.5\sim8.0$
COD_{Mn}/（mg/L）	2.443 ± 0.13	溶解氧/（mg/L）	$5.5\sim6.5$

（五）细菌计数

按照如下三个步骤对生物膜上的细菌进行采样和计数：

（1）生物膜成熟后，对每套系统的生物膜进行取样，即用预先消毒的剪刀分别从每套系统剪取3份大小相似的生物填料样品（尽量为长方体），分别置于盛有200 mL灭菌并冷却后的海水中，振荡混匀。

（2）异养细菌的培养计数采用平板涂布法（2216E培养基）（Leonard等，2000），26℃下培养48 h后计数。亚硝化细菌和硝化细菌计数采用MPN3管法（陈绍铭和郑福寿，1985），分别取1 mL稀释液加入装有亚硝化细菌培养基和硝化细菌培养基的试管中，26℃培养4周，然后进行计数，最后推算出每立方厘米生物填料上细菌的数量。

（3）每套系统经过相应干露时间处理后，分别对各自生物膜上异养细菌、亚硝化细菌和硝化细菌进行培养计数，其操作方法同第一次计数方法。

（六）日常水质指标检测

实验过程中，分别对各个组进行定时取水样，时间分别为各自运行0 h、6 h、12 h和21 h时。测量水体TAN、NO_2^--N和COD_{Mn}等水质指标，每个水样3个平行。

水质指标的检测依照《海洋监测规范　第4部分：海水分析》（GB17378.4—2007）：TAN采用次溴酸盐氧化法测定；NO_2^--N采用萘乙二胺分光光度法测定；

COD$_{Mn}$采用碱性高锰酸钾法测定；盐度、pH、溶解氧、温度采用YSI-556多功能水质分析仪测定。

二、结果与分析

（一）实验过程中各组的水质变化情况

1. TAN浓度

实验期间，各处理组TAN浓度变化情况见图2-17。经过6 h反应后，对照组TAN浓度比初始值略有升高，其他几组TAN浓度几乎不变；反应进行到12 h时，15 h组的TAN含量出现升高现象，其他几组均发生不同程度的下降，其中对照组下降最快；实验结束时，各组TAN浓度比较：3 h组＜对照组＜6 h组＜9 h组＜15 h组。

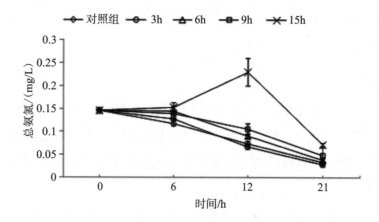

图2-17　总氨氮浓度的变化情况

Fig.2-17　TAN concentration changes in the experimental process

2. NO$_2^-$-N浓度

实验过程中，各组NO$_2^-$-N浓度先升高，然后随着反应的进行又逐渐降低（图2-18）。在同一实验阶段，各处理组NO$_2^-$-N浓度与干露时间长短呈负相关；在反应进行到12 h时，对照组NO$_2^-$-N浓度增加至最大；当反应继续进行到21 h时，各组NO$_2^-$-N的含量都出现明显的降低，其中对照组降低最为显著。实验结束时，各组NO$_2^-$-N浓度从小到大依次为3 h组＜ 6 h组＜对照组＜9 h组＜15 h组。

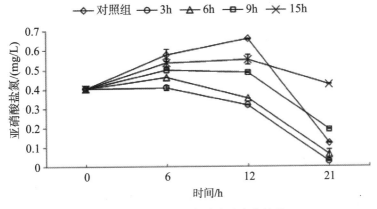

图2-18　亚硝酸盐氮浓度的变化情况

Fig.2-18　NO$_2^-$-N concentration in different treatments during the experiment

3. COD$_{Mn}$

当实验进行到6 h时，各处理组COD$_{Mn}$会发生波动，但波动幅度不剧烈；然后，随着反应的进行，各组COD$_{Mn}$逐渐趋于稳定。在相同的实验时间，对照组COD$_{Mn}$均为最低值。在实验的最后阶段，各组COD$_{Mn}$处于基本稳定的状态，其值的大小依次为对照组<3 h组<6 h组<9 h组<15 h组（图2-19），表明各组COD$_{Mn}$与干露时间呈负相关，干露时间越长，则COD$_{Mn}$越小。

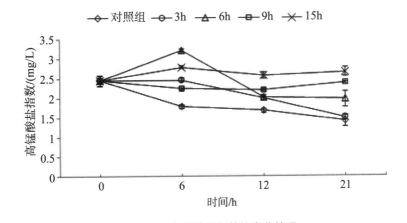

图2-19　高锰酸盐指数的变化情况

Fig.2-19　COD$_{Mn}$ changes in the experimental process

4. 各项水质指标的去除率

图2-20反映的是运行21 h后不同处理组对TAN、NO_2^--N和COD_{Mn}的去除率大小。3 h组对TAN去除率最高，其次为对照组，伴随干露时间的延长，相应处理组对TAN的去除效果则越来越差。从生物膜对NO_2^--N的净化效果来看，3 h组和6 h组的净化效果比对照组好；当干露时间达到15 h时，该组对NO_2^--N的去除率与9 h组相比下降明显，只有-5.5%，表明生物膜经过15个小时干露处理后，其通过硝化反应对NO_2^--N的去除量小于亚硝化反应中NO_2^--N的生成量。

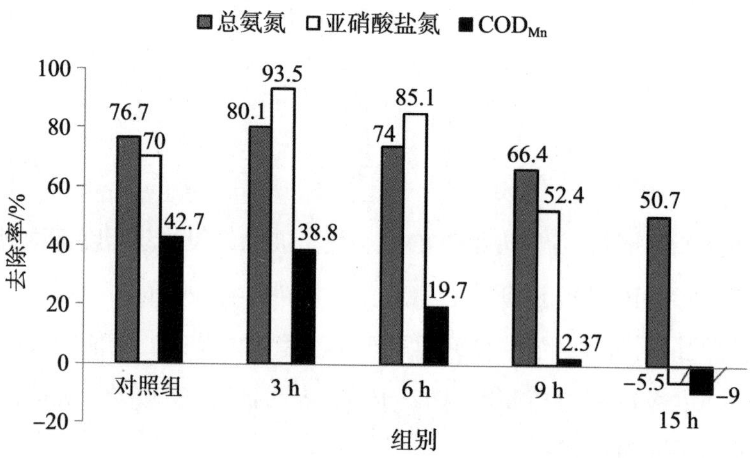

图2-20　各组对高锰酸盐指数、总氨氮和亚硝酸盐氮的平均去除率

Fig.2-20　Average removal rate of COD_{Mn}，TAN and NO_2^--N in each group

观察各实验组对COD_{Mn}的去除情况发现，随着干露时间的延长，生物膜对COD_{Mn}的去除能力逐渐变弱，3 h组与对照组差别较小，当干露时间为15 h时，该组对COD_{Mn}的去除率最小且为负值，为-9%，这可能说明干露时间达到15 h，生物膜可能会脱落一部分，不但使其生物分解氧化能力下降，同时脱落的生物膜部分会导致水体中的有机物质含量升高。

（二）细菌计数

1. 异养细菌

干露处理前后，各实验组单位体积生物填料上异养细菌数量的对比情况如图2-21所示。干露处理前，对各实验组生物填料上的异养细菌进行培养计数，发现各组异养细菌的数量均达到10^8 CFU/cm^3，且各组之间无显著性差异（$P>0.05$）。经过相应干露时间处理后，各组异养细菌的数量发生剧烈变化，变化趋势为随着干露时间的延长，异养细菌的数量减少程度越来越剧烈，其中对照组异氧细菌数量几乎没有变化，另外，除了9 h组和15 h组，其他各组之间均存在极显著性差异（$P<0.01$）。

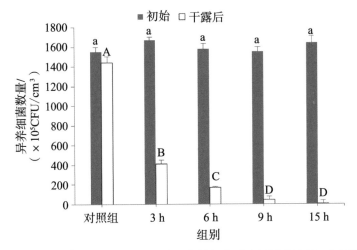

大写字母和小写字母分别代表不同的统计组，小写字母组表示未经干露处理，大写组表示干露处理后。大写组或小写组内不同字母则表示差异显著（$P<0.05$）

图2-21　干露处理前后生物膜上异养细菌数量变化情况

Fig.2-21　The changes of the number of heterotrophic bacteria on the biofilm before and after air-exposure treatment

2. 亚硝化细菌

观察图2-22发现，干露处理前，各实验组单位体积生物填料上亚硝化细菌的数量均介于（3.10~3.37）$\times 10^6$ CFU/cm³，各组之间无显著差异。经过相应干露处理后，除了对照组生物填料上亚硝化细菌数量略微增加外，其他各处理组均出现显著降低，降低趋势与干露处理时间呈负相关。

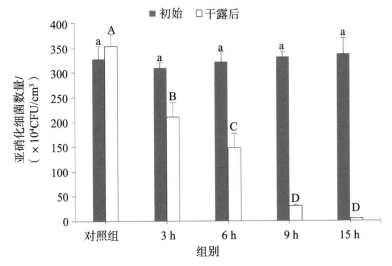

大写字母和小写字母分别代表不同的统计组，小写字母组表示未经干露处理，大写组表示干露处理后。大写组或小写组内不同字母则表示差异显著（$P<0.05$）

图2-22　干露处理前后各组亚硝化细菌的数量变化情况

Fig.2-22　The changes of the number of nitrosomonas on biofilm in each group pre and post air-exposure treatment

3. 硝化细菌

图2-23表示的是干露处理前后，各实验组单位体积生物填料上硝化细菌数量的对比情况。干露处理前，各组硝化细菌的数量约为5×10^5 CFU/cm^3，表明在相同生物填料上，硝化细菌的数量远远少于异养细菌的数量，也少于亚硝化细菌的数量。干露处理后，各组硝化细菌数量都减少，且减少的幅度随着干露时间的延长而增大，最大降幅超过2个数量级。另外，当干露时间控制在9 h内，各处理组硝化细菌的数量差异十分显著（$P < 0.01$）；而当干露时间达到或超过9 h后，生物膜上硝化细菌数量变化不再明显，且已经很难检出。

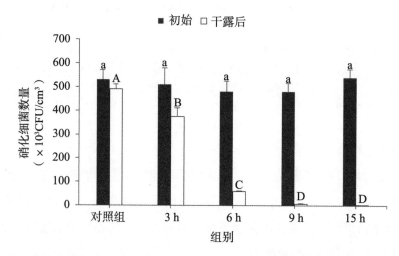

大写字母和小写字母分别代表不同的统计组，小写字母组表示未经干露处理，大写组表示干露处理后。大写组或小写组内不同字母则表示差异显著（$P < 0.05$）

图2-23 各组干露处理前后生物膜上硝化细菌数量变化情况

Fig.2-23 The changes of the number of nitrobacter on biofilm in each group pre and post air-exposure treatment

三、讨论

（一）干露时间对生物滤池硝化作用的影响

硝化作用包括两个阶段：一是亚硝化细菌属（*Nitrosomonas* spp.）将TAN氧化为$NO_2^- - N$；二是硝化杆菌属（*Nitrobacter*）将生成的$NO_2^- - N$氧化成$NO_3^- - N$（程海华等，2015）。该实验结果表明，当生物膜干露时间为3 h时，生物膜对TAN和$NO_2^- - N$的去除效果不受影响，甚或比对照组更好，这表明短时间的干露处理有可能会增强生物膜的硝化作用强度。分析其原因可能是，生物滤池可以吸附截留一部分悬浮物（SS），这些SS不仅不会被硝化细菌菌群分解利用，而且会使得滤料表面覆盖一层厚厚的"隔离层"，这些可能会造成生物膜局部表面形成无氧或低氧区，影响硝化反应的进行。

有研究表明，当溶解氧为0.5 mg/L时，亚硝酸菌增殖速度降低40%，而硝酸菌则降低70%以上（Laanbrock和Gerards，1993）。短时间的干露处理，会导致生物膜表面的沉积物脱落，减少生物膜表面低氧或厌氧区域的形成，对硝化反应起到增强作用。随着干露时间的延长，生物膜上部分微生物可能会由于缺氧、脱水等原因而死亡，生物膜脱落部分会增加，因而导致硝化作用变弱，该实验中，随着干露时间延长，生物膜对TAN和NO_2^--N的去除效果越来越差，即印证了早期的研究结果及相关假设。

（二）干露时间与生物膜上主要功能菌数量变化的关系

干露处理前，对每个处理组成熟生物膜上的主要功能菌分别进行计数，结果表明异养细菌数量为$1.60×10^8$ CPU/cm^3，亚硝酸菌数量为$3.26×10^6$ CPU/cm^3，硝酸菌数量为$5.08×10^5$ CPU/cm^3。在生物膜上，自养菌生长速度较慢，往往无法与生长较快的异养细菌竞争空间和氧气（高喜燕等，2009），因此，生物膜上异养菌的数量较多，而自养菌的数量则偏少。另外本实验结果中，亚硝酸菌比硝酸菌高出1个数量级，这与管敏等（2015）和马悦欣等（2019）的研究结果相一致。

各处理组经过相应时间的干露处理后，其生物膜上主要功能菌数量均发生不同程度的降低，其中异养细菌数量变化幅度最大。分析其原因可能是：异养细菌生长较快，世代周期较短，生物膜脱离水体后，大多数细菌会死亡；另外，干露过程中，生物膜上的黏附物脱落会导致部分细菌随之脱落，从而使生物膜上的异养细菌数量降低，且这种降低趋势会随着干露时间的延长而加剧。

该实验中，3 h组中亚硝酸菌和硝酸菌的数量降低幅度明显小于同组异养细菌。这可能是因为生物滤池内部被填料填满，虽然干露过程中排掉了滤池内部的水，但生物膜仍处于潮湿状态；硝化细菌为自养型细菌，往往占据生物膜内层（Lee et al., 2004），仍然可以获得营养物质，同时受生物膜表面黏附物脱落的影响较小，再加上其世代周期一般大于8 h（邓贤山和周恭明，2003），因此短时间的干露处理不会导致硝化细菌的数量急剧下降。

四、小结

（1）干露处理时间为3 h时，系统经过21 h运行后生物膜对TAN的去除效果最好，去除率达到80.1%，高于对照组的76.7%；随着干露时间的逐渐延长，各组TAN去除率逐渐降低，6 h组、9 h组和15 h组对TAN的去除率依次为74%、66.4%和50.7%。

（2）干露时间分别为3 h和6 h的两组，对NO_2^--N的去除率分别为93.5%和85.1%，显著高于其他3组；其次为对照组，为70%；当干露时间为15 h时，生物膜经过21 h运行，对NO_2^--N的去除率为-5.5%，表明生物膜通过硝化反应对NO_2^--N的去除量少于亚硝化反应中NO_2^--N的生成量。

（3）随着干露处理时间的逐渐延长，生物膜对COD_{Mn}的去除效果越来越差，经过21 h运行，对照组、3 h组、6 h组、9 h组和15 h组对COD_{Mn}的去除率依次为42.7%、38.8%、19.7%、2.37%和-9%。

（4）干露处理前，各组生物膜上异养细菌、亚硝化细菌和硝化细菌的数量级分别达到10^8 CFU/cm^3、10^6 CFU/cm^{3}和10^5 CFU/cm^3，表明成熟生物膜包含的主要功能菌群中，异养菌群的数量占优势。随着干露处理时间的延长，3种菌群的数量均发生不同程度的降低。按照对照组、3 h组、6 h组、9 h组和15 h组排序，干露处理后，异养细菌数量级分别达到10^8 CFU/cm^3、10^7 CFU/cm^3、10^7 CFU/cm^3、10^6 CFU/cm^{3}和10^5 CFU/cm^3，亚硝化细菌数量级分别达到10^6 CFU/cm^3、10^6 CFU/cm^3、10^6 CFU/cm^3、10^5 CFU/cm^{3}和10^4 CFU/cm^3，硝化细菌数量级分别达到10^5 CFU/cm^3、10^5 CFU/cm^3、10^4 CFU/cm^3、10^3 CFU/cm^{3}和10^3 CFU/cm^3。

（5）该实验表明：在日常养殖生产中，有时会发生生物滤池沉积物积累过多、污泥堵塞滤池底部用来排污的多孔管的现象。此时，有必要排空滤池水体，对其底部进行彻底清洗。结合实验与前人的研究成果，笔者认为：为了避免对生物膜的净化能力产生显著影响，整个清洗过程应尽量控制在3 h以内。

（程海华，朱建新，曲克明，刘慧，白莹）

第四节　水温、溶解氧和pH等环境因子对生物膜影响的实验研究

作为一种技术密集型工厂化养殖模式，循环水养殖系统（RAS）具有养殖密度大、环境可控性强、生态环境友好、养殖对象生长速度快等优势，正在中国沿海和内陆主要养殖区得到快速推广和应用（曲克明和杜守恩，2010）。生物膜法是目前生物净水技术比较常用也是比较经济实用的方法。以硝化细菌为主的微生物群落附着在生物载体（滤料）的表面生长繁殖，吸附、吸收、分解和转化养殖水体中对鱼类生长有害的含氮污染物（NH_4^+-N、NO_2^--N和NO_3^--N等）、有机污染物和悬浮颗粒物等（单宝田等，2002）。生物膜组成要素中的微生物对外部环境条件及其变化十分敏感，当

外部环境条件的改变在一定限度内，可引起生物膜中微生物形态、生理、生长、繁殖等特征的改变，一旦超过一定极限，则导致死亡。水温、溶解氧、盐度和pH等环境因子会对生物膜的活性和净化作用产生影响（鲍鹰和相建海，2001；郑赞永和胡兴龙，2006；Stewart等，1962；Ludzack和Noran，1965），通过影响生物膜中微生物的酶活性、生化代谢以及生物膜的活性和结构，进而影响生物膜对水中污染物的吸收与净化作用。了解和掌握影响生物膜运行的主要因素，对维持生物反应器的最佳状态、高效去除养殖废物相当重要。因此，在循环水养殖生产过程中，养殖环境的控制往往直接关系到系统的高效、平稳运行，是养殖管理的重点和难点。

一、材料和方法

（一）滤料及实验装置

选取爆炸棉作为生物挂膜用的滤料。发泡材料材质为 PVA，密度 0.04 g/cm^3，比表面积 350 m^2/m^3。

实验装置为自制的循环水实验系统（图2-24），主要由生物滤器、连接管道和蓄水槽组成。为方便观察，滤器部分采用亚克力有机玻璃管，管柱高 600 mm，内径 120 mm，管两端有带筛孔的隔板，用以固定生物滤料。连接管道采用内径 20 mm 的 PVC 管，在生物滤器上下两端安装球阀用以调控水流速度。蓄水槽直径 450 mm，长 1 350 mm，有效容积 200 L，内置浸没式抽水泵、温度可调式加热棒及曝气石。采用 5 组独立的循环水系统（编号分别为 A、B、C、D、E），每组包含 3 个生物滤器，内置爆炸棉填料，3 个生物滤器并联使用。

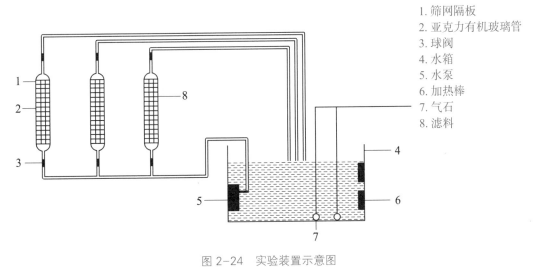

1. 筛网隔板
2. 亚克力有机玻璃管
3. 球阀
4. 水箱
5. 水泵
6. 加热棒
7. 气石
8. 滤料

图 2-24　实验装置示意图

Fig.2-24　Schematic diagram of the experiment RAS

（二）实验方法

1. 生物膜培养启动阶段及实验阶段养殖废水的配制

实验在海阳市黄海水产有限公司进行。海水养殖废水水质指标：水温20～21℃，溶解氧5.50～6.50 mg/L，盐度27.5～28.5，pH6.5～7.0。为了加速生物膜的形成并更好地探讨生物膜的净化能力，在生物膜培养启动阶段和成熟后的水质净化实验阶段分别添加葡萄糖、氯化铵等营养物质。在生物膜培养启动阶段，向实验系统水箱中注入100 L养殖废水，并添加营养物质（葡萄糖5 g、磷酸二氢钾0.05 g、氯化铵0.25 g）；在实验阶段，向蓄水槽中注入180 L养殖废水，并向其中添加优级纯氯化铵2 g、磷酸二氢钾1g、磷酸二氢钠1 g、葡萄糖1.5 g，以增加主要污染物的浓度。

2. 挂膜方法

每只水箱内投入5 g亚硝菌克（主要成分为硝化细菌，菌含量≥$2×10^8$ CFU/g）、10 mL生力菌（主要成分为芽孢杆菌、酵母菌等，活菌数≥$2.0×10^{10}$ CFU/mL）作为挂膜菌种。生物膜培养启动阶段每天测定并控制水温（24℃）、溶解氧（约6.00 mg/L）、盐度（30）和pH（7～8），水力停留时间（HRT）控制在30 min。挂膜期间，每天16：00取1次水样，测定指标包括NH_4^+-N、NO_2^--N、NO_3^--N、COD_{Mn}，并根据COD_{Mn}的变化情况及时补充有机碳源（葡萄糖），每隔10 d换水1次。

3. 确定并设置环境因子

实验确定及环境因子设置见表2-5。

表2-5　实验确定及设置环境因子

Tab.2-5　Experiment design and environmental factors setting

环境因子	A组	B组	C组	D组	E组	其他环境参数
水温/℃	16	20	24	28	32	溶解氧6.00 mg/L 盐度30 pH7.5
溶解氧/（mg/L）	4.0	5.0	6.0	6.5	7.0	水温24℃ 盐度30 pH7.5
盐度	20	25	30	35	40	水温24℃ 溶解氧6.00 mg/L pH7.5
pH	5.5	6.5	7.5	8.5	9.5	水温24℃ 溶解氧6.00 mg/L 盐度30

4. 水质分析及数据处理方法

NH_4^+-N采用次溴酸盐氧化法测定；NO_2^--N采用萘乙二胺分光光度法测定；NO_3^--N采用锌-镉还原法测定；COD采用碱性高锰酸钾法测定；$PO_4^{3-}-P$采用磷钼蓝分光光度法（GB17378.4—2007）测定。水温、溶解氧、盐度和pH采用YSI-556多功能水质分析仪测定。数据处理采用SPSS 20.0进行差异性分析，采用Excel作图。

二、结果

（一）挂膜成熟后生物膜组分分析

挂膜历时45 d，此时，将每组实验系统生物填料用少许生理盐水稀释后配成菌液，通过平板菌落计数法确定细菌种类及含菌量（表2-6）。

表2-6　生物膜成熟后通过平板菌落计数法所得细菌种类及数量

Tab.2-6　Identification of bacteria in the mature biofilm by tablet colony counting

单位：CFU /mL

实验组	异养细菌	亚硝化细菌	硝化细菌	反硝化细菌
A	1.55×10^7	3.33×10^7	3.1×10^7	1.14×10^7
B	1.67×10^7	3.15×10^7	2.36×10^7	1.22×10^7
C	7.6×10^7	4.17×10^7	4.08×10^7	2.38×10^7
D	4.17×10^7	5.12×10^7	3.32×10^7	1.69×10^7
E	3.96×10^7	6.25×10^7	2.57×10^7	1.48×10^7

（二）不同水温生物膜的净化效率

连续进行72 h的净化实验，测定不同水温下各水质指标终值及去除率（图2-25）。水温为28℃、32℃时的COD_{Mn}、NH_4^+-N、NO_2^--N浓度下降变化显著高于水温为16℃、20℃和24℃（$P < 0.05$）；水温为28℃、32℃时的NO_3^--N浓度下降变化显著低于16℃、20℃和24℃（$P < 0.05$），此系统生物膜硝化作用大于反硝化作用；水温为28℃时的$PO_4^{3-}-P$浓度下降变化显著高于水温为16℃、20℃、24℃和32℃时（$P < 0.05$）。因此，综合来看，生物膜在水温为28℃时的COD_{Mn}、NH_4^+-N、NO_2^--N和$PO_4^{3-}-P$去除率均较大，分别为69.3%、93.7%、93.7%和19.4%，去除效果显著。

（三）不同溶解氧水平生物膜的净化效率

连续进行72 h的净化实验，测定不同溶解氧水平下各水质指标终值以及去除率（图2-26）。不同溶解氧水平之间COD_{Mn}浓度下降变化差异不显著（$P < 0.05$）。溶解

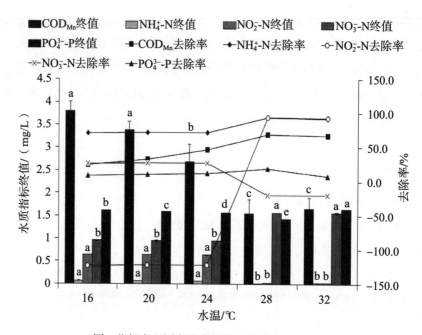

同一指标中不同字母表示差异显著（$P<0.05$）

图2-25 不同水温下各水质指标终值以及去除率

Fig.2-25 Final value and the removal rate of water quality indexes at different water temperatures

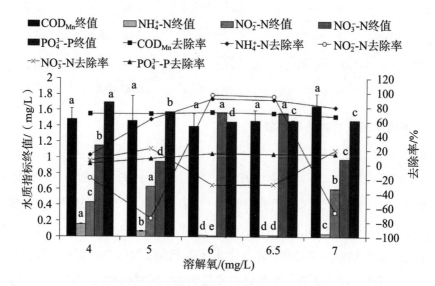

同一指标中不同字母表示差异显著（$P<0.05$）

图 2-26 不同溶解氧水平下各水质指标终值以及去除率

Fig.2-26 Final value and the removal rate of water quality indexes at different DO

氧为5.00 mg/L、6.00 mg/L、6.50 mg/L和7.00 mg/L时，NH_4^+-N、$PO_4^{3-}-P$浓度下降变化显著高于溶解氧为 4.00 mg/L时（$P<0.05$）；溶解氧为6.00 mg/L、6.50 mg/L时，

NO$_2^-$-N浓度下降变化显著高于溶解氧为4.00、5.00、7.00 mg/L时（$P<0.05$）；溶解氧为6.00 mg/L、6.50 mg/L时，NO$_3^-$-N浓度下降变化显著低于溶解氧为4.00 mg/L、5.00 mg/L、7.00 mg/L时（$P<0.05$）。因此，综合来看，生物膜在溶解氧为6.00 mg/L时COD$_{Mn}$、NH$_4^+$-N、NO$_2^-$-N和PO$_4^{3-}$-P去除率较大，分别为72.8%、91.7%、97%和15.6%，去除效果显著。

（四）不同盐度水平生物膜的净化效率

连续进行72 h的净化实验，测定不同盐度水平下各水质指标终值以及去除率（图2-27）。盐度为25时，COD$_{Mn}$、NH$_4^+$-N、NO$_2^-$-N、NO$_3^-$-N、PO$_4^{3-}$-P浓度下降变化显著高于盐度为20、30、35和40时（$P<0.05$）。因此，生物膜在盐度为25时，COD$_{Mn}$、NH$_4^+$-N、NO$_2^-$-N、NO$_3^-$-N和PO$_4^{3-}$-P去除率较大，分别为57.1%、98.4%、99.9%、100%和42%，去除效果显著。

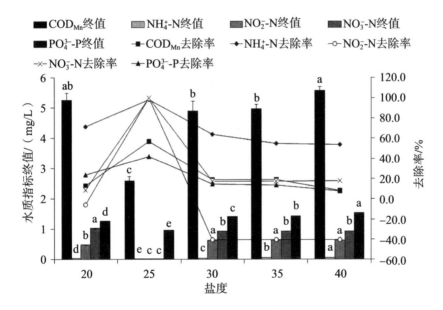

同一指标中不同字母表示差异显著（$P<0.05$）

图2-27　不同盐度水平下各水质指标终值以及去除率

Fig.2-27　Final value and the removal rate of water quality indexes at different salinities

（五）不同pH水平生物膜的净化效率

连续进行72 h的净化实验，测定不同pH水平下各水质指标终值以及去除率（图2-28）。不同pH之间COD$_{Mn}$浓度下降变化差异不显著（$P<0.05$）；pH为7.5时，NH$_4^+$-N、NO$_2^-$-N浓度下降变化显著高于pH为5.5、6.5、8.5和9.5时（$P<0.05$）；pH为7.5时NO$_3^-$-N浓度下降变化显著低于pH为5.5、6.5、8.5和9.5时（$P<0.05$）；pH为9.5时PO$_4^{3-}$-P浓度下降变化显著高于pH为5.5、6.5、7.5和8.5时（$P<0.05$）。

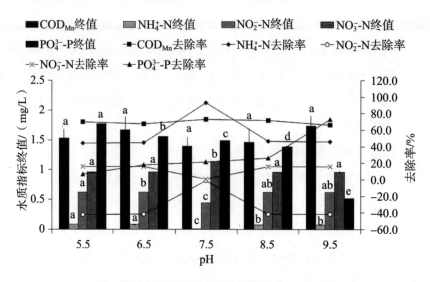

同一指标中不同字母表示差异显著（$P<0.05$）

图2-28 不同pH水平下各水质指标终值以及去除率

Fig.2-28 Final value and the removal rate of water quality indexes at different pH

生物膜在pH为7.5时，COD_{Mn}、NH_4^+-N去除率较大，分别为72.8%、93.3%，去除效果显著，而NO_2^--N、NO_3^--N浓度基本没变。因此，pH为9.5时$PO_4^{3-}-P$去除率较大，去除效果显著。

三、讨论

（一）水温对生物膜净化效率的影响

微生物的新陈代谢活动随水温升高而增强（李迎全，2012；章胜红，2006），这与生物膜在水温16～28℃范围内随着水温的升高各项水质指标去除率增大结果一致。与庞朝辉等（2010）研究结果相似的是生物膜在28℃时较32℃的COD_{Mn}去除率大，原因是28℃接近微生物生长的最适水温。适合硝化细菌生长繁殖的水温在25～35℃范围内（Antoniu等，1990；李辉华等，2005），这与生物膜在28℃、32℃时NH_4^+-N、NO_2^--N的去除率较大结果一致。一定范围内水温升高有利于提高聚磷菌除磷效率（张金莲等，2009）。水温过高或过低（>25℃或<15℃）都会降低除磷效率（江涛，2013），这与生物膜在水温28℃时$PO_4^{3-}-P$去除率较大结果不一致，可能的原因为NO_3^--N是聚磷菌除磷过程中的主要影响因素（江涛，2013），水温28℃时NO_3^--N浓度较大，提高了聚磷菌除磷效率。

（二）溶解氧对生物膜净化效率的影响

溶解氧大于2 mg/L可满足附着在生物载体上好氧微生物的需求，此时溶解氧不会成为COD_{Mn}降解的限制条件（曲克明和杜守恩，2010），印证了不同溶解氧处理组之间COD_{Mn}浓度变化差异不显著的实验结果。当溶解氧上升时，亚硝化细菌与硝化细菌活性均较高（郑赞永和胡光龙，2006）。在溶解氧为5.00 mg/L、6.00 mg/L、6.50 mg/L和7.00 mg/L时，NH_4^+-N去除率显著高于溶解氧为4.00 mg/L时。溶解氧为6.00 mg/L、6.50 mg/L时，NO_2^--N去除率显著高于溶解氧为7.00 mg/L时，这可能是因为当溶解氧为7.00 mg/L时，曝气量过大导致生物膜脱落（李迎全，2012）。溶解氧为6.00 mg/L、6.50 mg/L时，NO_3^--N去除率显著低于溶解氧为4.00 mg/L、5.00 mg/L、7.00 mg/L时，这可能与此时系统中NO_3^--N浓度高且生物膜中反硝化细菌数量不多有关。在好氧段，聚磷菌需要足够的溶解氧供应以降解其储存的聚-β-羟基丁酸盐（PHB），释放足够能量供其过量摄磷（王锐刚，2009）。这与生物膜在溶解氧为5.00 mg/L、6.00 mg/L、6.50 mg/L和7.00 mg/L时，PO_4^{3-}-P浓度下降变化显著高于溶解氧为4.00 mg/L时的实验结果相符。

（三）盐度对生物膜净化效率的影响

在高盐及低盐环境中，微生物去除有机物的效果将明显下降（高喜燕等，2009）。生物膜在盐度为25时，出水COD_{Mn}下降幅度显著大于盐度为20、30、35和40时。分析其原因，可能是生物膜在含盐环境中经过驯化后具有一定的耐盐能力，盐度为25左右时可以进行正常新陈代谢。当盐度增加到一定程度时，亚硝化细菌和硝化细菌存活的数量和种类也越来越少，系统对氨氮的去除能力大大降低（张胜等，2010）。这与生物膜在盐度为25时NH_4^+-N浓度下降变化显著高于盐度为30、35和40时的结果一致。在高盐环境中，反硝化细菌、亚硝化细菌所受到的抑制作用与硝化细菌相比较小（李梅等，2007），生物膜在盐度为30、35和40时，NO_2^--N浓度最终升高、NO_3^--N浓度最终降低，与上述研究结果一致；在高盐环境中，聚磷菌好氧段吸磷受到明显的抑制（李玲玲，2006），这与盐度为25时PO_4^{3-}-P浓度下降幅度显著高于盐度为30、35和40时的结果一致。

（四）pH对生物膜净化效率的影响

生物滤器抗pH冲击能力较强，短时冲击对去除污染物无不良影响（陈江萍，2010），不同pH处理组之间COD_{Mn}变化差异不显著，说明这些处理组均不构成生物膜的冲击或冲击的时间有限。pH对微生物的代谢活力有很大的影响（Chen等，2006），而短程硝化工艺最适的pH一般在7.5左右（石驰，2007），这与生物膜在pH为7.5时NH_4^+-N浓度下降变化显著高于pH为5.5、6.5、8.5和9.5时，且生物膜在pH为7.5时最终NO_2^--N浓度较低的结果一致。该实验所设置的不同pH处理组中，NO_3^--N的去除率均较低，推测与生物膜中反硝化细菌数量不多有关。多数研究者认为，由于细胞内的pH基本不变，当环境pH较高时，碳源通过细胞膜所消耗的能量也相对增加，增加的能量正好可以通过水解更多的聚磷，从而增加系统的除磷能力（王冬波，2011），这与生物膜在pH为9.5时PO_4^{3-}-P浓度下降变化显著高于pH为5.5、6.5、7.5和8.5时的实验结果一致。

（五）其他相关问题

该研究仅以养殖水为对象，进行了净化处理实验，但整个过程当中并未涉及生物的养殖。考虑到养殖活动所特有的生物和生态学过程比人工配制的养殖尾水更复杂、更具动态性，笔者认为有必要在此基础上开展后续养殖实验，通过对比不同处理组之间养殖生物的生长情况和生理生化指标，验证该实验的研究结果，进而确定最优养殖环境条件，以确保相关环境因子的调控能够在循环水养殖中发挥实际的效用。

此外，由于该实验培养的生物膜中反硝化细菌数量不多，故脱氮效果不明显。一般的循环水养殖系统生物滤池均为有氧生物滤池，反硝化细菌很难大量繁殖。因此，有必要就循环水养殖系统中好氧反硝化细菌的挂膜及其生物脱氮特性开展进一步工作。

本实验中，无论环境因子处于何种水平，生物膜去除PO_4^{3-}-P的效率都不高，推测其原因可能是生物膜中聚磷菌数量不多。若在该实验研究的基础上，在培养生物膜过程中添加经厌氧与好氧交替驯化的聚磷菌，应可提高生物膜的除磷能力。

四、结论

采用优势菌种进行滤料挂膜效果良好。挂膜期间，以葡萄糖为有机碳源、氯化铵为氮源对培养生物膜的养殖废水进行加富，有利于生物膜的形成。水质指标浓度随实验时间延长而逐渐下降，在环境因子的最优水平范围内下降速度较快。水温28℃、溶解氧6.00 mg/L、盐度25和pH7.5时，生物滤器净化效果最好。

（杨志强，朱建新，刘慧，程海华，曲克明，刘寿堂）

第五节　循环水养殖系统中好氧反硝化细菌的分离和应用

反硝化是氮循环中的重要环节，也是一种重要的脱氮方式，指硝酸盐在微生物的作用下相继被还原为NO_2^-、NO、N_2O、N_2的过程（Ferguson，1994），实现了土壤、水域中的氮元素向大气中的转移。传统理论认为反硝化是严格厌氧的过程，O_2会抑制反硝化还原酶基因的表达和反硝化还原酶的活性（Ferguson，1994），此外，在有机物氧化的过程中，O_2一般认为是首选的电子受体（Frette等，1997），在有氧条件下反硝化细菌会优先利用溶解氧进行呼吸，这样就阻止了NO_3^-、NO_2^-作为最终电子受体（王薇等，2008）。20世纪80年代，Robertson和Kuenen（1984）首次发现了一种可以在有氧状态下进行反硝化的细菌［*Thiosphaera pantotropha*；现更名为脱氮副球菌*Paracoccus denitrification*（Lukow等，1997）］，并将此现象命名为好氧反硝化（Robertson等，1984）。此后，又有许多学者报道了好氧反硝化方面的研究（Chen等，2003；Kim等，2008；Wang等，2013；Ji等，2014；沈辉等，2017）。

脱氮技术是水质净化、污水处理的重要手段，其中生物脱氮技术因不需要后续处理、无副产物产生而成为最经济的脱氮方法（Liu等，2012；成钰等，2016）。生物脱氮技术有着广泛的应用，其在循环水养殖系统中对于水质的控制发挥着重要作用，其中氨氮和亚硝酸盐因对养殖生物具有毒性而受到严格控制，一般是利用生物滤池中硝化细菌的硝化作用将氨氮和亚硝酸盐转化为低毒性的硝酸盐，但硝酸盐的持续积累最终也可能会导致系统的崩溃，所以将硝酸盐通过反硝化作用转化为气态氮，完成氮元素由水域向大气的转移仍然是必要的过程。此外，反硝化过程中产生的碱性可以部分中和由硝化过程产生的酸（陈玲等，2016；颜薇芝等，2016），减少了循环水养殖后期需要添加碱性物质来中和养殖水体酸化的成本。循环水养殖系统内需要高溶氧以确保其高密度养殖的需求，而传统的反硝化过程是在厌氧的环境下进行的（Ferguson，1994），这与循环水养殖的要求相矛盾，需要额外增加水处理环节以实现厌氧反硝化。厌氧反硝化会增加养殖成本、限制循环水养殖系统的生产，所以好氧反硝化的发现从根本上解决了这一矛盾。针对循环水养殖的特点开展好氧反硝化的相关研究，对于循环水养殖系统的脱氮、维持良好的水质状态具有重要意义。

生物滤池具有十分复杂的生态结构，在实现循环水养殖系统脱氮、控制养殖系统水质方面起着至关重要的作用。本研究尝试从循环水养殖系统中的生物滤池内分离好氧反硝化细菌，开展相关研究，并在此基础上进行好氧反硝化反应器的应用研究，以期为循环水养殖系统的脱氮技术工艺提供参考。

一、材料与方法

（一）细菌分离

1. 样品来源

莱州明波水产有限公司珍珠龙胆（♀*Epinephelus fuscoguttatus* × ♂*Epinephelus lanceolatu*）循环水养殖系统内的生物滤池。

2. 培养基及试剂

反硝化富集培养基（马放等，2002）：牛肉膏3.0 g，蛋白胨5.0 g，KNO_3 1.0 g，人工海水（30‰的NaCl溶液）1 000 mL，pH约为7.4。

溴百里酚蓝（BTB）分离培养基（Takaya等，2003）：KNO_3 1.0 g，$C_6H_5Na_3O_2 \cdot 2H_2O$ 1.0 g，KH_2PO_4 1.0 g，$FeSO_4 \cdot 7H_2O$ 0.05 g，$CaCl_2$ 0.2 g，$MgSO_4 \cdot 7H_2O$ 1.0 g，溴百里酚蓝（1%溶于酒精）1 mL，琼脂20.0 g，人工海水1 000 mL，pH为7.2。

活化培养基：KNO_3 1.0 g，$C_6H_5Na_3O_2 \cdot 2H_2O$ 1.0 g，KH_2PO_4 1.0 g，$FeSO_4 \cdot 7H_2O$ 0.05 g，$CaCl_2$ 0.2 g，$MgSO_4 \cdot 7H_2O$ 1.0 g，人工海水1 000 mL，pH约7.4。

反硝化性能测定培养基（DM）：$C_6H_5Na_3O_2 \cdot 2H_2O$ 1.31 g，CH_3COONa 1.10 g，KNO_3 0.361 g，$MgSO_4 \cdot 7H_2O$ 0.2 g，KH_2PO_4 1.0 g，K_2HPO_4 5.0 g，NaCl 0.5 g，微量元素溶液1 mL，人工海水999 mL，pH约为7.4。

微量元素溶液（Zheng等，2012）：EDTA 50.0 g，$ZnSO_4$ 2.2 g，$CaCl_2$ 5.5 g，$MnCl_2 \cdot 4H_2O$ 5.06 g，$FeSO_4 \cdot 7H_2O$ 5.0 g，$(NH_4)_6Mo_7O_2 \cdot 4H_2O$ 1.1 g，$CuSO_4 \cdot 5H_2O$ 1.57 g，$CoCl_2 \cdot 6H_2O$ 1.61 g，去离子水1 L，pH 7.0。

各培养基用前都在121℃条件下灭菌20 min。

3. 细菌富集

将从生物滤池中获取的滤料在无菌环境下剪碎后放入装有90 mL无菌人工海水的三角瓶中，在摇床200 r/min条件下震荡3 h。随后取上清液10 mL接种到90 mL富集培养基中，并于30℃、转速150 r/min条件下培养，每隔12 h分别用二苯胺试剂和格里斯试剂定性检验硝酸盐和亚硝酸盐含量，当硝酸盐明显降低且有亚硝酸盐产生时富集下一代。如此重复富集3次获得四代富集培养液。

4. 细菌分离纯化

用无菌人工海水将四代富集培养液稀释成10^{-1}、10^{-2}、10^{-3}、10^{-4}、10^{-5}、10^{-6}、10^{-7}、10^{-8}8个梯度，分别移取0.1 mL稀释液在BTB平板上稀释涂布，每个梯度做2个平行，之后在30℃恒温箱中培养2~3 d，待菌落长出后，选取变蓝的平板并挑取带蓝色晕圈的单菌落再次划线（每代皆做2个平行），如此纯化3次获得四代纯化菌落（韩永和等，2013）。将菌落一致、生长良好的平板上的菌株接种到斜面培养基上，4℃保藏。

（二）反硝化性能测定

用接种环从斜面培养基上刮取适量细菌接种到装有100 mL活化培养基的三角瓶内，30℃、180 r/min条件下活化2 d。移取2 mL活化培养液接种到100 mL反硝化测定培养基中，30℃、180 r/min条件下培养，分别测定其48 h后的硝酸盐、亚硝酸盐、氨氮的浓度变化。

（三）反硝化反应器的研究

1. 实验装置

如图2-29所示，人工加富海水通过蠕动泵以恒定流速（12.22 mL/min）由反应器底部入水口输送进反应器，然后从反应器上部出水口流出，进入废液缸，不再利用。反应器内填充190 g K_1滤料，滤料为直径1 cm、高1 cm的内十字圆筒结构，外壁附有纵向突起条带；滤料密度约为0.96 g/cm³（堆积密度150 kg/m³），比表面积约850 m²/m³。反应器有效水容积为2.2 L，水力停留时间（HRT）为3 h。反应器浸入配有加热棒的水槽中施行水浴控温（水槽内持续充气搅拌以实现均匀加热），温度控制在（25+1）℃；反应器外壁贴有黑色壁纸以避光；24 h充气。

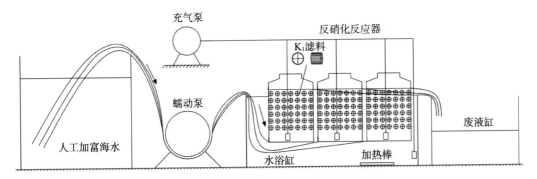

图2-29　实验装置图

Fig.2-29　The figure of experimental apparatus

2. 人工加富海水配制

采用青岛近海海水配制（每天配制一次），NO_3^--N浓度约50 mg/L，C/N约为6，各成分配比如下：CH_3COONa 0.878 7 g/L，KNO_3 0.361 g/L，KH_2PO_4 0.025 5 g/L，$K_2HPO_4 \cdot 3H_2O$ 0.042 7 g/L，微量元素溶液1 mL/L，pH约为7.3。

3. 接种

将分离、筛选的菌株分别在25℃、180 r/min条件下单独活化2 d。移取每种菌的活化培养液10 mL到装有2.2 L人工加富海水的反硝化反应器中混合接种，24 h充气，蠕动泵不启动，稳定2 d。

4. 水质监测

在接种后的48 h中，每隔12 h对反应器内的水质进行取样分析，检测硝酸盐、亚硝酸盐、氨氮、总氮的浓度变化。接种2 d后开启蠕动泵，每天从反应器的进出水口取样分析，检测上述4个指标的变化，直至出水口水质达到稳定。

（四）水质分析方法

氨氮检测方法为次溴酸盐氧化分光光度法，亚硝酸盐的检测方法为N-（1-萘基）-乙二胺分光光度法，硝酸盐检测方法为锌镉还原法，总氮检测方法为过硫酸钾氧化-紫外分光光度法。

二、结果与分析

（一）细菌分离

细菌富集阶段，经二苯胺和格里斯试剂定性检测，12 h后即有亚硝酸盐的产生，24 h后硝酸盐的含量明显降低。48 h后进行下一代富集。涂布平板后，10^{-3}、10^{-4}、10^{-5}3个稀释度平板上的菌落有利于单菌落的挑取，选取此3个稀释度平板进行下一代的纯化；重复划线，获得四代纯化菌株。最终分离出8株细菌，分别命名为Z1～Z8。

（二）细菌反硝化性能测定

反硝化性能测定培养基NO_2^--N、NH_4^+-N、NO_3^--N初始浓度经测定分别为0.000 mg/L、0.023 mg/L、64.95 mg/L。对分离出的8株细菌进行反硝化性能测定，48 h后测定亚硝酸盐、氨氮、硝酸盐的浓度，计算硝酸盐的去除率，并用亚硝酸盐氮、氨氮、硝氮的浓度之和计算无机氮的去除情况，结果如图2-30所示。

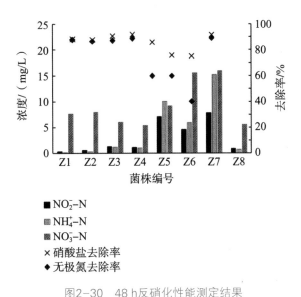

图2-30　48 h反硝化性能测定结果

Fig. 2-30　The results of 48 h denitrification test

图2-30显示，各菌株硝酸盐去除率都较高，但都存在一定的亚硝酸盐和氨氮积累。Z1、Z2、Z3、Z4、Z8菌株亚硝酸盐、氨氮积累较少，硝酸盐去除率90%左右、无机氮去除率87 %左右，效果良好；Z5、Z6、Z7亚硝酸盐、氨氮积累比较严重，且硝酸盐和无机氮去除率相对较低。

（三）反硝化反应器的脱氮效果

1. 接种后48h反应器内水质变化

将分离、筛选菌株Z1、Z8各自活化后混合接种入反应器。反应器接种后保持24 h充气，每隔12 h对反应器内加富海水进行取样分析，检测硝酸盐、亚硝酸盐、氨氮和总氮的变化，结果如图2-31所示，相应硝酸盐和总氮的去除率见图2-32。

由图2-31、图2-32可知，48 h内硝酸盐的浓度大幅降低，最终去除率为56.26%，但从误差线幅度可知，3个反应器之间差异较大；总氮去除效果微弱，48 h总氮去除率13.98%；亚硝酸盐存在显著积累现象，且积累速率较快，12 h达到峰值（10.88 mg/L）后开始缓慢降低，并有趋于稳定的趋势；氨氮也存在积累现象，最终浓度达到6.87 mg/L。

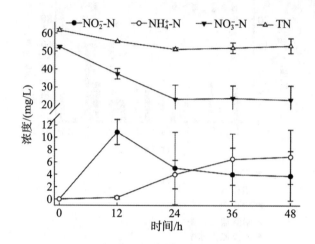

图2-31　反应器接种后48 h内水质变化

Fig.2-31　The changes of Water quality in the bioreactor during the 48 h after inoculation

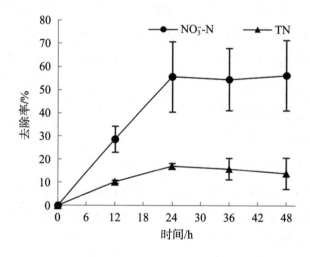

图2-32　反应器接种后48 h内硝酸盐和总氮去除率变化

Fig.2-32　The changes of Nitrate and total nitrogen removal rates in the bioreactor during the 48 h after inoculation

2. 系统运行后的水质检测结果

接种2 d后开启蠕动泵，从第二天开始每天检测反应器进、出水口水质变化。人工加富海水因添加了碳源，在室内放置期间会受到自然环境中微生物的作用而引起水质指标的变化，为降低因此导致的水质波动，人工加富海水每天配制一次，并且每天清洗容器。实验期间反应器进水口NO_3^--N、NO_2^--N、NH_4^+-N和TN的浓度变化分别为（51.28±1.378）mg/L、（0.01±0.017）mg/L、（0.12±0.064）mg/L和（58.60±1.403）mg/L。实验期间反应器进、出水口水质指标如图2-33至图2-36所示，图2-37为相应硝酸盐和总氮的去除率。

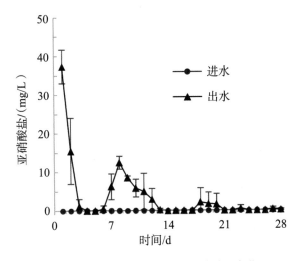

图2-33　生物反应器进出水口亚硝酸盐变化

Fig.2-33　Nitrite concentrations change of inlet and outlet water from the bioreactor

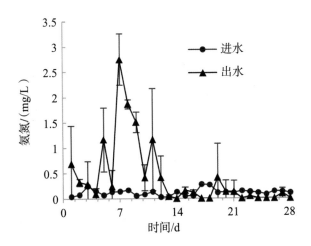

图2-34　生物反应器进出水口氨氮变化

Fig.2-34　Ammonia concentrations change of inlet and outlet water from the bioreactor

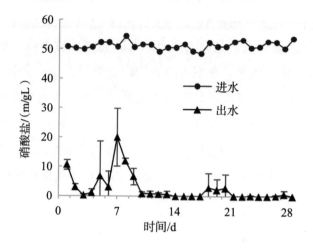

图2-35 生物反应器进出水口硝酸盐变化

Fig.2-35 Nitrate concentrations change of inlet and outlet water from the bioreactor

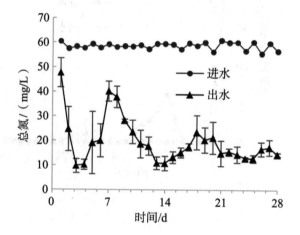

图2-36 生物反应器进出水口总氮变化

Fig.2-36 Total nitrogen concentrations change of inlet and outlet water from the bioreactor

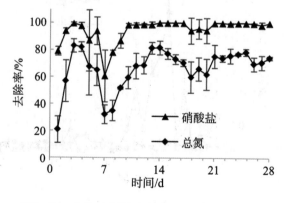

图2-37 生物反应器对硝酸盐和总氮的去除率

Fig.2-37 Nitrate and total nitrogen removal rates of the bioreactor

系统启动一天后，亚硝酸盐积累十分严重，达到37.41 mg/L，说明反硝化过程的第一阶段十分活跃，大量硝酸盐被还原为亚硝酸盐；之后亚硝酸盐浓度迅速降低，最低浓度为0 mg/L（第14天），在经历2次波动之后，逐渐趋于稳定，实验结束时亚硝酸盐浓度为0.18 mg/L。与反应器接种后48 h相比，系统启动后氨氮积累情况大幅减弱，第一天氨氮浓度为0.69 mg/L，之后出现多次波动，第7天达到峰值2.75 mg/L，最低浓度为0.04 mg/L（第13天），20天后逐渐趋于稳定，实验结束时氨氮浓度为0 mg/L。反应器对硝酸盐的去除效率非常高，系统启动后第一天去除率即达到79.04%，此后历经几次起伏；9天后达到理想状态，除第18～20天去除率在95 %左右，其他时间硝酸盐去除率都在98%以上。总氮在系统启动初去除效果较弱，第一天去除率只有20.94%，此后迅速提升，第3天即达到去除率峰值83.17%，此后历经多次波动，慢慢趋于稳定，实验结束时总氮去除率为74.40%。总体来看，反硝化反应器对人工加富海水的脱氮效果良好，硝酸盐及总氮去除效果理想，氨氮和亚硝酸盐积累情况在后期稳定后较弱，具有一定的应用价值。

三、讨论

好氧反硝化细菌的筛选方法分为3种（王薇等，2008）：一是间歇曝气法，利用好氧反硝化细菌可以同时利用O_2和NO_3^-的特点，频繁转换富氧、缺氧条件使好氧反硝化细菌取得竞争优势，马放等（2005）即采用此种方法；二是使用选择性培养基或呼吸抑制剂，根据好氧反硝化细菌对培养条件的特殊要求制作选择培养基以抑制其他细菌的生长，如Meiberg（1980）、孔庆鑫（2005）等的做法；三是使用酸碱指示剂，即用溴百里酚蓝（BTB）来制作培养基，筛选因反硝化消耗亚硝酸盐或硝酸盐而显蓝色的菌落，如Takaya（2003）等学者的做法。本研究采用第三种方法筛选好氧反硝化细菌，这也是该领域当下使用较多的一种方法。

从分离出的8株菌的反硝化性能测定结果来看，各株菌都可大幅（70%以上）去除硝酸盐，但同时存在不同程度的氨氮和亚硝酸盐的积累现象。关于亚硝酸盐的积累，一种解释认为与亚硝酸盐相比，硝酸盐作为电子受体时基质释放的能量较高，因此微生物优先利用硝酸盐作为反硝化作用的电子供体，导致亚硝酸盐浓度升高；另一解释认为硝酸盐还原酶的合成要早于亚硝酸盐还原酶，因而导致亚硝酸盐因转化延时而积累（Kucera等，1989）。另外，Körner等学者（1989）指出，在任何条件下亚硝酸盐还原酶对氧气都是最敏感的，这也可能是在富氧条件下亚硝酸盐积累的又一原因。硝酸盐的还原方式存在两种，一种是反硝化，NO_3^-—NO_2^-—NO—N_2O—N_2，另一种是硝酸盐异化还原成铵（DNRA），NO_3^-—NO_2^-—NH_4^+（Simon, 2002）。过去认为硝酸盐异化还原成铵是厌氧过程（Bonin等，1998；Kelso等，1997；Yin等，2002），后来发现DNRA在富氧条件下也能发生（Fazzolari等，1998；Polcyn等，2003）。无论是富氧环境还是缺氧环境，反硝化和硝酸盐异化还原成铵是两个同时存在又相互竞争的过程（韦宗敏等，2013），由此解释了反硝化性能测定过程中氨氮的积累现象。DNRA有利于土壤中氮素的保持（Dalsgaard等，1994），但在水产养殖领域，氨氮是有害的，传统生物滤池即通过硝化作用实现氨氮的转化，若DNRA过程太强、氨氮积累过多则硝酸盐的还原就失去意义。既然硝酸盐异化还原成铵无法避免，如何通过条件调控来促进反硝化同时抑制DNRA亟待研究。

在反应器接种后2 d的稳定期内，硝酸盐的去除效果明显，总氮去除率较低，氨氮、亚硝酸盐积累明显。但系统运转后发生显著改变，硝酸盐迅速降低，第一天硝酸盐去除率79.04%，之后大多数时间维持在99%以上；总氮去除情况波动较大，随着实验的进行逐渐平稳，13 d后去除率维持在73%左右；氨氮积累现象在实验期间逐渐减弱；亚硝酸盐积累现象在系统启动之初与接种后2 d相比更加剧烈，这可能是由于这一阶段硝酸盐还原酶活性较强，而亚硝酸盐还原酶不足导致的，随着实验的进行，亚硝酸盐的积累现象逐渐减弱。根据反应器的脱氮效果及滤料规格推算，整个实验期间反应器硝酸盐去除效率约为 $0.794 \, g/(m^2 \cdot d)$ ，总氮去除效率约为 $0.636 \, g/(m^2 \cdot d)$ ；反应器稳定后，即系统启动两周后，反应器硝酸盐去除效率约为 $0.827 \, g/(m^2 \cdot d)$ ，总氮去除效率约为 $0.687g/(m^2 \cdot d)$ 。反应器接种后的稳定速度较快，可以迅速发挥作用，且亚硝酸盐、氨氮积累现象在稳定后变得微弱，脱氮效果良好。氨氮、亚硝酸盐积累情况与菌株反硝化性能测定的结果有较大差异，分析原因可能有三方面：一是反硝化性能测定培养基组成结构太简单且测定时间较短，限制了反硝化过程的进行；二是反应器中接种的两种细菌之间可能存在协同作用，促进了脱氮过程；三是自然环境中的细菌在反应器内挂膜，促进了脱氮过程。

实验期间生物反应器出水口水质出现多次波动，而且从对应时间的误差线幅度也可以看出3个反应器在波动期会出现较大差异。反硝化细菌属于异养微生物，而人工加富海水碳氮比较高，营养物质丰富，利于微生物的繁殖；另一方面，反应器直接暴露在室内，自然环境中的微生物也会在其中大量繁殖，使得反应器内的群落结构变得十分复杂，再加上反应器容积太小，很容易受到外界环境的影响。实验期间观察到反应器内滤料表面生物膜逐渐增多，后期滤料表面附着了大量生物膜，微生物生命周期短，大量死亡后可能导致水质恶化，引起水质波动。

四、结语

本实验通过BTB培养基分离出8株细菌，皆可高效去除硝酸盐，但存在不同程度的氨氮和亚硝酸盐的积累。选择Z1、Z8两株脱氮效果较好的菌株进行好氧反硝化反应器的实验,接种后反应器反应迅速、高效,接种后2周即达到相对稳定的高效脱氮状态。反应器启动2周后,硝酸盐去除率超过98.8%[约0.827 g/(m² · d)],总氮去除率超过71.8%[约0.687 g/(m² · d)],亚硝酸盐和氨氮积累微弱,脱氮效果良好,反应器在水质净化脱氮方面具有一定的应用价值。此后应进一步开展Z1、Z8两株细菌反硝化机理方面的研究,并根据人工加富营养盐的成分特点调控脱氮效果。

(陈钊,宋协法,黄志涛,李健,董登攀,任义,江玉立)

第六节 凡纳滨对虾工厂化循环水养殖系统水质指标及微生物菌群结构的分析

凡纳滨对虾(*Litopenaeus vannamei*)是我国最重要的对虾养殖品种,2020年凡纳滨对虾海水养殖产量达119.7万t,占全国虾类海水养殖总产量的80.5%(农业农村部渔业渔政管理局等,2021)。凡纳滨对虾养殖产业的发展经历了池塘养殖、温棚养殖、高位池养殖、工厂化养殖等养殖模式(朱林等,2019)。随着凡纳滨对虾集约化养殖技术的不断发展,养殖密度和饲料投喂量的增加,养殖动物的产量和养殖水域的利用率明显提高(陈明康等,2020),但是大量残饵、粪便、肥料和药物的投入使养殖水环境日益恶化,负面环境效应非常突出,导致对虾疫病肆虐、环境污染严重(祁真等,2004)。因此,发展无公害生态养殖,推动工厂化循环水养殖,高效可持续的生物净化系统研究已成为当今凡纳滨对虾集约化养殖研究的热点之一。

循环水养殖模式是将养殖水经物理、化学及生物净化处理后重复使用的新型养殖方式(王峰等,2013),在水资源节约、养殖废弃物处理、对虾疾病控制以及减少生态污染等方面具有明显的优势(张龙等,2019;张健龙等,2017)。生物净化是循环水水处理的核心环节,滤料是生物净化设施的重要组成部分,不同滤料因为材质、比表面积、耐冲刷能力、水力特性等差异造成其表面生物群落的不一致,从而影响对养殖水的处理效果（蔡云龙等，2005）。而循环水养殖系统中的有益微生物菌群在净化水质、降低氨氮（NH_4^+-N）和亚硝态氮（NO_2^--N；邵青等，2001；Fan等，2018）、营养循环（Cornejo-Granados等，2018）、病原防控（Rungrassamee等，2016）及养殖物种健康（樊英等，2017）等方面也发挥着重要的作用。目前的研究主要集中在生物净化对水质的效应、对环境及养殖对虾微生物菌群影响的研究较少。

因此，本研究通过分析对虾工厂化循环水养殖系统中水质指标、水体及对虾肠道微生物菌群结构的变化，探讨工厂化循环水系统生物净化对水体和养殖对虾的影响效果，为对虾工厂化循环水养殖系统和养殖模式的构建提供基础参数。

一、材料与方法

（一）养殖系统的组成与构建

实验在海阳市黄海水产有限公司养殖基地进行，对虾工厂化循环水养殖系统由原石斑鱼养殖车间进行升级改造，总面积为800 m^2，有效养殖水体为600 m^3。8个规格相同的水泥养殖池（长9 m、宽9 m、深2 m，养殖水体600 m^3）通过回水管道和进水管道与水处理系统相连构成封闭循环水养殖系统。水处理系统是由中国水产科学研究院黄海水产研究所海水陆基工厂化养殖创新团队自主设计构建，主要由2个养殖池改建而成，一个养殖池分隔成泵池、微滤机池、一级移动床生物净化池和综合调节池4部分，一级移动床生物净化池生物滤料为多孔PE填料（比表面积约600 m^2/m^3）；另一个养殖池分隔成二级固定床生物净化池、紫外消毒池和集中增氧池3部分，二级固定床生物净化池生物滤料为立体弹性填料（比表面积约150 m^2/m^3；图2-38）。整个养殖系统配备2

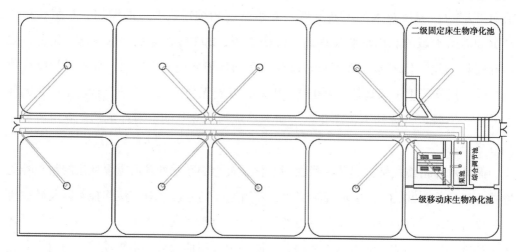

图2-38　凡纳滨对虾循环水养殖系统

Fig.2-38　Recirculating aquaculture system of *L. vannamei*

台3.0 kW、气压为39.2 kPa的罗茨鼓风机，满足对虾工厂化养殖6.0 mg/L以上的溶解氧和生物净化所需的溶解氧与曝气要求，养殖系统工艺流程如图2-39所示。养殖用水为天然海水，经沉淀、砂滤、调温、增氧处理后使用。

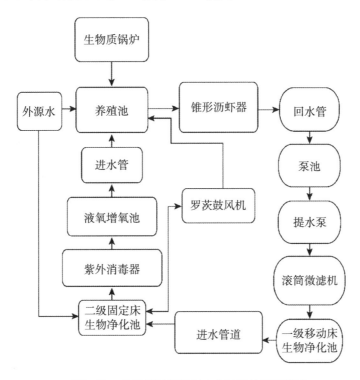

图2-39　凡纳滨对虾循环水养殖系统工艺流程

Fig.2-39　Process flow diagram of RAS for *L. vannamei*

（二）实验设计

实验凡纳滨对虾苗种由海南正泰一号水产种苗有限公司培育，实验于2020年10月16日开始，初始养殖密度为500尾/m³，虾苗平均体重为（0.6±0.1）g。各组养殖水循环量为6 h循环1次，每天4个循环，每天补充水量为水体的3%左右。根据对虾的生长情况，投喂不同颗粒大小的青岛正大农业发展有限公司生产的凡纳滨对虾配合饲料（粗蛋白≥42%、粗脂肪≥4%、粗纤维≥3%）。养殖实验初期22 d，投喂粒径为0.5 mm的配合饲料，22 d后，投喂粒径为1 mm的配合饲料，每天投喂4次，投喂时间分别为07：00、12：00、17：00和22：00，日投喂量为对虾体重的10%，养殖后期投饲率降至4%。

在养殖实验的第80天，采集一级移动床净化池水体（FMW）、二级固定床生物净化池水体（SIW）、养殖池水体（PC）以及多孔PE填料（FMB）、立体弹性填料（SIB）和对虾肠道（LVT）样品。在上午投喂4 h后，从每个处理池分别选择池中心以及周边两点采集水面以下50 cm处的水样500 mL，用0.22 μm聚碳酸酯过滤器过滤，滤膜放入无菌离心管-20℃冷冻保存用于分析微生物菌群结构，过滤后的水用于测水质指标；取一级移动床生物净化池多孔PE填料5片，取二级固定床生物净化池立体弹性填料10 cm，分别用500 mL纯净水进行振荡、抽滤，滤膜放入无菌离心管-20℃冷冻保存用于分析微生物菌群结构。分别从8个养殖池中随机挑选18尾对虾，采集肠道（LVT）样品，每池混合成3个样品放入无菌离心管，-20℃冷冻保存，用于分析微生物菌群结构。

（三）测定与计算方法

1. 水质指标

水体的水温、溶解氧、pH和盐度利用水质检测仪（YSI556，美国）测定；总氮（TN）、硝态氮（NO_3^--N）、亚硝态氮（NO_2^--N）和氨氮（NH_4^+-N）的浓度利用营养盐流动分析仪（Skalar，荷兰）测定。

2. 微生物菌群检测

水体和对虾实验样品中的微生物总DNA的提取采用TAB/SDS法进行，利用1%琼脂糖凝胶电泳检测样品的基因组DNA，检测出清晰的DNA条带，然后用NanoDrop 2000 c微量核酸检测仪NC20检测其DNA纯度，其OD260 nm/OD280 nm=1.9～2.0，符合Illumina MiSep测序要求。使用16S rDNA基因V4区带有barcode的特异引物对DNA进行PCR扩增，引物为515F（5'-GTGCCAGCMGCCGCGG-3'）和806R（5'-GGACTACHVGGGTWTCTAAT-3'）。PCR扩增在ABI GeneAmp®9700型PCR仪中进行。PCR反应体系为30 μL，包括DNA模板10 ng、15 μL Phusion® High-Fidelity PCR Master Mix、0.2 μmol/L正反向引物。PCR反应程序为98℃ 1 min；98℃10 s，50℃ 30 s，72℃ 60 s，30个循环；72℃ 5 min。PCR扩增产物经2%琼脂糖凝胶电泳检测，等比例混合后，利用GeneJET Gel Extraction Kit（Thermo Scientific）纯化回收目的片段。使用NEB Next® Ultra™ DNA Library Prep Kit for Illumina（NEB，美国）进行测序文库构建。测序文库经Qubit@ 2.0 Fluorometer（Thermo Scientific）和Agilent Bioanalyzer 2100 system检测合格后，在Illumina MiSeq平台进行测序。

3. 生物信息学分析

利用FLASH软件对基于barcode所得样品的有效序列进行质控过滤。使用UPARSE软件进行序列分析，并以≥97%的相似度定义操作分类单位（OTUs）。使用UCHIME软件确定嵌合序列。利用Mothur软件使用97%相似度的OTUs，利用R语言工具绘制所有微生物样本稀释曲线。使用Mothur软件根据Chao1、辛普森（Simpson）和香浓（Shannon）指数计算菌群α-多样性。使用R语言工具分析和绘制维恩（Venn）图，用于分析各组微生物样本共有和独有的OTUs数量。使用R软件包基于加权和非加权unifrac距离的主坐标进行降维分析（PCoA）评估菌群β-多样性。利用R语言工具在门和属水平上分别统计细菌群落相对丰度。利用Metastats软件分析各组细菌分类学的丰度差异。采用LEfSe软件，使用线性判别分析（LDA）效应大小（LEfSe）分析，对不同组内的生物标志物进行定量分析。根据各个OTU的丰度概况，使用Cytoscape软件构建菌群生态网络。使用RandomForest软件包进行RandomForest分析。生物信息学分析由明科生物技术（杭州）有限公司提供技术支持。

4. 数据分析

所得数据以平均值±标准误（Mean±SE）表示，采用SPSS 25.0软件进行方差分析（ANOVA）和多重比较（LSD法和Duncan法），$P<0.05$表示差异显著。

二、结果

（一）生物净化系统对养殖水体水质的影响

生物净化对循环水养殖系统水体无机营养盐和有机质含量的影响见表2-7。净化池和养殖池的水温保持在28.5℃左右，盐度为31左右，pH为7.8～8.2，溶解氧保持在5.0 mg/L以上，系统内各水处理单元间差异不显著（$P>0.05$）。二级固定床生物净化池（SIW）养殖水体中的NH_4^+-N和NO_2^--N浓度均显著低于一级固定床净化池（FMW）和养殖水池（PC）处理组（$P<0.05$），其浓度分别在0.85 mg/L和0.21 mg/L，FMW与PC处理组水体中NH_4^+-N和NO_2^--N的浓度差异不显著（$P>0.05$）。不同水处理单元的NO_3^--N、硅（Si）、TN、总磷（TP）的浓度差异不显著（$P>0.05$）。结果表明，不同生物净化处理对降低NH_4^+-N和NO_2^--N浓度具有显著差异。

表2-7　生物净化池及养殖池水质指标

Tab.2-7　Water quality of culture pond and biological purification unit

水质指标	系统单元		
	一级移动床净化池水体	二级固定床生物净化池水体	养殖池水体
水温/℃	28.4±0.3	28.3±0.2	28.6±0.2
盐度	31.0±0.2	31.5±0.1	29.6±0.1
pH	7.8±0.3	8.0±0.3	8.2±0.1
溶解氧/（mg/L）	5.2±0.4	5.4±0.2	5.0±0.1
NH_4^+-N/（mg/L）	（1.73±0.16）[a]	（0.85±0.09）[b]	（1.63±0.12）[a]

水质指标	系统单元		
	一级移动床净化池水体	二级固定床生物净化池水体	养殖池水体
$NO_2^--N/$（mg/L）	（0.56±0.11）[a]	（0.21±0.01）[b]	（0.47±0.03）[a]
$NO_3^--N/$（mg/L）	7.82±0.12	7.69±0.11	7.57±0.08
Si/（mg/L）	1.45±0.32	1.43±0.10	1.41±0.20
TN/（mg/L）	18.58±0.78	17.44±0.08	18.13±0.25
TP/（mg/L）	0.28±0.06	0.25±0.04	0.22±0.02

注：同一行数据上标不同字母表示组间差异显著（$P < 0.05$）。

（二）养殖系统菌群测序结果

经16S rDNA基因V4片段Illumina MiSeq测序并优化质控后，21个微生物样本共得1 296 349条有效序列，平均每个样本61 731条，长度主要在201~300 bp，平均为255 bp。基于97%相似性水平划分OTU的稀释曲线结果显示，每个样本测序深度超过50 000条reads，且曲线趋于平缓，表明对虾工厂化养殖系统的微生物测序深度已接近实际菌群情况，满足下一步分析需求。

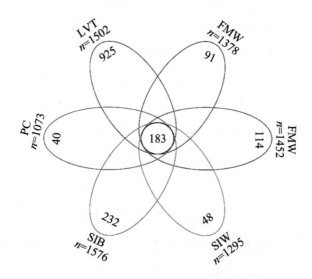

图2-40　养殖系统中水体、生物膜和肠道微生物菌群OTU维恩图

Fig.2-40　Venn diagram analysis of microbial with OTUs of water, biofilm and intestine

（三）微生物丰富度和多样性分析

基于对虾工厂化养殖系统菌群OTUs绘制Venn图（图2-40），用于分析各组OTU的相关性。结果显示，所有的微生物样品中共鉴定出8 276个OTU，所有的样品共有

的OTU为183个。生物净化载体样品（FMB、SIB）处理组中独有OTU数高于水体样品（FMW、SIW），其中SIB处理组最高（$P<0.05$）；对虾LVT处理组的独有OTU数量显著高于水体样品（FMW、SIW；$P<0.05$）。为了评估不同处理间微生物群落的α多样性，分析了Chao1、Shannon和Simpson指数，结果显示，SIB处理组的Chao1指数、Shannon指数显著高于对虾LVT处理组的指数（$P<0.05$）。（表2-8）

基于权重和非权重的PCoA分析各处理组微生物菌群β多样性，结果显示，不同净化池水体和生物膜样品与对虾肠道微生物之间表现出明显的差异（图2-41）。

表2-8 对虾循环水养殖系统和对虾肠道菌群α多样性分析

Tab.2-8 α-diversity of microbial of recirculating aquaculture system and intestine of shrimp

组别	α-多样性指数		
	丰富度指数	二级固定床生物净化池水体	养殖池水体
FMW	（1 263.67±203.64）[ab]	（4.08±0.21）[abc]	（0.05±0.003）[b]
SIW	（1 207.71±154.72）[ab]	（3.94±0.16）[abc]	（0.05±0.005）[b]
PC	（1 032.00±78.49）[b]	（3.87±0.06）[abc]	（0.05±0.004）[b]
FMB	（1 316.67±119.78）[ab]	（4.52±0.17）[ab]	（0.05±0.008）[b]
SIB	（1 473.33±50.89）[a]	（4.72±0.18）[a]	（0.04±0.012）[b]
LVT	（982.00±72.42）[b]	（3.40±0.41）[bc]	（0.15±0.052）[ab]

注：同一列数据上标不同字母表示组间差异显著（$P<0.05$）。

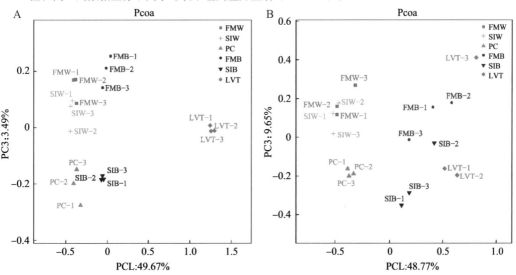

A. 权重unifrac分析 B. 非权重unifrac分析

图2-41 水体、生物膜和肠道微生物菌群PCoA分析

Fig.2-41 Principal coordinates analysis（PCoA）of microbial of water, biofilm and shrimp intestine

（四）对虾循环水养殖系统菌群结构分析

所有微生物样品中共鉴定出46个细菌门，其中水体和虾肠道中的优势门不同。水体（FMW、SIW、PC）中优势菌为变形菌门（Proteobacteria）、拟杆菌门（Bacteroidetes）和放线菌门（Actinobacteria），生物膜中优势菌为变形菌门、拟杆菌门、放线菌门和浮霉菌门（Planctomycetes），而对虾肠道优势菌为变形菌门、拟杆菌门和厚壁菌门（Firmicutes）。不同生物净化载体（FMB和SIB）中浮霉菌门以及硝化螺旋菌门的丰度显著高于其他处理组（$P < 0.05$）；对虾肠道（LVT）中变形菌门和厚壁菌门丰度显著高于水体和生物膜（$P < 0.05$），而放线菌门丰度显著低于水体和生物膜（$P < 0.05$）。（图2-42）

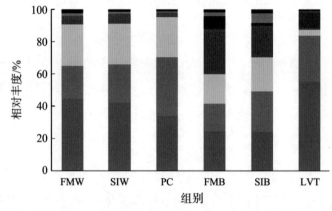

■ 变形菌门（Protcobactcria）　■ 疣微菌门（Vcrrucomicrobia）　■ 绿弯菌门（Chloroflcxi）
■ 拟杆菌门（Bacteroidetes）　■ 厚壁菌门（Firmicutes）　■ 其他
■ 放线菌门（Actinobacteria）　■ 硝化螺旋菌门（Nitrospirae）
■ 浮霉菌门（Planctomycetes）　■ 沙查里菌（Saccharibacteria）

图2-42　水体、生物膜和肠道中微生物菌群门水平相对丰度
Fig.2-42　Relative abundance of microbial of water, biofilm and shrimp intestine at the phyla level

在已鉴定的947个属中，可以看出某些菌属丰度在水体、生物膜和对虾肠道中存在明显差异。例如，弧菌属（*Vibrio*）在生物膜中丰度较低，而在水体（FMW、SIW）和肠道中丰度较高。从图2-43可以看出，一级净化水体中的弧菌属的丰度高于二级净化水体，而二级净化水体高于养殖水体，浮霉菌属（*Planctomyces*）的丰度在生物膜样品中比在水体和虾肠道中要高，乳酸杆菌属（*Lactobacillus*）的丰度在对虾肠道的丰度最高，在水体中丰度最低，但在水体中含量极低。FMW、SIW、FMB和SIB处理组中分枝杆菌属（*Mycobacterium*）的丰度均高于肠道，肠道中的短波单胞菌属（*Brevundimonas*）的丰度高于水体（FMW、SIW）和生物膜样品（FMB、SIB）中的丰度，LVT处理组中潘多拉菌属（*Pandoraea*）和叶杆菌属（*Phyllobacterium*）的丰度高于水体和生物膜（图2-43）。

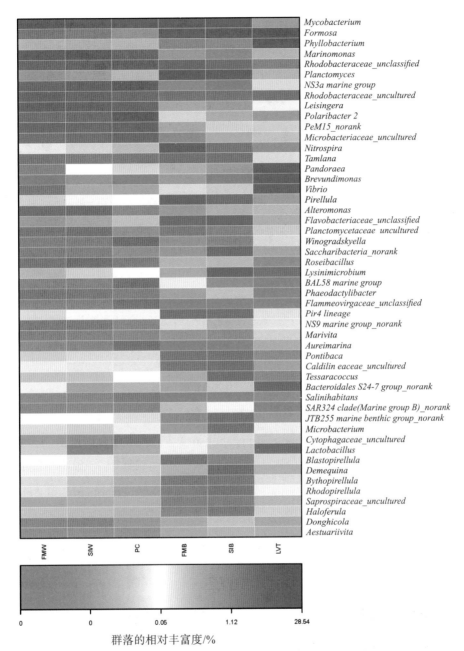

图2-43　水体、生物净化载体以及对虾肠道中微生物群落热图

Fig.2-43　Heatmap of the microbial communities in water, biofilm and shrimp intestine

（五）对虾循环水养殖系统菌群差异分析

分析了水体和生物膜菌群的相关性网络，结果显示，生物膜比水体具有更复杂的菌群网络。一级、二级生物滤池（FMW、SIW）中，变形菌门和绿菌门（Chlorobi）呈负相关，拟杆菌门和变形菌门呈负相关；厚壁菌门和浮霉菌门呈正相关。生物膜（FMB、SIB）中，变形菌门和硝化螺旋菌门（Nitrospirae）呈负相关，拟杆菌门和

浮霉菌门呈负相关（图2-44），且生物膜样品的微生物菌群相关性更加复杂。

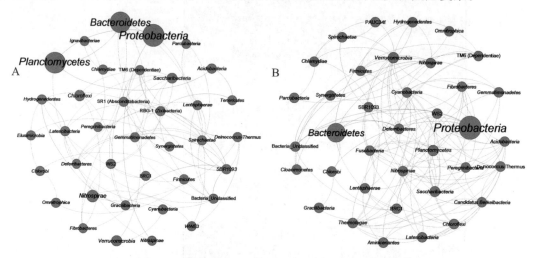

A：水体；B：生物净化载体；节点代表门，节点大小表示每个分类单元的相对丰度。两个节点之间的边表示相关性：绿色表示正相关性，红色表示负相关性

图2-44　基于细菌门水平的微生物群落关联网络分析

Fig.2-44　Relevance network analysis of microbial community based on the bacterial phylum level

（六）对虾循环水养殖系统菌群代谢功能预测

利用PICRUSt预测分析了菌群的KEGG功能，结果显示，各组菌群的代谢功能相似，均与"氨基酸代谢"（amino acid metabolism）、"碳水化合物代谢"（carbohydrate metabolism）、"膜运输"（membrane transport）、"复制与修复"（replication and repair）、"外源生物降解与代谢"（xenobiotics biodegradation and metabolism）和"能量代谢"（energy metabolism）等相关（图2-45）。

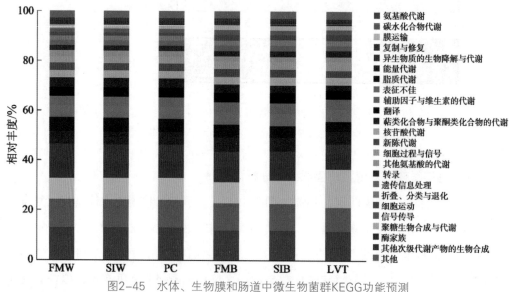

图2-45　水体、生物膜和肠道中微生物菌群KEGG功能预测

Fig.2-45　KEGG function analysis of microbial of water, biofilm and intestine

肠道菌群KEGG随机森林分析进一步表明，与LVT相比，其他几组样品的菌群"GnRH信号通路"（GnRH signaling pathway）、"细胞内吞"（endocytosis）、"生物合成"（betalain biosynthesis）、"聚糖生物合成"（N-glycan biosynthesis）、"1，1，1-三氯-2，2-二（4-氯苯基）乙烷（DDT）降解"［1,1,1-trichloro-2,2-bis（4-chlorophenyl）ethane（DDT）degradation］的功能升高了；但"转录相关蛋白"（transcription related proteins）、"磷酸转移酶系统"（phosphotransferase system）功能降低了（图2-46）。

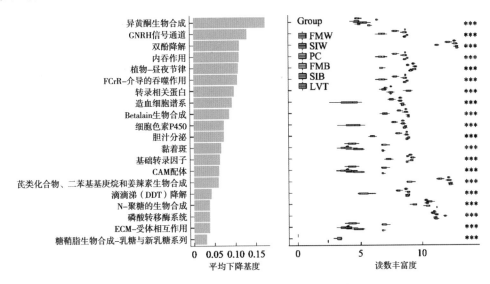

***表明各组之间存在极显著差异（$P<0.001$）

图2-46　对虾循环水养殖系统菌群KEGG随机森林gini图

Fig.2-46　Random forest KEGG classification of microbial shrimp RAS

三、讨论

生物净化在对虾工厂化循环水养殖系统中具有重要的作用（徐如卫等，2015）。本研究通过对比养殖水体和生物膜上的细菌群落结构组成发现，二者的细菌群落结构组成基本一致。目前，在人工水产养殖系统中，由于养殖密度高，投喂的饲料和粪便造成水中有毒的氨氮和亚硝酸盐浓度上升，水体中的硝化细菌通过硝化作用可将铵转变为亚硝酸盐、将亚硝酸盐转变为硝酸盐，因此硝化细菌在循环水系统扮演着十分重要的角色（安晓宇，2010）。本研究的各级生物滤池中亚硝酸盐含量相差不大，其浓度无明显的积累现象，养殖系统氨氮和亚硝酸盐浓度相对较低，且均在凡纳滨对虾安全养殖范围内，循环水养殖系统中水质状况良好。

微生物作为水生生态系统的重要组成部分，有助于保持水质的稳定和水生动物的健康状况（Raul等，2003）。对虾对营养物质的消化吸收依赖于肠道微生物群的稳定性，其失衡将直接影响到投喂饲料的利用、水产养殖环境的污染等问题（郁维娜等，2018）。因此，了解虾类养殖生态系统的微生物特征，建立有效的微生物调控策略，对于对虾工厂化养殖具有重要的作用。

本研究中发现变形菌门、放线菌门和拟杆菌门是养殖水体样品和生物膜样品中共同的优势细菌门类，这与以前对竺山湾和湖泊水体的浮游细菌的研究结果一致（Eiler等，2004；Tamaki等，2005；薛银刚等，2018），也与谭八梅等（2021）发现的辽宁长海刺参养殖池塘水体菌群同季节第一优势菌门均为变形菌门，次优势菌门为拟杆菌门相一致。且变形菌门在肠道中的丰度高于水体和生物膜，变形菌门是一种多功能细菌，在废水中具有很高的丰度，能够去除氮和磷，降解有机物和减少化学需氧量（Cottrell等，2000；Klase等，2019）。本研究中，变形菌门在肠道中的丰度高于水体，生物膜中丰度最低。放线菌可降解有机物，包括淀粉、蛋白质等大分子，并产生抗生素等抗菌物质（Wexler，2007；Zothanpuia等，2018）。本研究中，水体中放线菌门丰度很高，而在对虾肠道内含量较低，有利于养殖水体有机物和氮的分解。拟杆菌门包括拟杆菌纲、黄杆菌纲和鞘脂杆菌纲三大类，其中拟杆菌纲主要存在于动物肠道和粪便中，可有效促进碳水化合物的代谢（Shin等，2015）；而黄杆菌纲主要存在于水生环境中，鞘脂杆菌纲的重要类群为噬胞菌属（*Cytophaga*），在海洋细菌中占有较大比例，可降解纤维素。本研究中，拟杆菌门在水体、生物膜和肠道中的丰度差别不明显，但可以看出在养殖水体中含量较高。

本研究的生物膜样本中的浮霉菌门为最优势菌门。浮霉菌门细菌含有丰富的固氮菌群，它们能够在缺氧环境下利用亚硝酸盐和铵态氮、氧化铵离子生成氮气来获得能量，因此称作厌氧氨氧化菌，对全球氮循环具有重要意义，也是污水处理中重要的细菌（许志强，2006；安晓宇，2010）。本研究中浮霉菌门聚集在生物膜上，这有利于生物滤池对水中氨氮浓度的调控，使养殖水体的氨氮浓度保持在凡纳滨对虾健康养殖范围（王梦亮等，2001）。其次，本研究发现，硝化螺旋菌门也聚集于生物膜，Ori等（2008）对海水金头鲷（*Sparus aurata*）循环水养殖系统的移动床生物膜反应器的分析发现，在生物滤池中起硝化作用的是亚硝化单胞菌和硝化螺旋菌。本研究中生物膜样品中含有一定丰度的硝化螺旋菌门细菌，尤其在生物膜上的比例较高，明显高于其在水体样品中细菌群落的比例，表明硝化螺旋菌门细菌与对虾循环水养殖水的硝化作用有关。生物膜上聚集净化水质的有益菌，在生长代谢过程中可抑制水体中氨氮或亚硝酸盐氮的增加，间接预防疾病的发生，营造良好的生长环境。

本研究厚壁菌门主要富集在对虾的肠道，可有效吸收饵料中的能量（O'Sullivan 等，2002；Wexler，2007；Turnbaugh等，2009）。本研究中，厚壁菌门是对虾肠道的优势菌，这与Gillilland等（2012）和吴欢欢等（2019）的研究结果一致。厚壁菌门在肠道中定植，有利于对虾更有效地吸收饵料中的热量，促进肠道益生菌的合成。另外，作为厚壁菌门的主要分类纲，乳酸杆菌在肠道中的丰度也较高，这与李建柱等（2016）在研究鱼菜共生模式下不同鱼类肠道微生物的菌落结构时发现乳酸杆菌属为水体有益的优势菌群的研究结果一致，肠道乳酸杆菌有利于对虾对饲料营养物质的消化吸收。

研究发现，对虾循环水养殖系统中生物膜上的微生物的丰度以及多样性高于养殖水体，这可能是因为生物膜表面的孔隙、孔洞等有利于微生物的附着、固定，对附着微生物有屏障保护作用，从而出现生物膜功能性细菌种类聚集现象；另外，生物膜固定净化水质的有益菌与水体中不利于对虾生长的有害菌争夺营养，使一些对环境响应小的菌群种类减少（樊英等，2017）。循环水养殖系统的优势在于改善优势菌的丰度，抑制有害菌的定植，从而创造更加良好的养殖环境。研究发现，水体和生物膜中也含有一定量的弧菌、分枝杆菌等致病菌。因此，在对虾养殖过程中，需要进一步通过调控水环境和虾肠道中的病原菌含量，保证对虾健康养殖。

四、结论

生物净化在凡纳滨对虾循环水养殖系统中的应用可降低养殖系统中NH_4^+-N和NO_2^--N浓度，有效调控养殖水体水质指标。水体、生物膜以及对虾体内的优势菌群不同，变形菌和拟杆菌在水体、生物膜和肠道中均占优势，而浮霉菌主要聚集于生物膜，厚壁菌主要定植在肠道中，放线菌主要存在于水中。不同养殖环境微生物种类分布特征可为对虾循环水养殖微生物资源开发和养殖水质调控提供理论依据。

（宫晗，陈萍，秦桢，刘洋，高焕，李吉涛，李健，朱建新）

本章参考文献

安晓宇，2010. 污水处理过程中短程硝化的微生物生态调控技术研究［D］. 河北：河北科技大学.

鲍鹰，相建海，2001. 温度、盐度和pH对生物过滤器去除氨氮效率的影响［J］.

海洋科学，25（6）：42-43.

　　程海华，朱建新，曲克明，等，2015.有机碳源对循环水养殖系统生物滤池净化作用的研究进展［J］.渔业现代化，42（3）：28-32.

　　陈江萍，2010.海水循环水养殖系统中生物滤器污染物去除机理的初步研究［D］.青岛：青岛理工大学.

　　陈婧媛，朱秀慧，巩菲丽，等，2012.碳源对硝化细菌的影响研究［J］.燃料与化工，43（5）：41-42.

　　陈玲，白洁，赵阳国，等，2016.分离于河口区芦苇湿地1株好氧反硝化细菌的鉴定及其反硝化特性［J］.微生物学报，56（8）：1314-1325.

　　陈明康，李耕，潘玉洲，等，2020.南美白对虾工厂化养殖水环境变化分析［J］.河北渔业（10）：45-49.

　　陈绍铭，郑福寿，1985.水生微生物学实验法［M］.北京：海洋出版社.

　　成钰，李秋芬，费聿涛，等，2016.海水异养硝化-好氧反硝化芽孢杆菌SLWX_2的筛选及脱氮特性［J］.环境科学，37（7）：2681-2688.

　　蔡云龙，臧维玲，姚庆祯，等，2005.四种滤料去除氨氮的效果［J］.上海水产大学学报，14（2）：138-142.

　　邓贤山，周恭明，2003.硝化反应及其控制因素［J］.能源环境保护，17（2）：46-48.

　　傅雪军，马绍赛，朱建新，等，2011.封闭式循环水养殖系统水处理效率及半滑舌鳎养殖效果分析［J］.环境工程学报，5（4）：745-751.

　　樊英，王晓璐，李乐，等，2017.基于高通量测序的不同养殖系统下凡纳滨对虾肠道和水体中微生物的多样性［J］.广西科学院学报，33（4）：261-267.

　　管敏，李莎，张建明，等，2015.循环水养殖系统生物滤池自然挂膜启动及效果研究［J］.中国给水排水，31（1）：80-83.

　　高喜燕，傅松哲，刘缨，等，2009.循环海水养殖中生物滤器生物膜研究现状与分析［J］.渔业现代化，36（3）：16-20.

　　韩永和，章文贤，庄志刚，等，2013.耐盐好氧反硝化细菌A-13菌株的分离鉴定及其反硝化特性［J］.微生物学报，53（1）：47-58.

　　江涛，2013.温度对聚磷菌的影响特性研究［D］.西安：西安建筑科技大学.

　　罗国芝，鲁璐，杜军，等，2011.循环水养殖用水中反硝化碳源研究现状［J］.渔业现代化（3）：11-17.

李辉华，朱学宝，谭洪新，等，2005.闭合循环系统中固定化活性污泥降解氨氮的研究［J］.环境科学与技术，28（1）：16-18.

李建柱，侯杰，张鹏飞，等，2016.鱼菜共生模式中不同鱼类肠道微生物群落结构的比较［J］.南方水产科学，12（6）：42-50.

李玲玲，2006.高盐度废水生物处理特性研究［D］.青岛：中国海洋大学.

刘伶俐，宋志文，钱生财，等，2013.碳源对海水反硝化细菌活性的影响及动力学分析［J］.河北渔业（1）：6-9.

李梅，郑西来，李玲玲，2007.盐度对活性污泥驯化前后硝化特性的影响［J］.环境工程学报，1（10）：108-111.

李培，潘杨，2012.A～2/O工艺内回流中溶解氧对反硝化的影响［J］.环境科学与技术，35（1）：103-106.

李秋芬，傅雪军，张艳，等，2011.循环水养殖系统生物滤池细菌群落的PCR-DGGE分析［J］.水产学报，35（4）：579-586.

刘瑞兰，2005.硝化细菌在水产养殖中的应用［J］.重庆科技学院学报（自然科学版），7（1）：67-69.

刘鹰，2011.海水工业化循环水养殖技术研究进展［J］.中国农业科技导报，13（5）：50-53.

李迎全，2012.曝气生物滤池运行过程中影响因素的研究［D］.长春：吉林大学.

吕永哲，王增长，2010.碱性高锰酸盐指数测定的影响因素［J］.山西能源与节能（2）：57-61.

马放，任南琪，杨基先，2002.污染控制微生物学实验［M］.哈尔滨：哈尔滨工业大学出版社.

马放，王弘宇，周丹丹，2005.活性污泥体系中好氧反硝化细菌的选择与富集［J］.湖南科技大学学报（自然科学版）20（2）：80-83.

马悦欣，邵华，刘长发，等，2009.牙鲆海水循环养殖系统生物膜上3种细菌的数量与代谢活性［J］.中国水产科学，16（1）：97-103.

庞朝晖，张敏，张帆，2010.电极生物膜处理地下水中的硝酸盐氮实验研究［J］.水处理技术，36（5）：93-95.

齐巨龙，赖铭勇，谭洪新，等，2010.预培养生物膜法在海水循环水养殖系统中的应用效果［J］.渔业现代化（2）：14-18.

曲克明，2018.海水工厂化高效养殖体系构建工程技术［M］.北京：海洋出版社.

曲克明，徐勇，马绍赛，等，2007. 不同溶解氧条件下亚硝酸盐和非离子氨对大菱鲆的急性毒性效应［J］. 海洋水产研究，28（4）：83-88.

钱伟，陆开宏，郑忠明，等，2012. 碳源及 C/N 对复合菌群净化循环养殖废水的影响［J］. 水产学报，36（12）：1880-1890.

祁真，杨京平，刘鹰，2004. 封闭循环水养殖南美白对虾的水质动态研究［J］. 水利渔业，24（3）：37-39.

单宝田，王修林，赵中华，等，2002. 海水工厂化养殖废水处理技术进展［J］. 海洋科学，26（10）：36-38.

石驰，2007. 曝气生物滤池运行影响因素试验研究［D］. 镇江：江苏大学.

沈辉，万夕和，蒋葛，等，2017. 两株海洋异养好氧硝化-反硝化细菌的筛选，鉴定及能力测试［J］. 应用与环境生物学报，23（1）：157-163.

邵青，庄艳峰，王洪涛，等，2001. EM 脱除氨氮效果试验研究［J］. 武汉大学学报：工学版，34（2）：77-80.

谭八梅，王荦，裴泓霖，等，2021. 不同季节刺参养殖池塘水体菌群结构与功能特征研究［J］. 渔业科学进展，42（3）：77-88.

王冬波，2011. SBR 单级好氧生物除磷机理研［D］. 长沙：湖南大学.

王峰，雷霁霖，高淳仁，等，2013. 国内外工厂化循环水养殖模式水质处理研究进展［J］. 中国工程科学，15（10）：16-23.

王冠平，谢曙光，施汉昌，等，2003. 预处理生物滤池挂膜的影响因素［J］. 中国给水排水，19（13）：41-43.

吴欢欢，王伟继，吕丁，等，2019. 应用高通量测序技术分析大菱鲆幼鱼肠道及其养殖环境的微生物群落结构［J］. 渔业科学进展，40（4）：84-94.

魏海娟，张永祥，蒋源，等，2010. 碳源对生物膜同步硝化反硝化脱氮影响［J］. 北京工业大学学报（4）：506-510.

王丽丽，赵林，谭欣，等，2004. 不同碳源及其碳氮比对反硝化过程的影响［J］. 环境保护科学，30（1）：15-18.

王梦亮，马清瑞，梁生康，2001. 光合细菌对鲤养殖水体生态系统的影响［J］. 水生生物学报，25（1）：98-101.

农业农村部渔业渔政管理局，全国水产技术推广总站，中国水产学会，2021. 2020 中国渔业统计年鉴［M］. 北京：中国农业出版社.

王如才，俞开康，姚善成，等，2001. 海水养殖技术手册［M］. 上海：上海科学技术出版社.

王锐刚，2009.活性污泥法除磷动力学研究［D］.徐州：中国矿业大学.

王薇，蔡祖聪，钟文辉，等，2008.好氧反硝化细菌的研究进展［J］.应用生态学报，18（11）：2618-2625.

王威，曲克明，朱建新，等，2013.不同碳源对陶环滤料生物挂膜及同步硝化反硝化效果的影响［J］.应用与环境生物学报，19（03）：495-500.

王印庚，陈君，潘传燕，等，2013.鲆鲽类循环水养殖系统中病原菌的分布及杀除工艺［J］.渔业科学进展,34（3）：75-81.

王毓仁，1995.提高废水生物反硝化效果的理论和实践［J］.石油化工环境保护（2）：1-7.

王以尧，罗国强，张哲勇，等，2011.投喂频率对循环水养殖系统氨氮浓度的影响［J］.渔业现代化（1）：7-11.

韦宗敏，黄少斌，蒋然，2013.碳源对微生物硝酸盐异化还原成铵过程的影响［J］.工业安全与环保，38（9）：4-7.

许美玲，徐树兰，2010.微波消解法测定水中高锰酸盐指数的最佳条件［J］.广州化工，38（5）：169-171.

徐如卫，杨福生，俞奇力，等，2015.凡纳滨对虾循环水养殖可行性研究［J］.河北渔业，43（3）：25-28.

许文峰，李桂荣，汤洁，2007.不同碳源对缺氧生物滤池生物脱氮的试验研究［J］.吉林大学学报（地球科学版),37（1）：139-143.

薛银刚，刘菲，孙萌，等，2018.太湖竺山湾春季浮游细菌群落结构及影响因素［J］.环境科学，39（3）：1151-1158.

许志强，2006.固定化光合细菌在暗纹东方鲀养殖中的应用［D］.南京：南京师范大学.

杨殿海，章非娟，1995.碳源和碳氮比对焦化废水反硝化工艺的影响［J］.同济大学学报（自然科学版），23（4）：413-416.

袁慧，2010.膜生物反应器处理含盐污水的试验研究［D］.邯郸：河北工程大学.

郁维娜，戴文芳，陶震，等，2018.健康与患病凡纳滨对虾肠道菌群结构及功能差异研究［J］.水产学报，42（3）：399-409.

颜薇芝，郝健，孙俊松，等，2016.拉乌尔菌sari01的分离及其异养硝化好氧反硝化特性［J］.环境科学（7）：2673-2680.

张海杰，陈建孟，罗阳春，等，2005. 有机碳源和溶解氧对亚硝酸盐生物硝化的影响研究［J］. 环境污染与防治，27（9）：641-643.

张健龙，江敏，王城峰，等，2017. 凡纳滨对虾（*Litopenaeus vannamei*）循环水养殖塘挂膜式生物滤器内微生物的多样性［J］. 渔业科学进展，38（5）：73-82.

张金莲，吴振斌，2007. 水环境中生物膜的研究进展［J］. 环境科学与技术，30（11）：102-106.

张金莲，张丽萍，武俊梅，等，2009. 不同营养源对人工湿地基质生物膜培养液pH值的影响［J］. 农业环境科学学报，28（6）：1230-1234.

张龙，陈钊，汪鲁，等，2019. 凡纳滨对虾循环水养殖系统应用研究［J］. 渔业现代化，46（2）：7-14.

朱林，车轩，刘兴国，等，2019. 对虾工厂化养殖研究进展［J］. 山西农业科学，47（7）：1288-1290.

赵倩，曲克明，崔正国，等，2013. 碳氮比对滤料除氨氮能力的影响试验研究［J］. 海洋环境科学，32（2）：243-248.

张若琳，冯东向，张发旺，2006. 进水碳氮比对悬浮载体生物膜反应器运行特性影响的研究［J］. 勘察科学技术（4）：24-27.

张胜，袁慧，蒋晓昊，等，2010. 盐度对膜生物反应器去除污染物效果的影响［J］. 中国给水排水（5）：30-32.

章胜红，2006. 曝气生物滤池深度净化有机废水的研究［D］. 上海：东华大学.

张云，张胜，杨振京，等，2003. 不同碳源强化地下水中生物脱氮模拟试验研究［J］. 地理与地理信息科学，19（1）：66-69.

郑赞永，胡龙兴，2006. 低溶解氧下生物膜反应器的亚硝化研究［J］. 环境科学与技术，29（9）：29-31.

中华人民共和国国家质量监督检验检疫总局、中国国家标准化管理委员会，2007. 海洋监测规范 第4部分：海水分析：GB17378.4-2007［S］. 北京：中国标准出版社.

bink W, Garcia A B, Roques J A C, et al., 2012. The effect of temperature and pH on the growth and physiological response of juvenile yellowtail kingfish *Seriola lalandi* in recirculating aquaculture systems［J］. Aquaculture, 330: 130-135.

Antoniu P, Hamilton J, Koopman B, et al., 1990. Effect of temperature and pH on the effective maximum specific growth rate of nitrifying bacteria［J］. Water Research, 24（1）:

97-101.

Bonin P, Omnes P, Chalamet A, 1998. Simultaneous occurrence of denitrification and nitrate ammonification in sediments of the French Mediterranean Coast [J]. Hydrobiologia, 389 (1): 169-182.

Chen F, Xia Q, Ju L K, 2003. Aerobic denitrification of *Pseudomonas aeruginosa* monitored by online NAD (P) H fluorescence [J]. Applied and Environmental Microbiology, 69 (11): 6715-6722.

Chen S, Ling J, Blancheton J P, 2006. Nitrification kinetics of biofilm as affected by water quality factors [J]. Aquacultural Engineering, 34 (3): 179-197.

Cornejo-Granados F, Gallardo-Becerra L, Leonardo-Reza M, et al., 2018. A meta-analysis reveals the environmental and host factors shaping the structure and function of the shrimp microbiota [J]. Peer Journal, 6: e5382.

Cottrell M T, Kirchman D L, 2000. Natural assemblages of marine proteobacteria and members of the Cytophaga-Flavobacter cluster consuming low-and high-molecular-weight dissolved organic matter [J]. Applied and Environmental Microbiology, 66 (4): 1692-1697.

Dalsgaard T, Bak F, 1994. Nitrate reduction in a sulfate-reducing bacterium, *Desulfovibrio desulfuricans*, isolated from rice paddy soil: sulfide inhibition, kinetics, and regulation [J]. Applied and Environmental Microbiology, 60 (1): 291-297.

Eiler A, Bertilsson S, 2004. Composition of freshwater bacterial communities associated with cyanobacterial blooms in four Swedish lakes [J]. Environmental Microbiology, 6 (12): 1228-1243.

Fan L, Wang Z, Chen M, et al., 2019. Microbiota comparison of Pacific white shrimp intestine and sediment at freshwater and marine cultured environment [J]. Science of the Total Environment, 657: 1194-1204.

Fazzolari é, Nicolardot B, Germon J C, 1998. Simultaneous effects of increasing levels of glucose and oxygen partial pressures on denitrification and dissimilatory nitrate reduction to ammonium in repacked soil cores [J]. European Journal of Soil Biology, 34 (1): 47-52.

Ferguson S J ,1994. Denitrification and its control [J]. Antonie van Leeuwenhoek, 1994, 66 (1): 89-110.

Frette L, Gejlsbjerg B, Westermann P, 1997. Aerobic denitrifiers isolated from an alternating activated sludge system [J]. FEMS Microbiology Ecology, 24（4）: 363-370.

Gillilland Ⅲ M G, Erb-Downward J R, Bassis C M, et al., 2012. Ecological succession of bacterial communities during conventionalization of germ-free mice [J]. Applied and Environmental Microbiology, 78（7）: 2359-2366.

Hunt A P, Parry J D, 1998. The effect of substratum roughness and river flow rate on the development of a freshwater biofilm community [J]. Biofouling, 12（4）: 287-303.

Ji B, Wang H, Yang K, 2014. Nitrate and COD removal in an upflow biofilter under an aerobic atmosphere [J]. Bioresource Technology, 158: 156-160.

Kelso B, Smith R V, Laughlin R J, et al., 1997. Dissimilatory nitrate reduction in anaerobic sediments leading to river nitrite accumulation [J]. Applied and Environmental Microbiology, 63（12）: 4679-4685.

Kim M, Jeong S Y, Yoon S J, et al., 2008. Aerobic denitrification of *Pseudomonas putida* AD-21 at different C/N ratios [J]. Journal of Bioscience and Bioengineering, 106（5）: 498-502.

Klase G, Lee S, Liang S, et al., 2019. The microbiome and antibiotic resistance in integrated fishfarm water: Implications of environmental public health [J]. Science of the Total Environment, 649: 1491-1501.

KÖrner H, Zumft W G, 1989. Expression of denitrification enzymes in response to the dissolved oxygen level and respiratory substrate in continuous culture of *Pseudomonas stutzeri* [J]. Applied and Environmental Microbiology, 55（7）: 1670-1676.

Kong Q X, Li J W, Wang X W, et al., 2005. A new screening method for aerobic denitrification bacteria and isolation of a novel strain [J]. Chinese Journal of Applied Environ mental Biology, 11（2）: 222-225.

Kucera I, Matyasek R, 1989. Aerobic adaptation of Paracoccus denitrificans: sequential formation of denitrification pathway and changes in continuous culture of *Pseudomonas stutter* [J]. Applied and Environmental Microbioligy, 55: 1670-1676.

Laanbroek H J, Gerards S, 1993. Competition for limiting amounts of oxygen between *Nitrosomonas europaea and Nitrobacter winogradskyi* grown in mixed continuous cultures [J]. Archives of Microbiology, 159（5）: 453-459.

Lahav O, Massada I B, Yackoubov D, et al., 2009. Quantification of anammox activity in a denitrification reactor for a recirculating aquaculture system ［J］. Aquaculture, 288（1-2）: 76-82.

Lee L Y, Ong S L, Ng W J, 2004. Biofilm morphology and nitrification activities: recovery of nitrifying biofilm particles covered with heterotrophic outgrowth ［J］. Bioresource Technology, 95（2）: 209-214.

Leonard N, Blancheton J P, Guiraud J P, 2000. Populations of heterotrophic bacteria in an experimental recirculating aquaculture system ［J］. Aquacultural Engineering, 22（1-2）: 109-120.

Liu Y, Gan L, Chen Z, et al., 2012. Removal of nitrate using *Paracoccus* sp. YF1 immobilized on bamboo carbon ［J］. Journal of Hazardous Materials, 229: 419-425.

Ludzack F J, Noran D K, 1964. Tolerance of high salinities by conventional wastewater treatment processes ［J］. Journal（Water Pollution Control Federation）: 1404-1416.

Lukow T, Diekmann H, 1997. Aerobic denitrification by a newly isolated heterotrophic bacterium strain TL1 ［J］. Biotechnology Letters, 19（11）: 1157-1159.

Meiberg J B M, Bruinenberg P M, Harder W, 1980. Effect of dissolved oxygen tension on the metabolism of methylated amines in Hyphomicrobium X in the absence and presence of nitrate: evidence for 'aerobic' denitrification ［J］. Journal of General Microbiology, 120（2）: 453-463.

Michaud L, Blancheton J P, Bruni V, et al., 2006. Effect of particulate organic carbon on heterotrophic bacterial populations and nitrification efficiency in biological filters ［J］. Aquacultural Engineering, 34（3）: 224-233.

Mook W T, Chakrabarti M H, Aroua M K, et al., 2012. Removal of total ammonia nitrogen（TAN）, nitrate and total organic carbon（TOC）from aquaculture wastewater using electrochemical technology: a review ［J］. Desalination, 285: 1-13.

O'Sullivan L A, Weightman A J, Fry J C, 2002. New degenerate Cytophaga-Flexibacter-Bacteroides-specific 16S ribosomal DNA-targeted oligonucleotide probes reveal high bacterial diversity in River Taff epilithon ［J］. Applied and Environmental Microbiology, 68（1）: 201-210.

Percival S L, Knapp J S, Edyvean R G J, et al., 1998. Biofilms, mains water and stainless steel ［J］. Water Research, 32（7）: 2187-2201.

Piedrahita R H, 2003. Reducing the potential environmental impact of tank aquaculture effluents through intensification and recirculation [J] . Aquaculture, 226（1−4）: 35−44.

Polcyn W, Luciń ski R, 2003. Aerobic and anaerobic nitrate and nitrite reduction in free-living cells of *Bradyrhizobium* sp.（Lupinus）[J] . FEMS Microbiology Letters, 226（2）: 331−337.

Rao T S, Rani P G, Venugopalan V P, et al., 1997. Biofilm formation in a freshwater environment under photic and aphotic conditions [J] . Biofouling, 11（4）: 265−282.

Robertson L A, Kuenen J G, 1984. Aerobic denitrification: a controversy revived [J] . Archives of Microbiology 139（4）: 351−354.

Rungrassamee W, Klanchui A, Maibunkaew S, et al., 2016. Bacterial dynamics in intestines of the black tiger shrimp and the Pacific white shrimp during *Vibrio harveyi* exposure [J] . Journal of Invertebrate Pathology, 133: 12−19.

Shin N R, Whon T W, Bae J W, 2015. Proteobacteria: microbial signature of dysbiosis in gut microbiota [J] . Trends in biotechnology, 33（9）: 496−503.

Simon J, 2002. Enzymology and bioenergetics of respiratory nitrite ammonification [J] . FEMS Microbiology Reviews, 26（3）: 285−309.

Skrinde J R, Bhagat S K, 1982. Industrial wastes as carbon sources in biological denitrification [J] . Journal（Water Pollution Control Federation）: 370−377.

Stewart M J, Ludwig H F, Kearns W H, 1962. Effects of varying salinity on the extended aeration process [J] . Journal（Water Pollution Control Federation）, 34（11）: 1161−1177.

Suzuki M, 1997. Role of adsorption in water environment processes [J] . Water Science and Technology, 35（7）: 1−11.

Takaya N, Catalan−Sakairi M A B, Sakaguchi Y, et al., 2003. Aerobic denitrifying bacteria that produce low levels of nitrous oxide [J] . Applied and Environmental Microbiology, 69（6）: 3152−3157.

Tamaki H, Sekiguchi Y, Hanada S, et al., 2005. Comparative analysis of bacterial diversity in freshwater sediment of a shallow eutrophic lake by molecular and improved cultivation-based techniques [J] . Applied and Environmental Microbiology, 71（4）: 2162−2169.

Turnbaugh P J, Hamady M, Yatsunenko T, et al., 2009. A core gut microbiome in obese and lean twins [J] . Nature, 457（7228）: 480−484.

Wang P, Yuan Y, Li Q, et al., 2013. Isolation and immobilization of new aerobic denitrifying bacteria [J] . International Biodeterioration & Biodegradation, 76: 12−17.

Wexler H M, 2007. Bacteroides: the good, the bad, and the nitty-gritty [J] . Clinical Microbiology Reviews, 20（4）: 593−621.

Wimpenny J, 1996. Ecological determinants of biofilm formation [J] . Biofouling, 10（1−3）: 43−63.

Yin S X, Chen D, Chen L M, et al., 2002. Dissimilatory nitrate reduction to ammonium and responsible microorganisms in two Chinese and Australian paddy soils [J] . Soil Biology and Biochemistry, 34（8）: 1131−1137.

Zheng H Y, Liu Y, Gao X Y, et al., 2012. Characterization of a marine origin aerobic nitrifying-denitrifying bacterium [J] . Journal of Bioscience and Bioengineering, 114（1）: 33−37.

Zothanpuia, Ajit K P, Vincent V L, et al., 2018. Correction to: Bioprospection of actinobacteria derived from freshwater sediments for their potential to produce antimicrobial compounds [J] . Microbial Cell Factories, 17（1）: 1−14.

第三章
养殖水净化处理技术优化

工厂化循环水养殖水处理的核心是生物净化，即以生物膜培养和维护作为有机质和氮磷污染物移除的主要手段。目前在循环水养殖系统通用的好氧生物滤池可以将对养殖生物有害的铵态氮和亚硝态氮转化为毒性较低的硝态氮，但硝态氮的移除较为困难，这往往造成养殖系统中硝酸盐持续积累。因此，有必要研发和应用反硝化技术来处理循环水养殖系统中的硝酸盐。

此外，在循环水养殖系统运行时，往往存在水处理效果不稳定和尾水中污染物超标的问题。电化学水处理技术是在外加电场作用下，通过一系列的物理、化学反应，使污染物分解转化，具有反应速率快、去除效果稳定的特点，特别是在海水净化处理中有明显优势。

笔者近年来针对上述两种水净化处理技术开展了大量实验研究，初步揭示了好氧反硝化反应器对养殖尾水的脱氮性能及其动力学特征，以及水力停留时间对厌氧反硝化反应器脱氮效果的影响；同时，也探究了电化学技术对循环水养殖系统中三态氮、有机物、细菌的综合去除效果及运行能耗，通过实验验证了利用电化学同步法去除循环水养殖系统中氨氮和硝酸盐的技术可行性，并采用响应面分析法对硝酸盐的去除进行了优化分析，显著提高了养殖水体的脱氮效率。

第一节　电化学水处理技术在海水循环水养殖中的应用研究

高消耗和低效率一直是水产养殖发展中面临的主要问题。传统水产养殖业资源利用率低，粗放式的发展造成了局部环境和水污染；据计算，投喂1 kg饲料的最大换水量达到50m³，巨大的水资源消耗已严重偏离了绿色、可持续的发展理念（FAO，2016；丁建乐等，2011）。

循环水养殖是一种新型养殖模式，具有自动化水平高、产品品质好的优势，是生态养殖理念和高效养殖技术的结合，是传统养殖向集约化、现代化生产模式的转变。循环水水处理的核心环节是通过生物净化完成对氨氮等污染物的去除，常见的方式主要有硝化反硝化、鱼菜共生、生物絮团等。现阶段应用最广泛的是硝化与反硝化技术，即依靠生长在填料表面的硝化细菌将氨氮、亚硝酸盐氮等转化为相对无毒的硝酸盐氮，减少水质波动对养殖生物的影响。但生物净化效果往往不稳定，不仅受环境条件影响较大而且很难完全去除水中污染物，尤其是无机氮（TAN、NO_2^-、NO_3^-的总和）含量远远超过养殖尾水的排放标准。

一、养殖水的氮处理技术

（一）氮污染物的来源及种类

氮是生物生长发育中不可或缺的一类营养物质，但过量的氮投入往往导致水体富营养化。养殖过程中使用的肥水物质（猪粪、鸭粪）和生物饵料是氮污染物的主要来源，同时生物代谢产物以氨和尿素等形式排到水中，氮营养素无法被养殖生物有效利用进而导致环境污染。

循环水养殖系统单位水体养殖密度高，生物代谢产物不断排入水中，加上缺乏精准投喂技术，往往会导致饲料利用率偏低，系统中的残饵和代谢废物累积，导致水体中氮含量的升高。Evans等（2005）报道了循环水养殖中，每生产1 t大西洋鲑向水体中输入的氮元素高达100 kg。由于循环水养殖系统日常运行时的日换水量仅为3%～5%（朱建新等，2014），因此营养盐更容易在系统中积累，其浓度一般高于传统养殖模式，特别是养殖后期的硝酸盐浓度能达到100 mg/L以上（侯志伟等，2017）。

（二）氮污染物的危害

1. 氮污染物对生态环境的影响

我国池塘养殖和海水网箱养殖每年向水体中排放的总氮分别达45万t和3.7万t（程序，2009）。携带大量污染物的养殖尾水进入江河湖海中会带来一系列的环境问题：① 营养盐浓度超标，远远大于自然净化能力，造成水体富营养化，加剧赤潮（有害水华）暴发的风险；② 养殖中使用的药物，如抗生素类会使水域中的细菌产生耐药性，而杀虫剂类会威胁自然水中浮游生物的生长；③ 对沿岸滩涂及红树林系统造成破坏，打破当地原有的生态平衡（胡海燕，2007）。

2. 氮污染物对养殖生物的影响

氮污染物的随意排放不仅会对水域生态产生危害，同时还不可避免地威胁养殖业本身的健康发展。传统的水产养殖场一般都集中在港湾和滩涂区域，水体交换量有限，排放的废水有可能在短时间内再次回到养殖池，影响养殖水质以及养殖生物的正常生长。此外，水体中的病原微生物也增加了养殖生物发病的风险。

循环水养殖密度高、投喂量大，饲料经微生物分解后会产生大量的氨氮。氨氮对水生动物有剧毒性，水体中的氨氮超过一定量会损伤鱼类的表皮和鳃，造成酶活系统的紊乱，严重时还会对中枢神经系统产生影响（徐勇等，2006；郭迪，2016）。一般情况下，水体中的氨氮在硝化细菌的作用下逐步被氧化产生硝酸盐，但环境的改变可能导致中间产物亚硝酸盐含量的升高。据Siikavuopio和Sæther（2006）报道，当亚硝酸盐含量大于1 mg/L时，鱼类生长速率会明显下降，严重时导致养殖生物的大量死亡。亚硝酸盐对鱼类产生毒害作用的原因是当其进入血液后，迅速将亚铁血红蛋白氧化为高铁血红蛋白，使血液运氧功能受到影响。此外，在亚硝酸盐胁迫条件下，鱼类的非特异性免疫功能被抑制，增加了疾病发生的风险（Kroupova等，2005）。在水族馆和循环水养殖系统中，一般将NO_3^--N浓度控制在50 mg/L以下，但在一些高密度养殖系统中NO_3^--N则可累积到500 mg/L（罗国芝等，2011）；而一般鱼类对硝酸盐的耐受程度远低于此，125 mg/L的NO_3^--N就会对海水鱼类产生毒害作用。与此同时，关于养殖尾水排放的国际标准和国内标准也不允许高浓度的氮排放，例如欧盟（European Council Directive, 1998）养殖尾水排放标准要求NO_3^--N浓度不超过11.3 mg/L（van Rjn等，2006）。

因此，考虑到高浓度硝酸盐对养殖生物的潜在影响，以及环境保护要求，有必要针对循环水养殖研发高效、节能、低成本的脱氮技术。不过，由于现有的反硝化水处理工艺在处理能力和处理效率方面尚存在一些问题，目前国内的循环水养殖系统较少应用专门的反硝化设备，这就有可能会导致养殖后期系统内硝酸盐浓度不断升高。因此，利用各种生物与非生物的脱氮技术来进一步净化养殖水质，就成为目前研究的热点问题之一。

（三）水体脱氮技术

氮是地球生命的必需元素，而硝化和反硝化则是氮元素利用与分解转化的关键过程。如前所述，将氨氮转化为亚硝酸盐和硝态氮也是循环水养殖水质净化的关键过程之一。Daims等（2015）发现有许多亚硝酸盐氧化菌（nitrite-oxidizing bacteria，NOB）也能同时氧化氨氮，因此这类菌也被称作全程硝化细菌（comammox）。它们可以同时完成亚硝化和硝化反应，具有重要的生态学功能。全程硝化细菌的发现为生物脱氮技术的发展提供了新思路。参考Daims等（2016）的研究，笔者对养殖水体中氮的来源与转化的关键过程描述如图3-1。可以看出，亚硝酸盐是氮生物地球化学循环的关键中间体，在氨氮转化为硝态氮，以及硝态氮转化为氮气的过程中，都是必经的过程；亚硝酸盐被氧化还是固定，决定了氮的去处。

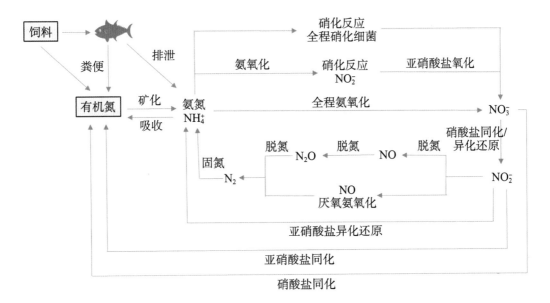

图3-1　氮在养殖水体中的转化

Fig.3-1　Nitrogen transformation in water

目前常规的脱氮方法有生物法（传统生物硝化反硝化法、短程硝化反硝化法、厌氧氨氧化、植物修复法）和物理化学法（电渗析法、空气吹脱法、沸石吸附法、絮凝沉淀法、折点氯化法、离子交换法）等（梁刘艳和汪苹，2001；杜丽和冯秀娟，2011）。

1. 传统生物脱氮技术

生物脱氮是循环水养殖中应用最为广泛的技术，通过生物净化池中硝化细菌及反硝化细菌的协同作用,最终将氮污染物转化为氮气。现阶段应用于循环水养殖的生物净化工艺很多,如滴滤塔、流化床和浸没式生物滤池都是采用此类方法进行脱氮;不过,这些工艺都是在有氧条件下进行的硝化反应,其厌氧反硝化过程受到一定的限制。

根据图3-1,水产养殖废水中的氮循环关键过程包括在硝化细菌的作用下将氨氮转化成亚硝酸盐和硝酸盐,然后在反硝化细菌的作用下,在缺氧(或无氧)条件下将硝酸盐还原为氮气,其主要生化反应式如下:

$$2NH_4^+ + 3O_2 \longrightarrow 2NO_2^- + 2H_2O + 4H^+$$

$$2NO_2^- + O_2 \longrightarrow 2NO_3^-$$

$$6NO_3^- + 5CH_3OH \longrightarrow 3N_2 + 5CO_2 + 7H_2O + 6OH^-$$

2. 新型生物脱氮技术

近年来发现了多种新型脱氮途径,如厌氧氨氧化、同步硝化反硝化、短程反硝化等。

(1)厌氧氨氧化:脱氮反应过程中不需要额外添加碳源,利用体系内存在的亚硝酸盐作为电子受体,铵作为电子供体生成氮气,离子反应式如式为

$$NH_4^+ + NO_2^- \longrightarrow N_2 \uparrow + H_2O$$

付丽霞等(2010)通过对厌氧氨氧化反应条件的优化,亚硝酸盐去除率达100%,氨氮去除率93%。此外,厌氧氨氧化和其他技术联合使用也有良好的处理效果,陈国燕等(2018)报道了厌氧氨氧化结合反硝化技术的联用,污水总氮去除率可达到96.42%。

(2)同步硝化反硝化:水处理过程中,硝化反应需要在好氧环境中进行,而反硝化反应在缺氧条件下完成,同步硝化反硝化(SND)是一个反应器中将两种反应同时进行,在外部水层硝化细菌属把氨氮逐步氧化为硝酸盐氮,随后硝酸盐氮向生物膜内部厌氧层传递,在缺氧条件下被还原成氮气。刘晓斐等(2019)利用城市河道污水作为研究对象,发现随着化学需氧量与氮的比例提高,SND反应速率逐渐加快,水中总氮去除率为48%,曹勇锋等(2018)利用SND反应对模拟污水进行处理,水中氨氮和TN的去除率均达到98%。

(3)短程硝化反硝化:该法将水中的氨氧化,使其停留在亚硝酸盐的阶段,随后在外加碳源的条件下,亚硝酸盐直接通过反硝化生成氮气,离子反应式如下:

$$NH_4^+ + 1.5O_2 \longrightarrow NO_2^- + H_2O + 2H^+$$

$$6NO_2^- + 3CH_3OH \longrightarrow 3N_2 \uparrow + 3CO_2 \uparrow + 3H_2O + 6OH^-$$

乌兰等(2017)利用短程硝化反硝化处理海水养殖废水,氨氮去除率超过90%。

3. 生物脱氮存在的问题

目前，在工厂化循环水养殖系统中普遍采用生物净化工艺，该工艺技术存在如下问题：

（1）效率低：需要在系统中构建水体相对较大的生物滤池，因而降低了车间内的有效养殖水体，系统运行及维护成本也相应提高；

（2）培养难：生物膜的培养一般采用自然挂膜，培养生物膜用时较长，且培养和维护的技术难度大；

（3）易衰败：生物膜上的微生物群落较为脆弱，其新陈代谢和生长受温度、溶解氧等条件影响较大，低温和供氧不足往往导致处理效率偏低，而温度和水质指标突变还会造成生物膜衰败脱落；

（4）功能不足：生物膜功能单一，只能转化水中部分有机物和无机盐，脱氮能力容易受到环境条件的限制，且无法去除水中悬浮颗粒、重金属及病原菌（需要配备其他处理设备与技术）；

（5）无法克服杂菌和致病菌：虽然生物滤池中的主要功能菌群为硝化细菌，但其中也存在大量异养细菌，其代谢产物二甲基异莰醇（MIB）等在很大程度上会影响水产品的品质；同时，在水质指标异常波动的情况下，有可能导致条件致病菌暴发，并影响养殖生物的生长。

4. 物理化学法脱氮

物理化学法脱氮主要是利用物理化学反应将无机氮从体系中移除。针对水体中氨氮的去除，常见的物理化学方法有电渗析法、空气吹脱法、沸石吸附法、絮凝沉淀法、折点氯化法、离子交换法等。空气吹脱法是将水体pH调节至碱性，使NH_4^+转化为NH_3后再通入空气，气液的充分接触将氨从溶液内移除。折点氯化法是向含氮废水中通入Cl_2，在Cl_2到达一定浓度时，体系内游离氯浓度最低，此时氨全部被氧化，继续通入氯气会使游离氯浓度升高，通过控制Cl_2输入量，利用游离氯最低点将氨进行氧化的技术。絮凝沉淀法，也叫化学沉淀法，是向溶液中加入PO_4^{3-}和Mg^{2+}，与废水里的NH_4^+结合产生难溶的结晶物（$MgNH_4PO_4 \cdot 6H_2O$），进而再通过沉淀的方式收集废水中氮和磷。化学沉淀法的优点在于可以同步去除水中氮磷元素，避免营养盐对环境的影响，但该方法需要外加试剂，易造成水体污染并且无法回收利用，所以不适合应用于循环水养殖。

针对饮用水中的硝酸盐去除，常见的物理化学方法有膜分离技术、金属还原法、催化还原法和吸附法等（张彦浩等，2009；张立辉等，2010）。膜分离技术包括反渗透（reverse osmosis, RO）、电渗析（electrodialysis, ED）和电去离子（electrodeionization, EDI）技术（张立辉等，2010）。其中，反渗透法以压力差作为动力，仅允许水分子穿过半透膜，而硝酸盐被截留在另一侧，从而达到去除硝酸盐的目的。反渗透法具有脱硝效果好、易于自动控制等优点，可满足各种规模供水需求，但反渗透会产生大量浓缩污染水，必须妥善处理或处置。

物理吸附技术是通过分子间作用力将污染物从水中转移到吸附剂的表面而加以去除，吸附材料主要有离子交换树脂、磷酸酯型树脂、活性碳、胺改性椰壳、海泡石和竹子烧制的活性炭等（张彦浩等，2009）。离子交换（ion exchange, IE）技术原理是含硝酸盐的水通过充填有阴离子交换树脂的树脂床，硝酸盐被氯离子或碳酸氢根离子交换，直到树脂的交换容量耗尽。离子交换法具有投资小、运行管理简便的优点，比较适合中小规模供水需求；但其再生废液的处理或处置非常困难。

上述几种方法虽然在技术上可行，且部分方法已经在饮用水净化处理当中适度应用，但由于费用高昂、水处理量有限或者废液处置困难等问题，都难以在水产养殖当中应用。臭氧氧化是利用臭氧的强氧化特性去除水体中的氨氮、亚硝酸盐，同时还能够起到杀菌和改善水色的作用。近年来，一些工厂化循环水养殖系统已经使用了臭氧发生设备对水体进行脱氮消毒。但是，由于海水成分复杂，对臭氧使用量以及不同规格的鱼对臭氧耐受度目前尚缺乏足够的科学数据指导，臭氧消毒法的使用受到一定限制。此外，如何有效避免水体中残余氧化剂（TRO）对养殖生物的潜在危害，还需要更多实验研究。例如，Pumkaew等（2021）研究发现残留臭氧浓度（residual ozone concentration, ROC）的适宜剂量为0.3 mg/L，这一浓度既可以控制致病菌副溶血性弧菌（VP）数量在较低水平，又能最大限度地减少对循环水养殖系统内养殖生物和生物膜中硝化细菌活性的不良影响。

从总体而言，物理化学处理法只是将污染物从水体中转移，并未实现污染物的降解或去除，还需要辅助额外的处理手段，因此在养殖水处理中较少应用。

二、电化学处理技术

（一）电化学处理的优势

随着水产养殖业集约、节约化发展，养殖尾水治理与循环利用越来越受到关注，必须采取切实有效的方法去除水中的污染物。因此，探索新型高效水处理技术势在必行。近年来，电化学理论的逐渐完善以及新电极材料的研发为养殖废水的综合处理提供了新方法。相较于传统的物理化学脱氮（电渗析、离子交换）、生物净化等处理方式，电化学技术有着如下优点：① 处理效果稳定，不受气候和温度等环境条件影响；② 电化学技术的启动时间短且反应迅速；③ 海水中存在的氯离子有良好的导电性，可降低运行能耗；④ 可以将氨氮直接氧化为N_2并移除；⑤ 电解产生的活性氧等物质还可实现杀菌消毒、除臭等；⑥ 总体水处理费用较低（Ben-Asher和Lahav，2016）。因此，电化学方法在水产养殖尾水治理方面具有十分广阔的应用前景。

（二）理论依据

电化学水处理技术是在外加电场的作用下，通过一系列物理、化学反应使污染物分解转化，实现污染物的最终去除。污水电化学脱氮除磷技术由于具有高效、安全、避免了化学物质的直接投加、无须使用微生物、反应速度快、容易操作、容易实现自动化控制等优点，逐渐得到人们的重视（郑向勇等，2010）。在污水处理领域应用较为广泛的电化学技术主要有电化学氧化、电絮凝、电化学还原及电解消毒等。

1. 电化学氧化技术

电化学对污染物的氧化可分为直接法和间接法。直接氧化是污染物被吸引到电极的表面，随后通过电子的转移和传递将污染物直接氧化成无害物质。目前对于其反应机理的解释主要有两种：一是Comninellis提出的羟基自由基概念，二是Simond提出的过氧化物理论。电子的传递不仅能直接氧化污染物，同时还会产生大量强氧化性中间产物，间接氧化通过这类中间产物或在阳极附近的反应去除水中污染物。电化学氧化通常可分为存在Cl^-和不存在Cl^-两种情况，海水中主要靠Cl^-存在时，阳极表面的间接氧化作用去除污染物（裴洛伟，2015）。离子反应方程式为

$$2Cl^- + 2e^- \longrightarrow Cl_2$$

$$Cl_2 + H_2O \longleftrightarrow HClO + H^+ + Cl^-$$

研究发现，在多种污染物的去除过程中电化学直接氧化和间接氧化并没有严格的界限，往往在一种污染物的去除过程中直接氧化和间接氧化会同时发生。

2. 电催化还原技术

电化学技术还在硝酸盐等高价态污染物的还原过程中发挥着重要作用，硝酸盐还原过程如图3-2所示（Polatides等，2005）。

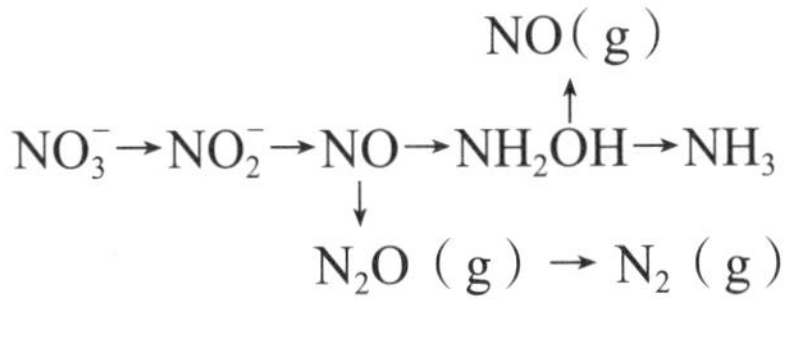

$$NO_3^- \rightarrow NO_2^- \rightarrow NO \rightarrow NH_2OH \rightarrow NH_3$$

（含 NO(g) 与 N₂O(g)→N₂(g) 分支）

图3-2 硝酸盐还原的电化学示意图

Fig.3-2 Schematic diagram of nitrate reduction

电化学还原技术将在电极表面的硝酸盐直接还原转化为低价态的氮（如N_2O，N_2），但利用电化学方法处理污水也有可能产生NO_2^-和NH_3等有毒的中间产物，因此有

必要利用脉冲法适当地控制电位和阳极或阴极循环来减少有毒氮种类（Polatides等，2005）的生成，而尽可能地将硝酸盐转化为氮气，离子反应方程式为

$$NO_3^- + H_2O + 2e^- \longrightarrow NO_2^- + 2OH^-$$

$$NO_3^- + 9H^+ + 8e^- \longrightarrow NH_3 \uparrow + 3H_2O$$

$$NO_3^- + 6H^+ + 5e^- \longrightarrow 0.5N_2 \uparrow + 3H_2O$$

范经华等（2006）采用钛负载Pd-Cu合金阴极研究硝酸盐还原的反应机制，发现硝酸盐还原产物主要是氮气，当硝酸盐浓度低时符合一级动力学方程，硝酸盐很高则反应为零级动力学方程。胡筱敏等（2011）采用Ti-Fe阴极材料对硝酸盐处理时，硝酸盐的去除率达到94.1%，同时并未出现氨氮和亚硝酸盐积累的问题。通过对硝酸盐还原机理的研究发现，硝酸盐的还原较为复杂且很难一步完成，其还原机制是氮氧化合物中O被吸附形成N—O键，而不断产生的氧化性物质破坏N—O键、形成N—H键，氯离子的存在会氧化水中NH_3-N生成N_2，最终完成硝酸盐氮的还原。

3. 阴阳极协同处理技术

电化学处理技术往往依靠阴极或阳极上进行的电极反应去除某一类污染物。近年来的研究发现，电化学协同处理技术，即通过一定手段对反应器构造及反应条件进行优化，可以将阳极氧化和阴极还原反应同步完成，以便于发挥阴、阳两极共同的优点，对污染物去除效果明显好于单一电极反应（Song等，2019）。Ding等（2015）通过对电化学反应装置的改造以及对实验条件的优化，实现氨氮和硝酸盐的同步去除，同时达到了100%的杀菌消毒效果，处理后尾水达到国家一级排放标准。

（三）电化学处理技术影响因子分析

电化学技术应用于废水处理时，不同影响因素（电极材料、电流密度等）会对污染物去除效果产生影响。舒欣等（2012）利用正交实验研究电化学脱氮的影响因素，发现影响程度从高到低依次为电极材料＞电流密度＞氯离子浓度。

1. 电极材料对脱氮的影响

由于电极材料的表面涂层以及电极电位等在污染物去除中发挥重要作用，因此电极材料是影响氮污染物去除的关键因素，良好的电极材料对于提高电解反应的稳定性，降低处理能耗有重要意义。虽然电化学水处理技术刚兴起时，铅电极由于稳定性强，导电效果好，能有效减少副反应的发生，得到了广泛应用，但铅易被腐蚀且容易造成二次污染。DSA电极由涂层钛和表面金属氧化物共同组成，其中钛金属稳定且催化活性高，金属氧化物作为反应催化剂来提高反应速率。常见的DSA电极主要有Ti/RuO_2、Ti/IrO_2-RuO_2等（孔德生等，2009；段婉君等，2016）。Li等（2016）采用

DSA电极处理垃圾渗滤液，TAN和COD去除率分别达到100%和83.7%。掺硼金刚石（BDD）电极化学结构稳定，对污染物处理效果好，但BDD电极电解过程中会产生有害的高氯酸盐。Panizza等（2008）认为BDD电极成本高，在低浓度污水处理中传质效率偏低，这是阻碍这一方法在生产中应用的主要原因。Dash和Chaudhari（2005）用铝作为阴极材料研究地下水中硝酸盐处理时，硝态氮移除效率可以达到70%~97%，但反应产物主要是氨氮，会进一步造成水质污染；而Katsounaros等（2006）利用锡电极能将92%的硝酸盐氮还原成为氮气，但技术难度大，无法进行大范围推广应用。

2. 电流密度对脱氮的影响

裴洛伟（2015）利用微电解结合紫外技术进行养殖水脱氮处理时，发现电流密度是促进氨氮氧化的主要因素。周明明（2015）利用电化学来深度处理生化废水，当电流密度由5 mA/cm^{2}提高到15 mA/cm^{2}时，氨氮的转化速率迅速从10%提高到接近100%。王龙等（2014）认为，电流密度影响氮污染物转化是因为电流密度升高时，电子迁移速度加快而且促使阳极电位提高，产生的·OH、Cl$_2$、H$_2$O$_2$、HClO等物质增多，加上气泡的搅拌作用，都有助于加快电化学反应速率，进一步促进氨氮的降解。电流密度的升高不仅有助于氨氮的氧化，同时还能促进硝酸盐还原，当电流密度增大时，硝酸盐去除速率会逐渐加快（姚利军，2015）。据王思（2018）报道，电流密度的升高能加速硝酸盐还原，主要是因为电子转移速率的加快，促使阴极表面吸附大量硝酸盐；同时反应体系中生成H$_2$和H$^+$浓度在不断提高，有助于硝酸盐还原反应的正向进行，可明显提高硝酸盐的还原效率。

3. 氯离子浓度对脱氮的影响

朱艳等（2013）利用伏安特性曲线证明了间接氧化过程中产生的HClO及·OH等强氧化性物质促进了氨氮的氧化，反应方程式为

$$2NH_3+6·OH \longrightarrow N_2+6H_2O$$

$$3HClO+2NH_3 \longrightarrow N_2+3HCl$$

反应体系中Cl$^-$有助于加快氨氮氧化速率。不同氯离子浓度对氨氮处理效果的研究发现，Cl$^-$不仅可以显著提高氨氮去除率而且还能降低实验能耗（王龙等，2014）。但水中存在的Cl$^-$不利于硝酸盐去除率的提高，这可能是因为Cl$^-$将体系中亚硝酸盐氧化导致硝酸盐浓度的升高（Gendel和Lahav，2013）。黄薇薇（2013）研究发现，在利用电化学技术去除硝酸盐的过程中，当体系中不存在Cl$^-$时，硝酸盐最大还原率能达到99.9%，而添加Cl$^-$后，还原率降低到81.8%。可见，氯离子的存在对养殖水脱氮效果是双面的，在促进氨氮转化的同时一定程度抑制了硝酸盐的还原，但总体而言氯离子有

助于提高电流效率、促进污染物的转化，还起到了杀菌消毒的作用。

4. pH对脱氮的影响

电化学技术处理污染物过程中，pH不仅影响氮的存在形式，同时也影响养殖生物的正常生理代谢活动。当电化学应用于养殖水处理时，应避免pH的剧烈波动对养殖生物产生影响。Lin和Wu（1996）利用电化学法处理养殖过程中的氨氮，实验表明弱碱性条件更有助于氨氮的氧化，酸性条件对HClO生成有一定的抑制，不利于氨氮的去除。Díaz等（2011）发现随着pH的升高，水体的脱氮效果明显加强，但当pH过高时，次氯酸会与有机物发生进一步的反应，产生三卤甲烷等有害物质影响养殖生物的生长；pH在6～9时，氨氮的去除效果变化很小。此外，通过pH对硝酸盐的去除效果的研究，发现当pH大于4时，不再是影响硝酸盐还原的主要因素（Wang等，2006；Dortsiou等，2013）。

除了上述影响因素外，电极板面积比、电极板间距等因素也都会对脱氮效率产生影响。因此，将电化学技术应用于养殖水的综合处理时，必须对反应条件进行优化以促进处理效率的提升。

三、电化学技术在水处理中的应用及相关研究

电化学氧化法的水处理效果几乎不受温度、总氨氮浓度的影响，可一步将氨氮转化为N_2，且系统无须持续运行，可根据需要随意开关（宋协法等，2016）。这些优势让电化学方法成为近年来新兴的一种水处理方法，越来越受到关注。Anglada等（2010）利用BDD电极处理废水，氨氮去除率为100%，同时COD去除率也接近90%；丁晶（2015）通过电化学阴阳极协同处理技术的应用，实现了生活污水中氨氮及硝酸盐的同步去除。电化学技术不仅可以去除高浓度含氮污水，同时对低浓度废水中氨氮也有很好的净化效果（王家宏等，2016）；并且电化学水处理技术还能降低水体的浊度，发挥多方位净化水质的功效（高洋，2011）。

用电化学氧化法处理海水养殖尾水具有天然的优势，海水的高盐度、高氯离子浓度都有利于提高电导率，在降低能耗的同时又保证了较高的间接氧化效率。针对电化学方法去除养殖水体当中的氮污染物以及净化水质的效果，国内外都已开展了相关研究。彭强辉等（2009）通过电化学技术对养虾水体进行消毒，8 s即可达到96%的杀菌效果；宋协法等（2016）利用电化学技术处理循环水养殖中氨氮和亚硝酸盐，取得了良好的效果，TAN和NO_2^--N的去除效率都在90%以上；Xing和Lin（2011）采用电化学技术净化海水养殖尾水，在电流密度为23.4 A/m^{2}时，水中TAN和NO_2^--N的去除率都

能达到90%以上，同时COD和悬浮物的去除效率也分别达到79%和91%。

通过前面章节的内容可以看出，生物净化只能在一定程度上净化移除可溶性污染物，而无法彻底解决循环水养殖尾水中污染物浓度高、处理难度大、直接排放造成环境污染的问题。电化学技术是一种潜在的养殖（尤其是海水养殖）尾水高效处理技术，有必要开展相关研究以优化其技术工艺并验证其可行性。

前期有关电化学技术处理养殖尾水的相关研究关注的重点是针对水中各类氮营养盐的去除，而对养殖水体中其他无机盐、有机物、细菌、颗粒物等进行综合处理的报道甚少。为此，笔者通过一系列实验研究了电化学技术对养殖水体中多种污染物的综合处理效果，同时对电解产生的余氯等副产物和电解能耗等方面展开分析；针对循环水中硝酸盐积累的问题，探究阴阳电极协同处理机制，同时通过响应面优化法来降低无机氮的含量；最终将电化学处理技术应用到循环水养殖系统的水处理环节中，为新型水处理技术的开发与应用提供参考数据。

通过上述相关研究，笔者得到如下主要结论：

（1）电化学法对多种污染物去除效率与电流密度大小呈正相关，随着电流密度从2 mA/cm^{2}升高到12 mA/cm^2，氨氮去除率由46.9%提高到97.8%，亚硝酸盐去除率由32%增至95.5%，COD去除率由25.7%升到73.1%。

（2）电解产生的次氯酸和升高的氧化还原电位发挥了很好的杀菌消毒作用，反应40 min各电流密度组杀菌率均达到100%；电解后产生的游离氯浓度需要72 h才能从20.2 mg/L下降到1.7 mg/L，较高的游离氯对养殖生物存在潜在的影响，这是限制其大面积推广的主要原因。

（3）通过响应面法优化硝酸盐的去除条件，结果显示电流密度为25.6 mA/cm^2、阴阳电极板面积比为1.6∶1、电极板间距为2.5 cm、初始pH为6.6时，硝酸盐去除率最高；最高去除率为81.5%，此条件下氨氮去除率也达到87.3%，且不存在亚硝酸盐的积累，通过响应面的优化能够显著提高无机氮的去除效率。

（4）采用电化学水处理技术能有效降低养殖系统中氨氮、硝酸盐和细菌含量，对水质处理效果优于生物净化模式。但电解中产生的游离氯等物质导致圆斑星鲽转氨酶及抗氧化酶的升高，与生物净化处理组相比提高20.81%～86.07%，此外在特定生长率、饵料系数等生长指标上与生物净化处理模式存在一定差距。

（朱建新，张鹏，陈晓傲，刘洋，刘慧）

第二节　电流密度对电化学处理养殖废水效率的影响

循环水养殖是一种新型高效养殖模式，除了具有显著的节水特性外，也为养殖生物提供最适宜的生长环境，往往能获得较高的养殖密度和较快的生长速度。大量投喂是维系高密度养殖和养殖生物快速生长的必要条件，但也容易造成水体氮污染物的积累。养殖水体中的氨氮（NH_4^+-N）过高，会对养殖对象产生胁迫作用，造成组织损伤，影响正常生长（Ruyet等，2007；胡海燕，1995）；亚硝酸盐氮（NO_2^--N）积累会使鱼体高铁血红蛋白含量升高，严重时导致鱼类窒息死亡（Kroupova等，2005；魏泰，1999）；硝酸盐氮（NO_3^--N）对养殖生物胁迫相对较小，但大量积累也会降低硝化反应的速率，不利于养殖对象的生长（成小婷，2015；Hamlin，2006；David等，2010）。因此，氮去除是循环水养殖水处理的核心环节。目前，氮去除主要通过生物净化法，利用微生物吸收、同化、转化水体中氮营养盐（Fernandes, 2017）。该法存在诸多问题：生物净化法需要较大的生物净化池，降低了养殖车间使用率；目前生物净化采用的自然培膜法，生物膜培养时间长，技术难度大；微生物代谢活动受水温、盐度、溶解氧等因素影响，处理效果不稳定；生物滤池功能单一，只能转化水中有机物和无机盐，无法去除重金属、颗粒物及病原菌，需要配合其他处理技术和设备，无形中增加了水处理成本（Ben-Asher和Lahav，2016；傅雪军，2010）。因此，寻求一种新型高效的水处理方法一直是国内外研究的热点。

电化学水处理技术是在外加电场作用下，通过一定的物理、化学及电化学反应，可以使污染物分解转化，进而实现污染物的去除（杨红晓，2012；刘金龙，2015）。电化学法包括电化学氧化、电化学还原、电浮选和电絮凝等，凭借高效稳定、操作简便的特点在水处理中有广泛的应用（裴洛伟，2015；郑向勇等，2010；叶章颖等，2016；李强，2016；王乐乐，2007）。近年来越来越多研究表明，电化学技术在降低水体浊度、去除水中氮污染物及细菌等方面发挥着重要作用（丁晶，2015；Ghasemian等，2017；Lin和Wu，1996；宋协法等，2016；Anglada等，2010）。目前，电化学水处理技术的研究主要集中在高浓度污水处理（李伟等，2014），海水中氯离子浓度高，电化学水处理技术能提高电解效率，同时降低处理能耗，有良好的应用前景。本研究以养殖废水为研究对象，研究不同电流密度下对水中氮污染物、化学需氧量（COD）、细菌的处理效果，分析电解副产物以及电解能耗，为电化学处理养殖水的应用提供数据参考。

一、实验设计与实施

（一）实验装置

实验装置由直流稳压电源（30V，5A）、电极板（100 mm×40 mm×5 mm）、磁力搅拌器、蠕动泵、2 000 mL烧杯、1 000 mL储水槽和橡胶软管等组成（图3-3）。

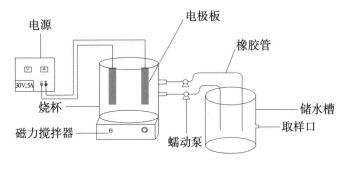

图3-3　实验装置示意图

Fig.3-3　Schematic diagram of experimental device

（二）实验用水

实验用水取自山东省青岛市卓越海洋集团有限公司循环水养殖车间，水质指标：NH_4^+-N 3.0 ~ 3.4 mg/L，NO_2^--N1.3 ~ 1.7 mg/L ，NO_3^--N13.1 ~ 16.3 mg/L ，COD16.7 ~ 18.4 mg/L，氧化还原电位-71 ~ -65 mV，盐度30.03 ~ 30.78，细菌数（0.92 ~ 5.7）×10^8 CFU/mL。

（三）实验设计

养殖水经200目筛网过滤后，添加至烧杯和储水槽中，通过蠕动泵在烧杯和储水槽之间循环流动，通过调节极板间电压来控制电流密度的大小：3 V（J_1=2 mA/cm^2）、3.1 V（J_2= 4 mA/cm^2）、3.4 V（J_3=8 mA/cm^2）、3.6 V（J_4= 12 mA/cm^2），研究不同电流密度对养殖水体的处理效果。（其中J_1 ~ J_4为处理组编号）

实验过程中，电极板间距控制在2 cm，循环流量30 mL/min，每隔5 min测定水中游离氯以及细菌数量，每10 min测定水中NH_4^+-N、NO_2^--N、NO_3^--N、COD浓度及氧化还原电位（ORP），每隔20 min检测水中的三氯甲烷（THM）浓度。电解实验进行40 min，实验结束后4 h、8 h、16 h、24 h、48 h和72 h分别测定水中余氯以及细菌数量。各项实验重复3次。

（四）分析方法

1. 水质测定方法

参照《海洋监测规范 第4部分：海水分析》（GB17378.4—2007）测定水质。其中，NH_4^+-N检测采用靛酚蓝分光光度法，NO_2^--N采用萘乙二胺分光光度法，NO_3^--N采用锌镉还原法，总氮采用过硫酸钾氧化法，COD采用酸性高锰酸钾法，细菌数量变化通过平板计数法检测，余氯及游离氯采用DPD分光光度法测定，三氯甲烷采用气相色谱法测定，氧化还原电位通过多功能水质测定仪测定。

2. 实验参数计算方法

电流密度计算公式：

$$J=\frac{I}{S} \tag{3-1}$$

式中：J为电流密度（A/cm^2）；I为实验电流（A）；S为电极板面积（cm^2）。

营养盐去除率：

$$R_e=\frac{C_0-C_t}{C_0}\times100\% \tag{3-2}$$

式中：R_e为营养盐去除率（%）；C_0为初始浓度（mg/L）；C_t为电解t min时溶液中剩余浓度（mg/L）。

电流效率：电流效率反映了电解过程NH_4^+-N实际去除量与理论去除量之比。由于电解过程副反应的发生导致电流效率小于100%。

$$C_e=\frac{(C_0-C_t)V}{\frac{I\times t}{3F}\times14\times1\,000\times60}\times100\% \tag{3-3}$$

式中：C_e为电流效率（%）；V为溶液体积（L）；I为电流强度（A）；F为法拉第常数，取值96 485 C/mol；t为反应时间（min）。

能耗分析：W为电解过程中NH_4^+-N去除率达到90%时消耗的电能。

$$W=\frac{U\times J\times S\times t}{60\,(C_0-C_t)\,V} \tag{3-4}$$

式中：W为能耗（kW·h/kg）；U为电极板间电压（V）；J为电流密度（mA/cm^2），S为电极板面积（cm^2）。

二、实验结果

（一）电流密度对氮营养盐去除效率的影响

NH_4^+-N去除率随电流密度的加大和电解时间的延长而升高，电解40 min后，J_1组去除率46.9%，其余3组的去除率均达到90%以上（90.1%、93.1%、97.8%）。通过不同电流密度下的单因素方差分析，结果显示：J_1组与其他3组差异显著（$P<0.05$）（图3-4）；NO_2^--N的去除率与NH_4^+-N变化规律基本相同，电解40 min后，J_1组去除率32%，其他3组的分别为75.8%、86.7%、95.5%，各组间存在显著性差异（$P<0.05$）（图3-5）；NO_3^--N去除率总体表现为先降后升趋势，电解40 min后，J_1与J_4组去除率分别达到34%和30%，明显高于J_2和J_3的16%和21.3%（图3-6）。

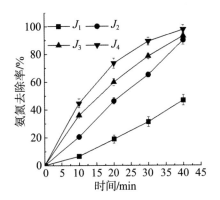

图3-4　电流密度对NH_4^+-N去除率的影响

Fig.3-4　Effect of different current density on ammonia removal

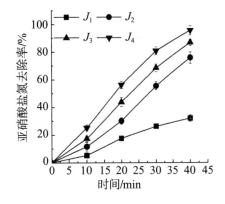

图3-5　电流密度对NO_2^--N去除率的影响

Fig.3-5　Effect of different current density on nitrite removal

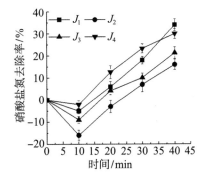

图3-6　电流密度对NO_3^--N去除率的影响

Fig.3-6　Effect of different current density on nitrate removal

（二）电流密度对COD去除率的影响

COD去除率随电流密度加大和电解时间延长而上升。实验中，电流密度的改变对COD去除影响较大，当电流密度为2 mA/cm²时，COD由18.4 mg/L降为13.7 mg/L；当电流密度进一步提高到4、8和12 mA/cm²时，COD分别为12.1 mg/L、9.8 mg/L和4.9 mg/L，4组COD去除率依次为25.7%、34.1%、46.9%和73.1%，组间差异显著（$P < 0.05$）。（图3-7）

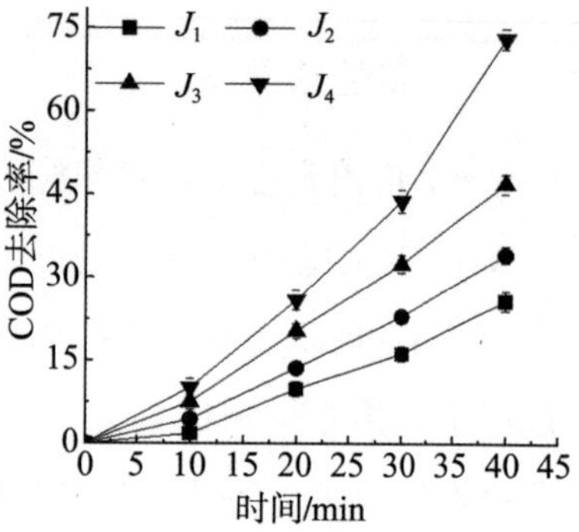

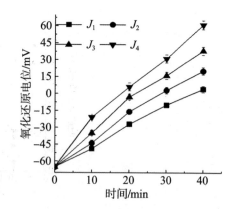

图3-7　电流密度对COD去除率的影响
Fig.3-7　Effect of different current density on COD removal

（三）电流密度对杀菌效果的影响

水体中游离氯浓度及氧化还原电位均随电流密度的增加和电解时间的延长而逐渐升高。不同电流密度条件下电解40 min，各组游离氯分别达到20.2 mg/L、31.3 mg/L、58.8 mg/L和109.1 mg/L，各组存在显著差异（$P < 0.05$；图3-8），$J_1 \sim J_4$组氧化还原电位分别达到4 mV、20 mV、38 mV和61 mV，组间差异明显（$P < 0.05$；图3-9）；图3-10展示了电流密度对杀菌效果的影响，纵坐标表示细菌数量的对数，随着电流密度的上升和电解时间的延长，水中活菌数逐渐减少，40 min内各组细菌均完全失活。J_4组杀菌效果最为明显，20 min即实现100%杀菌。实验结束后水中余氯浓度逐渐下降，由最初20.2 mg/L下降到72 h后的1.7 mg/L，在8 h内余氯始终≥12.3 mg/L，此时未检测到活菌存在，此后细菌数量开始呈指数增长，72 h时细菌数量达到3 500 CFU/mL（图3-11）。

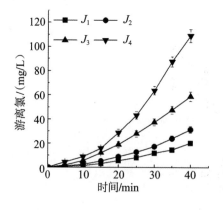

图3-8　电流密度对游离氯浓度变化的影响
Fig. 3-8　Effect of different current density on free chlorine change

图3-9　电流密度对氧化还原电位变化的影响
Fig. 3-9　Effect of different current density on ORP change

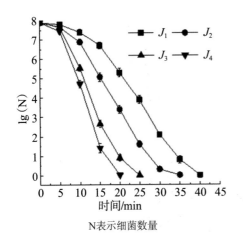

N表示细菌数量

图3-10 电流密度对杀菌效果的影响

Fig.3-10 Effect of different current density on bacteria removal

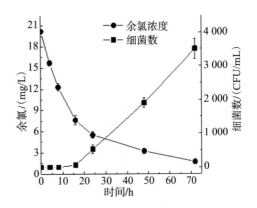

图3-11 电解后水中余氯及细菌含量的变化

Fig.3-11 The residual chlorine and bacteria change after electrolysis

（四）不同电流密度下三氯甲烷浓度的变化

海水中的氯化物、溴化物和有机物在电解条件下反应生成三氯甲烷、一溴二氯甲烷等挥发性卤代烃，影响养殖对象的正常生长。实验过程对养殖水中的三氯甲烷浓度进行了监测，发现THM随电流密度的增加和电解时间的延长而显著升高（$P<0.05$）（图3-12），在40 min电解过程中，$J_1 \sim J_4$组的THM浓度分别为8 μg/L、25 μg/L、53 μg/L和87 μg/L，组间有显著差异（$P<0.05$）。

（五）电流效率及能耗

虽然NH_4^+-N的去除速率随电流密度的增加而升高，但电流效率却随电流密度的增加而下降，$J_1 \sim J_4$组的电流效率分别为33.3%、29.1%、19.4%和15.5%。能耗随电流密度的增加而逐渐升高，各电流密度下处理1 kg NH_4^+-N所需电能分别为52.1 kW·h、60.6 kW·h、100.7 kW·h和 131.2 kW·h（表3-1）。

表3-1 不同电流密度下电流效率和能耗分析

Tab.3-1 The current efficiency and energy consumption under different current density

电流密度/(mA/cm²)	电压/V	电解时间/min	电流效率/%	能耗 /(kW·h/kg)*
2	3.0	70	33.3	52.1
4	3.1	40	29.1	60.6
8	3.4	30	19.4	100.7
12	3.6	25	15.5	131.2

注：*表示电解时间、电流效率及能耗以NH_4^+-N去除率达到90%时计算。

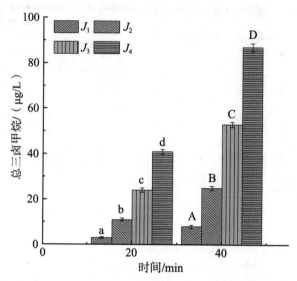

对20 min和40 min处理组分别做统计分析和显著性检验

两组差异显著性分别用小、大写字母表示，不同字母表示差异显著（$P>0.05$）

图3-12　电流密度对三氯甲烷生成的影响

Fig.3-12　Effect of different current density on the formation of THM

三、讨论

（一）三态氮的去除效果

由于海水中大量Cl^-的存在，NH_4^+-N、NO_2^--N的去除主要通过间接电化学反应产生的次氯酸（HClO）氧化作用实现，主要反应式如下（Díaz等，2011；Gendel和Lahav，2012）。

$$Cl^--2e^-\longrightarrow Cl_2$$

$$Cl_2+H_2O\longrightarrow HClO+H^++Cl^-$$

$$3HClO+2NH_4^+\longrightarrow N_2+5H^++3Cl^-+3H_2O$$

$$HClO+NO_2^-\longrightarrow NO_3^-+H^++Cl^-$$

NO_3^--N的去除主要是靠阴极表面硝酸根的还原作用实现，主要反应式如下（康晨，2015）。

$$NO_3^-+2e^-+H_2O\longrightarrow NO_2^-+2OH^-$$

$$NO_3^-+5e^-+3H_2O\longrightarrow 0.5N_2+6OH^-$$

实验中，随着电流密度的增加，NH_4^+-N、NO_2^--N的去除效果变化明显。J≥4 mA/cm²时，NH_4^+-N去除率均>90%，NO_2^--N去除率均>75%，与Lin和Wu（1996）研究结果相符。Lahav等（2014）发现电流密度升高时电子迁移转化速率变快，反应产生的HClO不断氧化NH_4^+-N、NO_2^--N，从而实现污染物的去除。与王乐乐（2016）研究结论不同，本实验中，随着电流密度的增加，NO_3^--N去除率变化不明显；NO_3^--N还原过程较为复杂，且主要发生在阴极表面，实验中钛电极析氢电位低，大量H^+在阴极与NO_3^--N竞争表层吸附位点（反应式为$2H^++2e^-\longrightarrow H_2$）（Ghasemian等，2017；朱艳，2013）。同时，本研究为减少副产物的产生，使用的电流密度较低，限制了NO_3^--N去除率的提高；而一般低电流密度不利于NO_3^--N的去除（姚利军，2015；李弯，2017）。本实验中，NO_3^--N在$J_1=2$ mA/cm²时去除效率高于其他组，这可能因为NO_3^--N的还原不仅受到电流密度的影响，阴极电位等因素对其去除也有较大影响，2 mA/cm²对应的阴极电位更适合NO_3^--N的还原，因此获得更高的去除率。此外，实验中NO_3^--N去除率呈先降后升，反应初期NH_4^+-N、NO_2^--N氧化速率快于NO_3^--N分解速率，从而导致NO_3^--N的积累；电解一段时间后，NH_4^+-N、NO_2^--N浓度下降，减少了其对NO_3^--N还原的干扰，从而促进NO_3^--N去除率的升高。

（二）COD的去除效果

电化学去除养殖水体中COD是通过电解产生活性氯对水中可溶性有机物的快速氧化实现的（Díaz等，2011）。蒲柳等（2017）利用电化学技术处理工业废水，当电流密度升高时，COD去除率可逐渐升至77.78%。在本实验中，当电流密度由2 mA/cm²上升到12 mA/cm²时，COD去除率由最初的25.7%提高到73.1%，实验结果与蒲柳等（2017）研究结论基本一致。

（三）杀菌效果

电化学杀菌主要通过外加电场的物理作用和电解产物通过化学反应实现，有直接杀菌和间接杀菌两种形式。直接杀菌是电场作用下击穿细胞膜，导致细胞质外流，进而使细菌失活；间接杀菌则通过电解海水产生的次氯酸等强氧化性物质实现杀菌（裴洛伟，2015；张延青，2007）。实验中观察到氧化还原电位不断上升，ORP的变化对杀菌同样有一定影响，造成细胞膜两侧电位差的改变，促使菌体细胞膜通透性增大，细胞膜失去选择透过性使细菌生理机能紊乱而死亡，进而达到杀菌效果。电解过程中，随着电流密度升高，有效氯游离氯浓度与氧化还原电位均不断上升，吸附在细菌表面的次氯酸快速进入细胞中，破坏微生物酶活系统并改变细菌体的渗透压，从而加速细菌的裂解死亡，加速养殖废水中细菌的去除（黄少丽，2005；赵树理等，2016）。实验中，电化学处理表现出良好的杀菌效果，同时发现，将电解后的养殖水暴露于空气中，随着水体中余氯浓度不断降低，细菌含量呈现指数方式增长，进一步印证了余氯在杀菌过程中发挥了主导作用。

（四）电解副产物

电化学法对水中NH_4^+-N、NO_2^--N去除有着良好的处理效果，但电解海水过程中不可避免地产生大量余氯以及挥发性卤代烃等副产物；在循环水养殖尾水处理过程中，副产物进入水体会对养殖对象造成不利影响。由于水生生物对余氯的耐受力较差，余氯会导致鱼的鳃部受损，呼吸速率加快，血液运氧能力下降。研究发现：当水中余氯>0.18 mg/L时，48 h内平鲷、黑鲷幼鱼死亡率累计超过50%（Huang等，1999；江志兵等，2009）；挥发性卤代烃的存在会导致生物畸形发育，对海水中藻类、蚤和鱼均有严重危害（曾兴宇等，2014；向武等，2001）。因此，必须对电解副产物的量严格把控。实验中，随着电流密度的升高，水体中的余氯和THM均显著升高，显然不利于养殖对象的生长发育。生产中，应通过控制反应条件，同时结合活性炭吸附技术等降低副产物的含量，减少其对养殖对象的毒害（李炟等，2012；代晋国等，2012）。

（五）能耗分析

电流效率随电流密度的升高而逐渐降低，导致能耗不断增加。本实验中，去除1 kg NH_4^+-N所需能耗值为52～131.2 kW·h（折合0.156～0.393 kW·h/m³的水处理成本），明显低于Ruan等（2016）处理循环水养殖废水的能耗值。这是因为电流密度低，发热引起的能耗损失少，较高电流利用率有助于降低反应能耗（曾振欧等，2010）。本实验中，$J_2=4$ mA/cm²，电流密度可维持较高脱氮效率，而且反应能耗较低；这对于实际生产应用具有一定的参考价值。生产中可通过间歇性启动，以及结合离子交换等技术，进一步降低处理能耗（曾兴宇等，2014）。

四、结论

电化学水处理技术具有占地小、反应快、去除效率高等优势，对养殖水脱氮、杀菌、COD的去除有良好的效果。电流密度在电解处理养殖水体污染物中发挥重要作用。实验中，当电流密度为12 mA/cm²时，水中的NH_4^+-N、NO_2^--N、COD的去除率分别达到97.2%、95.5%、73.1%；电解产生的有效氯浓度以及氧化还原电位的上升有助于养殖水杀菌，电解40 min后各组细菌去除率均达到100%，但实验中还存在电解副产物超标等问题。如何在电解处理养殖水时避免副产物对生物的影响，有待进一步研究。

（张鹏，王朔，陈世波，张龙，朱建新）

第三节　电化学同步脱氮的响应面优化与验证

　　水产养殖过程中大量投喂高蛋白饲料是保障养殖对象快速生长的关键，而投饵产生的残饵、粪便以及生物代谢产物会造成水体中总氨氮（TAN）、亚硝酸盐（NO_2^-）等指标的快速升高（胡海燕等，2004；傅雪军，2010）。传统养殖模式采用大换水的方式来降低养殖池中N污染物浓度，而循环水养殖主要通过亚硝化细菌和硝化细菌将水中TAN和NO_2^-转化为相对无毒的硝酸盐（NO_3^-）（Zhang等，2011；朱建新，2014）。但水中NO_3^-可逐渐积累到≥500 mg/L；在循环水养殖系统中，高浓度的NO_3^-可导致养殖对象生长发育迟缓、代谢紊乱、肝脾受损、死亡率增加，同时，含NO_3^-的养殖尾水的外排也对周围环境造成不良影响（Hondov等，1993；Chrisgj等，2012）。NO_3^-污染逐渐引起人们的关注，欧盟已将NO_3^-作为N污染源并限制其排放（Torno等，2018；European council directive，1998）。目前我国海水养殖尾水一类排放标准规定的无机氮（TIN）排放指标为浓度低于0.5 mg/L，养殖水中无机氮的主要成分为TAN、NO_2^-和NO_3^-，过去只重视对TAN和NO_2^-的去除，而循环水养殖水体中NO_3^-含量远远高于TAN和NO_2^-的含量，因此，有必要研发一种高效实用的养殖尾水无机氮同步脱除技术。

　　目前，常用的脱氮技术主要有物理法（吹脱、气提法）、化学法（折点氯化、离子交换法）及生物脱氮法（膜生物反应器、生物滤池、人工湿地等）（Mook等，2012）。物化法通常需要添加其他化学试剂，易打乱水中离子平衡并产生二次污染；而生物脱氮对水力停留时间及操作环境（如温度、盐度、溶解氧、pH、净化空间等）要求严格，采用生物脱氮法占地面积大、反应速率慢、运营及维护成本高（Ruan等，2016；程海华，2016）。

　　近年来电化学技术快速发展，电化学法主要通过电解的方式来处理污水，其基本原理是污染物在电极表面上发生直接或间接电化学反应而得到转化，从而实现污染物的去除，具有简单可控，反应条件温和，工艺灵活等优势（Zhao等，2018），可以有效去除水体中有机物、TAN、PO_4^{3-}、NO_3^-等污染物，因而在诸多领域中有广泛的应用（Xing等，2011；Ye等，2017）。同步去除TAN和NO_3^-是充分利用电解过程阴极、阳极发生的氧化还原反应，阴极的NO_3^-得到电子被还原，随后还原产物（主要是TAN）在阳极失去电子被氧化成氮气，从而将TAN氧化与NO_3^-还原进行耦合，实现N污染物的同步去除而不引入新的污染物（Ding等，2015）。虽然电化学水处理技术对TAN和NO_3^-均有一定的去除效果，但实际应用过程中要想实现同步去除则需要对反应条件进行优化。本研究通过单因素实验研究电化学水处理过程中反应条件对氮污染物去除效果的影响，再通过Box-Behnken实验建立响应面模型对电化学水处理同步脱氮的反应条件进行优化，并对优化后的反应条件进行了实验验证，将为水产养殖脱氮技术的发展提供新的思路和方法。

一、实验材料与方法

（一）材料与设备

实验装置如图3-13所示，依次为直流稳压电源（30 V，5 A）、阴阳极板（100 mm×30 mm×5 mm）、磁力搅拌器、沸石、2 000 mL烧杯等组件。

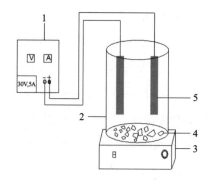

1. 直流稳压电源　2. 烧杯　3. 磁力搅拌器　4. 沸石　5. 电极

图3-13　实验装置图

Fig.3-13　Schematic diagram of experimental device

（二）实验用水

实验用水取自青岛卓越海洋集团有限公司循环水养殖车间，主要水质指标见表3-2。

表3-2　实验用水水质指标

Tab.3-2　Water quality indexes of experiment water

TAN/（mg/L）	NO_2^-/（mg/L）	NO_3^-/（mg/L）	TN/（mg/L）	温度/℃	pH
2.32~2.54	0.02~0.05	13.1~15.7	21.8~26.5	25.9~26.4	6~8

（三）实验方法

实验通过控制电流密度、极板间距、阴阳极板面积比、初始pH的大小，研究反应条件变化对TAN、NO_3^-去除的影响。采用磁力搅拌器加速水体搅拌速度，提升混合效果，利用沸石进一步吸附TAN，提高反应体系的净化效率。实验过程中调节电源大小将电流密度设为3个不同梯度，J_1=10 mA/cm^2、J_2=20 mA/cm^2、J_3=30 mA/cm^2，调整极板位置控制极板间距D_1=1 cm、D_2=2.5 cm、D_3=4 cm，实验中阳极板大小不变，采用同种材质不同规格的阴极极板，调节阴阳极板面积比为A_1=1∶1、A_2=1.5∶1、A_3=2∶1，研究极板面积比变化对TAN，NO_3^-去除的影响，用NaOH及HCl调节实验用水的初始pH分别为P_1=6、P_2=7、P_3=8。

在研究电流密度对TAN，NO_3^-去除的影响时，将其他3个因子分别控制在D_2、P_2、A_2的水平。在研究极板间距对TAN、NO_3^-去除的影响时，将其他3个因子分别控制在J_2、P_2、A_2的水平。在研究极板面积比对TAN、NO_3^-去除的影响时，将其他3个因子分别控制在D_2、J_2、P_2的水平。在研究初始pH对TAN、NO_3^-去除的影响时，将其他3个因子分别控制在D_2、J_2、A_2的水平，单独研究某一条件变化对去除效果的影响。单因素实验结束后，将TAN、NO_3^-去除率作为建立响应面模型的基准，进一步分析及优化反应条件对N污染物处理效果的影响，并开展实验来验证响应面模型分析的结果。实验过程中每10 min测定1次水中TAN、NO_3^-浓度，每组实验重复3次。

1. 水质分析方法

各项水质指标的测定均参照《海洋监测规范 第4部分：海水分析》（GB17378.4—2007）中的方法。其中TAN的检测采用靛酚蓝分光光度法；NO_2^-采用萘乙二胺分光光度法；NO_3^-采用锌镉还原法；pH、温度等参数采用YSI多功能水质测定仪测定。

2. 参数计算

（1）电流密度J（J，mA/cm^2）：

$$J=\frac{I}{S} \qquad (3-5)$$

式中：I为实验电流大小（A），S为极板面积（cm^2）。

（2）去除率（R）：

$$R=\frac{C_0-C_t}{C_0}\times100\% \qquad (3-6)$$

式中；C_0为初始浓度（mg/L），C_t为电解t min时溶液中剩余浓度（mg/L）。

二、结果和讨论

（一）电流密度对氨氮、硝酸盐去除效率的影响

电流密度实验显示，TAN、NO_3^-浓度均随电流密度的上升和电解时间的延长而逐渐下降，电解40 min后，$J_1\sim J_3$组TAN浓度由初始的2.4 mg/L分别降低到0.34 mg/L、

0.22 mg/L、0.20 mg/L，其中J_2、J_3组去除效果显著好于J_1组（$P<0.05$）（图3-14）。由于电流密度的升高能加速电子迁移转化的速率，使间接氧化反应产生的HClO浓度不断增加，同时电极周围产生的气泡（N_2）起到一定的混合作用，加速了TAN的去除（舒欣等，2012；Cao等，2016）。在实验中发现，J_2、J_3的电流密度下TAN的去除效果基本相同，这可能是因为当J达到一定强度之后，后续反应中电流密度不再是限制污染物去除的主要因素，继续增加电流密度只会加快副反应的速率，导致电流效率的下降（叶舒帆等，2011）。电解40 min后，$J_1 \sim J_3$组NO_3^-浓度由初始值13.1 mg/L分别降为9.2 mg/L、3.4 mg/L、2.5 mg/L，去除率分别达到29.8%、74.0%、80.9%，组间存在显著差异（$P<0.05$）（图3-15）。

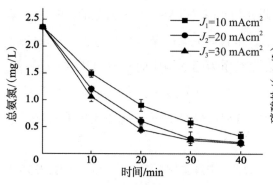

图3-14　电流密度对氨氮去除的影响
Fig.3-14　Effect of different current density on ammonia removal

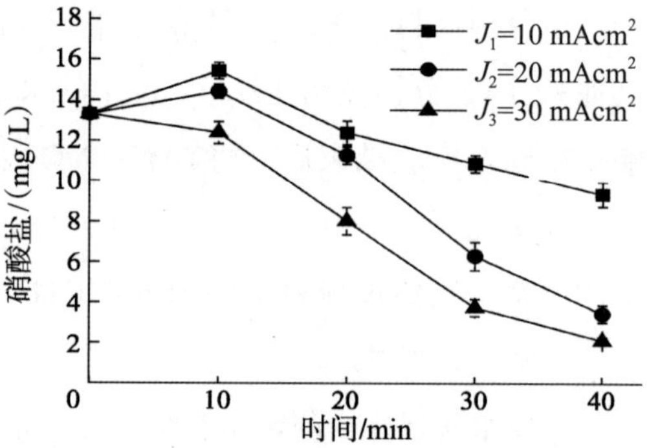

图3-15　电流密度对硝酸盐去除的影响
Fig.3-15　Effect of different current density on nitrate removal

此外，NO_3^-的还原需要H_2参与，离子反应方程式为

$$2NO_3^- + 2H_2 \longrightarrow N_2 + 2OH^- + 2H_2O$$

$$NO_3^- + 2.5H_2 \longrightarrow NH_4^+ + 2OH^-$$

10 mA/cm²时反应速率较慢，体系中没有足量的H_2供NO_3^-还原，这可能是J_1组去除率偏低的主要原因；电子迁移速度随着J的增加而加快，实验产生的H_2为NO_3^-还原提供了大量的电子供体，有助于NO_3^-去除率的提高（李智等，2009）。

（二）极板面积比对氨氮、硝酸盐去除效率的影响

极板面积比实验显示：随着极板面积比的增加，TAN的去除速率逐渐下降，且整个反应过程中TAN浓度均存在明显差异（$P<0.05$）。电解40 min后，$A_1 \sim A_3$组TAN浓度分别降为0.21 mg/L、0.31 mg/L、0.38 mg/L（图3-16）。

由于去除TAN的反应受到NO_3^-还原的影响，极板面积比增加时，阴极面积增大，NO_3^-还原速率加快，反而增加了水中TAN的浓度，不利于TAN去除效率的提高（朱

艳，2013）。极板面积大小影响污染物的去除是因为电极反应主要发生在极板表面，极板面积变大时，为TAN和NO_3^-提供更多吸附位点（郑华均，2018），反应过程中NO_3^-浓度均呈先下降后上升的趋势，极板面积比的增大有助于NO_3^-去除，实验中$A_1 \sim A_3$组NO_3^-浓度由14.6 mg/L分别降低到7.9 mg/L、3.2 mg/L、4.4 mg/L。A_2组条件下NO_3^-去除效果显著高于其他各组（$P < 0.05$；图3-17）。Reyter等（2010）发现，当阴、阳极板面积比发生改变时，NO_3^-还原效率和产物也随之变化，当阴、阳极板面积比为2.25时，NO_3^-先还原产生TAN，随后TAN氧化生成N_2，最终NO_3^-去除效果明显提升。该实验中阴、阳极板面积比为1.5：1时，NO_3^-去除效果明显更好，且未观察到明显的TAN升高，这可能与实验中采用的电极材质以及阴极电位等因素有关。该实验中，NO_3^-浓度较高，为实现同步脱氮效果，适当增加阴极板面积更有利于NO_3^-的还原。

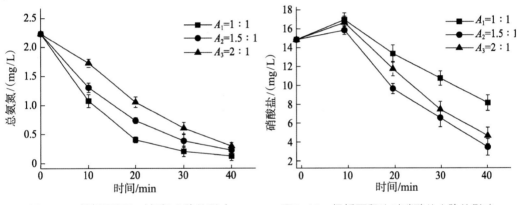

图3-16　极板面积比对氨氮去除的影响
Fig.3-16　Effect of different plate area ratio on ammonia removal

图3-17　极板面积比对硝酸盐去除的影响
Fig.3-17　Effect of different plate area ratio on nitrate removal

（三）极板间距对氨氮、硝酸盐去除效率的影响

极板间距实验结果显示：电解40 min后$D_1 \sim D_3$组TAN由2.54 mg/L分别降低到0.23 mg/L、023 mg/L、0.24 mg/L，各组间无显著差异（$P > 0.05$；图3-18）。宋协法等（2016）在利用钌铱电极处理含N养殖废水时发现，一定范围内极板间距的改变不影响TAN去除，与本研究结果基本一致。朱艳（2013）研究表明，极板间距不是影响TAN去除的主因，极板距离的远近主要决定电子迁移速率，进而影响TAN的去除效果；极板间距较小时反应速率快，产生的HClO多，而随电解时间的延长，反应体系中HClO充足，极板间距不再是影响TAN去除的主要因素，因此各组去除率基本相同（陈金銮，2008）。随着电解时间的延长，不同间距下的NO_3^-去除效果存在明显差异，$D_1 \sim D_3$组NO_3^-浓度分别降低到8.3 mg/L、4.3 mg/L、6.8 mg/L（$P < 0.05$；图3-19）。姚利军（2015）研究发现NO_3^-去除率随着极板间距增加而不断增加，由32%提高到

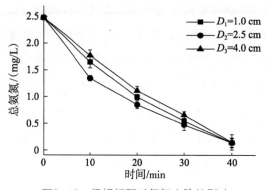

图3-18 极板间距对氨氮去除的影响

Fig.3-18 Effect of different plate distance on
ammonia removal

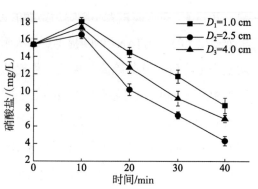

图3-19 极板间距对硝酸盐去除的影响

Fig.3-19 Effect of different plate distance
on nitrate removal

77.1%。而本实验中极板间距为2.5 cm时，NO_3^-去除效果最为理想，增大或减小极板间距均不利于污染物的去除，这主要是因为当极板两侧在电压不变条件下，极板距离的增加会增大电极间电阻，使电子转移速率降低，进而影响去除效果；当极板间距过小时，由于液体黏滞作用导致NO_3^-转移过程受阻，同时板间电压导致极板表面发生钝化，因此，增大或减小板间距都会影响NO_3^-还原的效率，这与Brylev等（2007）和叶舒帆等（2011）的观点相近。

（四）初始pH对氨氮、硝酸盐去除效率的影响

实验显示：初始pH的升高不利于TAN和NO_3^-的去除，电解40 min后，$P_1 \sim P_3$组TAN浓度分别降为0.18 mg/L、0.25 mg/L、0.36 mg/L（图3-20），$P_1 \sim P_3$组NO_3^-浓度由14.6 mg/L分别降低到3.2 mg/L、4.7 mg/L、5.5 mg/L（图3-21），各组间差异显著（$P < 0.05$）。

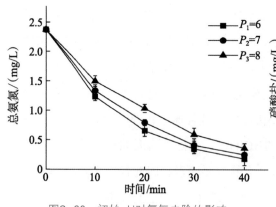

图3-20 初始pH对氨氮去除的影响

Fig.3-20 Effect of different initial pH on
ammonia removal

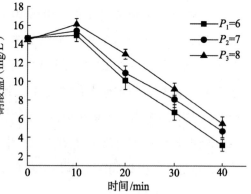

图3-21 初始pH对硝酸盐去除的影响

Fig.3-21 Effect of different initial pH on
nitrate removal

Gendel等（2012）认为pH通过影响水中游离氯的存在形式进而影响TAN的去除，当pH＜7时，水中游离氯主要以HClO形式存在，pH＞7时，水中游离氯主要以OCl^-存在，HClO的氧化性要明显好于OCl^-，因此酸性环境有助于加速TAN的去除；而pH较低时有助于NO_3^-的去除，这主要是因为酸性条件下水中H^+浓度高，产生的H_2可作为电子供体直接参与到NO_3^-还原中，因此有助于提高NO_3^-的还原效率（李智等，2009）。

从单因素实验结果看，电化学水处理对TAN的去除率在实验条件下都能达到80%以上，但不同反应条件下，NO_3^-的去除效果差别很大；而NO_3^-去除率不高，限制了TAN、NO_3^-的同步去除。为实现养殖水同步脱氮的效果，采用响应面分析模型对NO_3^-去除的条件进行优化。

（五）响应面分析硝酸盐去除率

1. 模型建立及显著性分析

该研究在单因素实验结果基础上，利用Design-Expert 8.0.6软件内Box-Behnken中心组合设计原理，以电流密度、极板间距、极板面积比、初始pH四个影响因子为响应变量，以NO_3^-去除效率为响应面，进行四因素三水平的响应面实验设计（郜玉楠等，2018），实验因素水平及编码如表3-3所示。

表3-3　Box-Behnken实验设计因子及水平

Tab.3-3　Factors and levels for Box-Behnken design

变量	代码	编码水平		
		-1	0	1
电流密度/（mA/cm^2）	A	10	20	30
极板间距/cm	B	1	2.5	4
阴阳极板面积比	C	1∶1	1.5∶1	2∶1
初始pH	D	6	7	8

通过Design-Expert软件进行多元二次回归获得的拟合方程：R_1=0.81+0.073×A+0.011×B+0.033×C-0.009×D-0.025×A×B+0.003×10^{-3}×A×C-0.024×A×D+0.004 6×B×C-0.006×B×D-0.003×C×D-0.076×A^2-0.100×B^2-0.075×C^2-0.038×D^2。对模型进行方差分析，所得结果见表3-4，从表3-4可以看出，模型P＜0.000 1，说明所得回归方程极显著，失拟项P=0.117 9，P＞0.05说明失拟不显著，实验构建的回归方程效果理想，故可用此模型对不同参数条件下的NO_3^-去除效果进行分析和预测。模型的回归系数R^2=0.934 0，校正系数R^2= 0.868 1，说明模型预测结果与真实值吻合度较高（林建原等，2013），从表3-4中可以看出，电流密度及极板面积比对NO_3^-去除的影响极显著（P＜0.01）；电流密度和初始pH的交互作用也显著影响着NO_3^-的去除

（$P<0.05$）；此外，模型中二次项A^2、B^2、C^2、D^2对NO_3^-处理效率影响也达到极显著或显著水平。

2. 两因子间交互作用分析

为进一步考察各因子的交互效应对NO_3^-去除率的影响，同时获得最佳反应条件，固定其中2个条件不变，获得任意2个因素交互作用对NO_3^-去除影响的响应面3D效果图。结果见图3-22。

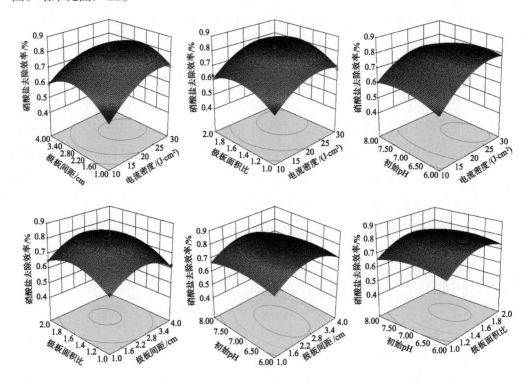

图3-22　因素交互作用对对硝酸盐去除效率影响的响应面图

Fig.3-22　Response surface plot foreffects on nitrate removal under the interaction of differentfactors

从图3-22可以看出，等高线的形状以及曲线坡度反映了交互效应的强弱，等高线呈椭圆形且坡度越陡说明交互作用越显著；反之为交互作用不显著（张洋等，2018；杨晶晶等，2018）。由图3-22可以看出电流密度与初始pH之间交互作用最为明显。通过NO_3^-去除率曲面还可以发现，反应条件中，电流密度对NO_3^-去除效率影响最大，其次是极板面积比，这也印证了表3-4方差分析的结果。响应面呈现出折叠的曲面，表明各因素与响应结果之间的关系比较复杂，无法用一次线性方程解释，但所得响应面图均为开口向下，说明4个因素的实验范围内均存在最佳值（王周利等，2014）。通过对模型回归方程的优化求解，获得了NO_3^-最佳去除率为83.4%，此时的反应条件J=25.6 mA/cm²，极板间距为2.5 cm，极板面积比为1.6∶1，初始pH为6.6。

表3-4 回归方程方差分析
Tab.3-4 Analysis of variance for regression equation

	平方和	自由度	均方	F值	P值
模型	0.19	14	0.013	14.16	<0.0001*
A-J	0.064	1	0.064	68.02	<0.0001*
B-D	1.34×10^3	1	1.34×10^3	1.43	0.2522
C-A	0.013	1	0.013	13.8	0.0023*
D-P	9.90×10^4	1	9.90×10^4	1.05	0.3227
AB	2.50×10^3	1	2.50×10^3	2.65	0.1256
AC	4.23×10^5	1	4.23×10^5	0.045	0.8353
AD	2.40×10^3	1	2.40×10^3	2.55	0.0327*
BC	8.10×10^5	1	8.10×10^5	0.086	0.7737
BD	1.56×10^4	1	1.56×10^4	0.17	0.69
CD	2.50×10^5	1	2.50×10^5	0.027	0.8729
A^2	0.038	1	0.038	40.02	<0.0001*
B^2	0.065	1	0.065	68.49	<0.0001*
C^2	0.037	1	0.037	38.97	<0.0001*
D^2	9.49×10^3	1	9.49×10^3	10.07	0.0068*
残差	0.013	14	9.42×10^4	—	—
失拟项	0.012	10	1.19×10^3	3.53	0.1179
纯误差	1.34×10^3	4	3.36×10^4	—	—
总和	0.20	28	—	—	—

注：F值代表回归方程与实际值的拟合程度；P值代表该因素的影响显著性程度，*代表影响显著。

（六）验证实验

在模型优化后的实验条件下开展3次重复实验，用于验证养殖废水的脱氮效果，见图3-23。从图3-23可以看出，实验中TAN浓度由2.28 mg/L降为0.29 mg/L，平均去除率达87.3%；NO_3^-浓度由13.5 mg/L降为2.5 mg/L，平均去除率达到81.5%。而响应面模型优化后，NO_3^-去除率的预估值为83.4%，两者间误差在1.9%，此外，对实验中间产物NO_2^-浓度分析后发现，尽管实验过程中NO_3^-浓度大幅度上升，但一段时间后其浓度逐渐下降且不存在较高浓度NO_2^-积累的问题。实验结果表明采用响应面模型对电化学水处理反应条件进行优化，有助于养殖废水脱氮效率的提高。

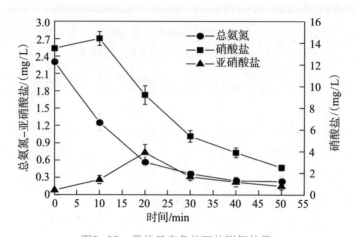

图3-23　最佳反应条件下的脱氮效果

Fig.3-23　The nitrogen removal effect under optimal reaction conditions

三、结论

（1）单因素实验表明：电流密度、极板间距、极板面积比和初始pH的改变对TAN的去除影响较小，在给定的反应条件下，各组TAN的去除率都达到80%以上；而电流密度、极板间距、极板面积比和初始pH的改变显著影响NO_3^-的去除，为实现TAN和NO_3^-的同步去除，须对NO_3^-反应条件进行优化。

（2）以电流密度、极板间距、极板面积比、初始pH为影响因子，以NO_3^-去除率为响应值建立响应面模型，通过对回归方程求解获得去除NO_3^-最佳反应条件：电流密度25.6 mA/cm²，极板间距为2.5 cm，极板面积比为1.6：1，初始pH为6.6，此时，NO_3^-去除率为83.4%。

（3）在响应面优化反应条件下开展验证实验，得到TAN去除率为87.3%，NO_3^-去除率为81.5%，实验结果表明，采用响应面模型对反应条件进行优化，有助于养殖废水脱氮效率的提高。

（张鹏，张龙，陈世波，朱建新）

第四节　基于好氧反硝化反应器的海水脱氮性能及其动力学特征

海水循环水养殖系统具有环境可控、养殖高效等优点，是未来水产养殖业发展的重要方向。循环水养殖系统生物过滤环节一般采用好氧生物滤池，可将有害的氨氮转化为毒性较低的硝态氮，因而养殖系统硝酸盐处于持续积累状态，浓度可以达到100 mg/L以上，甚至是500 mg/L以上。近年来，研究发现高浓度的硝酸盐对大菱鲆、大西洋鲑等养殖对象有一定影响（Freitag等，2015，2016；van Rijn等，2012）；另外，高浓度硝酸盐养殖废水排放到自然海域，是引起水体富营养化的重要因素之一，故循环水养殖系统中硝酸盐浓度的控制十分重要。

反硝化过程可以将硝酸盐转化为氮气，从水中逸出，解决硝酸盐积累的问题。San等（2008）在循环水养殖系统水处理中加入厌氧反硝化环节，添加甲醇作为碳源，取得了一定效果。但反硝化前脱氧环节成本较高，传统的反硝化需要严格厌氧或兼性厌氧条件，这与循环水养殖系统的富氧环境是背离的。随着人们对生物脱氮研究的深入，发现了突破传统理论的新认识，确定了有氧条件下反硝化过程的存在。好氧反硝化细菌的发现，为海水循环水养殖在有氧条件下去除硝酸盐提供了可能（Robertson等，1988；唐婧等，2014；Li等，2006；孙家君等，2014）。

目前，利用好氧反硝化技术（aerobic denitrification technology）处理海水循环水养殖系统硝酸盐废水的研究还鲜有报道。本研究利用耐盐好氧反硝化细菌接种构建好氧反硝化反应器，以海水硝酸盐废水为处理对象，研究好氧反硝化反应器的脱氮性能及好氧反硝化动力学特性，以期为好氧反硝化技术应用于海水循环水养殖系统提供数据参考。

一、材料与方法

（一）好氧反硝化反应器实验装置

实验用好氧反硝化反应器实验装置由反硝化反应器、连接管道和蓄水池等部分组成（图3-24）。反应器为黑色不透明PVC塑料圆桶，直径为13 cm，高为25 cm，有效容积为2.2 L，底部配有气石，采用Kaldness公司K1滤料（密度约为0.96 g/cm³，比表面积为850 m²/m³），填充率约40%，连接管道采用内径5 mm的软管，采用蠕动泵控制进水流量，上流方式进水。

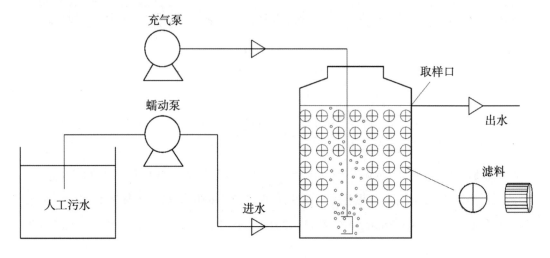

图3-24　反应器实验装置图

Fig.3-24　Diagram of aerobic denitrification reactor

（二）实验用水与反应器挂膜

实验用水为青岛近海海水配制的模拟养殖尾水，根据实际循环水养殖尾水浓度配置模拟养殖尾水，碳源为乙酸钠，碳氮比为6∶1。硝酸盐浓度约为50 mg/L时，模拟养殖尾水具体成分如下：CH_3COONa 0.787 8 g/L，KNO_3 0.361 g/L，KH_2PO_4 0.025 5 g/L，$K_2HPO_4 \cdot 3H_2O$ 0.042 7 g/L，微量元素溶液1 mL/L。其他参数：pH 7.8～8.3，水温为（25±1）℃，盐度为35。

好氧反硝化反应器采用接种方式挂膜，将前期筛选获得的高效好氧反硝化细菌（*Vibrio azureus*）活化36 h后接种至装有人工加富海水的反应器，开启氧气泵持续曝气2 d，第3天开启蠕动泵，实验条件：反应器水力停留时间5 h，反应器置于恒温水浴槽，保持水温（25±1）℃，采用氧气泵充氧保证反应器内溶解氧≥4 mg/L。反应器挂膜期间定时测定进出水总氮、硝酸盐氮、亚硝酸盐氮、氨氮的浓度，每天测定pH、溶解氧（DO）、温度（T）等水质参数，当反应器连续出水的硝酸盐浓度平均差异在5%以内，表明反应器处于运行稳态，可以开始后续实验。

（三）好氧反硝化性能研究

分别设置5个水力停留时间（1.5 h、3 h、4.5 h、6 h、7.5 h），7个进水硝酸盐浓度（30 mg/L、50 mg/L、70 mg/L、90 mg/L、110 mg/L、130 mg/L、150 mg/L）开展

好氧反硝化反应器的脱氮能力研究，反应器运行条件：水温（25±1）℃，pH 7.8～8.3，溶解氧≥4 mg/L，盐度35。当各条件下反应器连续出水硝酸浓度稳定，且平均差异在5%以内后，每隔2小时连续测定出水硝酸盐氮、亚硝酸盐氮、氨氮的浓度。

（四）好氧反硝化动力学研究

为了解好氧反硝化反应的动力学过程，取等量的滤料至不同底物浓度的锥形瓶（250 mL），置于恒温摇床，进行批次实验，实验条件：水温（25±1）℃，pH7.8～8.3，溶解氧≥4 mg/L（转速200 r/min），每0.5 h取样测定锥形瓶中硝酸盐氮、亚硝酸盐氮、氨氮等参数，直至硝酸盐完全去除，设置3个重复。

（五）水质分析方法及数据处理

氨氮检测方法为次溴酸盐氧化分光光度法，亚硝酸盐的检测方法为N-（1-萘基）-乙二胺分光光度法，硝酸盐检测方法为锌镉还原法，总氮检测方法为过硫酸钾氧化-紫外分光光度法。溶解氧、温度、盐度、pH分别采用YSI-566多参数水质测定仪（YSI incorporation USA）进行测定。采用Microsoft Excel软件对反硝化过程的实验数据进行分析，反硝化过程中反硝化动力学拟合采用Matlab软件。

二、结果与讨论

（一）反应器好氧反硝化功能启动

好氧反硝化反应器生物脱氮功能启动过程中，硝酸盐、总氮、亚硝酸盐、氨氮浓度随时间变化如图3-25（a～d）所示。从图3-25（a）中可以看出，从第1天开始，出水硝酸盐浓度保持在1 mg/L以下（除第7天、第27天和第39天外）。这说明反应器的生

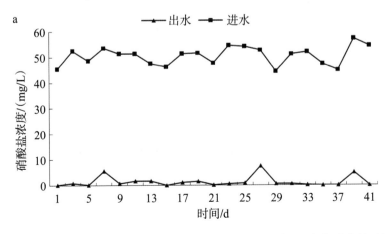

图3-25（1）　生物过滤功能启动过程硝酸盐、总氮、亚硝酸盐、氨氮浓度随时间变化

Fig.3-25（1）　Concentrations of ammonia, nitrite, nitrate, and total nitrogen over the starting up of denitrification

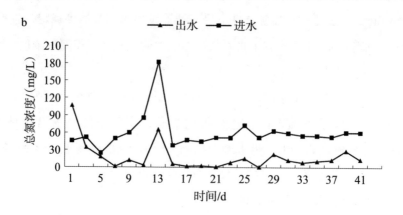

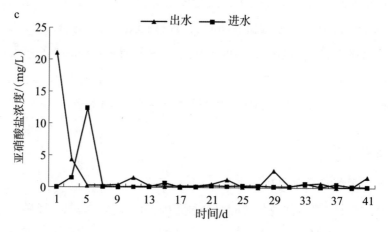

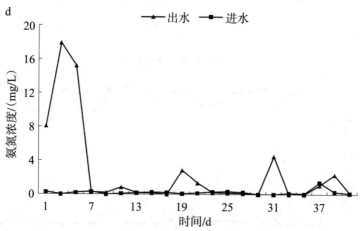

图3-25（2） 生物过滤功能启动过程硝酸盐、总氮、亚硝酸盐、氨氮浓度随时间变化

Fig.3-25（2） Concentrations of ammonia, nitrite, nitrate, and total nitrogen over the starting up of denitrification

物膜中的好氧反硝化细菌数量已经在2 d时间内迅速增多，已经处于对数增长期，反应器具有很强的硝酸盐去除能力。反应器在总氮去除方面也展示了良好效率，从第15天开始总氮的去除情况趋于稳定，总氮的平均去除率达到80.5%。启动初期，反应器出现亚硝酸盐和氨氮积累现象，其中亚硝酸盐浓度最高到达了12.5 mg/L，随后逐渐降低，出水亚硝酸盐浓度均维持在0.8 mg/L以下［除第29天；图3-25（c）］。硝酸盐和亚硝酸盐的去除在一定时间内呈现出先后顺序，这是由于在好氧反硝化细菌生长过程中，首先产生大量硝酸盐还原酶，完成了由硝酸盐向亚硝酸盐的转化，出现亚硝酸盐的短暂积累，随后亚硝酸盐氮还原酶开始产生，加速反应向下一步进行，直至还原成氮气（Walter等，2006）。第1～7天，反应器出水氨氮出现积累，说明反应过程中可能存在硝酸盐异化还原成铵的现象，随着时间的推进，氨氮未出现显著积累的现象［图3-25（d）］。若以无亚硝酸盐和氨氮积累作为反硝化功能启动完成的判断标准，该好氧反硝化反应器接种后挂膜成熟需要15 d。

（二）反应器好氧反硝化性能

进水硝酸盐浓度为30～150 mg/L、水力停留时间为1.5 h、3 h、4.5 h、6 h和7.5 h的条件下，硝酸盐的去除率如图3-26所示，当水力停留时间为1.5 h，进水浓度为30 mg/L和50 mg/L时硝酸盐去除率大于90%，除了这两种条件外，当进水浓度大于70 mg/L时，各组的硝酸盐去除率均小于50%，随着水力停留时间的增加，人工加富海水和生物膜接触的时间延长，去除率逐渐增加，当水力停留时间大于6 h时，在不同的进水浓度下，硝酸盐的去除率均在80%以上，进一步增加HRT，水处理结果更为稳定。在相同的水力停留时间条件下，反应器对硝酸盐的去除率随着进水硝酸盐浓度的增加而减小。

水力停留时间对反应器的影响主要体现在两个方面，一方面水力停留时间的长短影响到废水与生物膜的接触时间，水力停留时间越长，废水与生物膜接触时间越长，废水处理效果越好，但过大的水力停留时间显然不符合实际应用需要（赖才胜等，2010b）；另一方面水力停留时间的长短影响水力负荷，水力停留时间越短，水力负荷越大，对生物膜的水力剪切作用越强，从而对生物膜的生长产生影响（Rhee等，1997）。因此，必须设置适宜的水力负荷，过大或过小均会产生负面影响。

（三）好氧反硝化动力学初步研究

1. 批次实验结果

为更好了解反硝化动力学过程，在无菌条件下将反应器中的滤料移至锥形瓶中进行批次实验，保证碳源充足、溶解氧大于4 mg/L（摇床转速200 r/min），即碳源和溶解氧都不会成为微生物增殖率的限制性因素。1个反硝化周期内氮素变化情况如

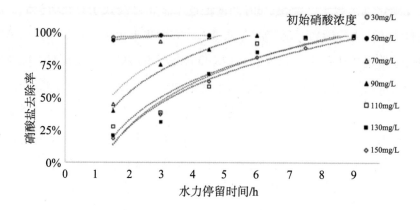

图3-26　不同水力停留时间好氧反硝化反应器的反硝化性能

Fig.3-26　Aerobic denitrification performance of the reactor under different HRT condition

图3-27（以初始浓度为90 mg/L为例）所示。反硝化的过程呈现明显的阶段性，硝酸盐不断被降解，亚硝酸盐先积累再降解，当反应进行到3 h时，亚硝酸盐浓度最高达峰值（60 mg/L），随后逐渐降低至0 mg/L。总氮呈现持续下降趋势，表明硝酸盐在还原成亚硝酸盐的同时，亚硝酸盐也被不断降解，但是在3 h之前亚硝酸盐的生成速率远远大于降解速率，说明亚硝酸盐还原过程是反硝化反应的限速过程。反应进行到5.5 h时，总氮、硝酸盐和亚硝酸盐的浓度都小于2 mg/L，表明反硝化反应过程基本完成。

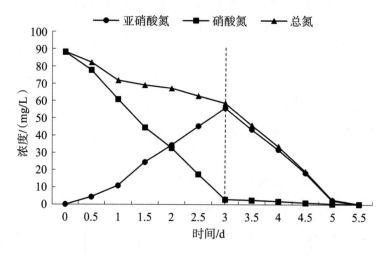

图3-27　反硝化周期内硝酸盐、亚硝酸盐、总氮变化走势图（硝酸盐初始浓度为90 mg/L）

Fig.3-27　Variation of nitrate, nitrite and total nitrogen in denitrification when initial nitrate was 90 mg/L

批次实验结果显示好氧反硝化过程呈现明显的阶段性，亚硝酸盐的积累过程难以避免。关于亚硝酸盐积累的问题，一种理论认为，硝酸盐相对于亚硝酸盐作为电子供体时其基质释放的能量较高，因此微生物优先利用硝酸盐作为反硝化作用的电子供体，导致亚硝酸盐浓度升高；另一种理论认为，硝酸盐还原酶的合成要早于亚硝酸盐还原酶，导致亚硝酸盐因转化延时而积累（Lee等，2003；Glass等，1998）。碳源、溶解氧、pH以及硝酸盐产生的抑制作用等都可能是反硝化过程中产生亚硝酸盐积累的原因。殷芬芳等（2009）在研究不同碳源对反硝化的除氮性能研究中发现，分别用乙酸钠、甲醇、丙酸钠和葡萄糖为碳源时，只有乙酸钠的反硝化系统出现了亚硝酸盐的积累，分析其产生原因可能是由于乙酸钠特有的代谢途径诱发了亚硝酸盐的积累。实验中出现亚硝酸盐积累，究其原因可能是以乙酸钠为碳源时，还原NO_3^--N至NO_2^--N过程所需要的能量小于NO_2^--N还原至N_2所需要的能量，尤其是在低碳氮比的条件下（黄斯婷等，2015）。亚硝酸盐积累浓度的最大值随着初始硝酸盐浓度的增加而增加，且亚硝酸盐积累浓度的最大值的出现时间随着初始硝酸盐浓度的增加而延后，即进水NO_3^--N浓度越高，亚硝酸盐完全去除所需时间越长（图3-28），因此在该反硝化反应过程中，要依据进水硝酸盐浓度的大小合理设置水力停留时间，以防止亚硝酸盐的积累。考虑到将该装置用于循环水系统时应消除积累亚硝酸盐对鱼类带来影响，设置以亚硝酸盐完全去除的时间作为水力停留时间可以保证出水中亚硝酸浓度为安全范围。以初始浓度为90 mg/L为例，合理反应器的水力停留时间应以反硝化的完成时间（5.5 h）为实际水力停留时间，而不是以硝酸盐完全除去的时间（3.5 h）作为标准。

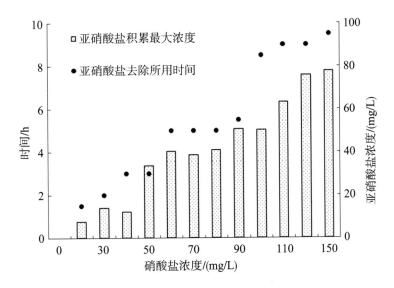

图3-28　亚硝酸盐积累和完全反应所用时间

Fig.3-28　Nitrite accumulation and reaction time

2. 好氧反硝化动力学模型拟合

批次实验中碳源和溶解氧均不是微生物增殖率的限制性因素，反硝化过程只受硝酸盐限制，可以用单底物限制的Monod模型来模拟反硝化动力学（Kaczorek等，2006），则：

$$V_{NO_3} = \frac{1}{X}\frac{dC_{NO_3}}{dt} = V_{max,NO_3}\frac{C_{NO_3}}{K_{S,NO_3} + C_{NO_3}} \tag{3-7}$$

式中：V_{NO_3}为硝酸盐降解速率［mg/（L·h）］；C_{NO_3}为硝酸盐的浓度（mg/L）；V_{max,NO_3}为硝酸盐最大降解速率［mg/（L·h）］；K_{S,NO_3}为基于硝酸盐降解的半饱和常数（mg/L），X为生物膜量（mg/L）。

反硝化过程是涉及4种酶的四步生化还原反应（Kirstein等，1993；Jong等，1997；Qiu等，2005），通常认为反硝化过程不会产生亚硝酸盐的积累，反硝化速率和亚硝酸盐浓度无关。但本实验过程中，反硝化过程呈现了明显的分段过程，当硝酸盐全部反应时，亚硝酸盐仍有积累，因此，仅以硝酸盐浓度的变化情况来表示反硝化速率是不合理的。对此，可以同样利用Monod模型模拟亚硝酸盐的变化过程（Kaczorek等，2006）。假设反硝化过程中硝酸盐的存在不会对亚硝酸盐的还原产生抑制作用，硝酸盐的利用速率等于亚硝酸盐的生成速率，而后生成的亚硝酸盐被进一步还原降解，得到：

$$V = \frac{1}{X}\frac{dC_{NO_2}}{dt} = -V_{max,NO_3}\frac{C_{NO_3}}{K_{S,NO_3} + C_{NO_3}} + V_{max,NO_2}\frac{C_{NO_2}}{K_{S,NO_2} + C_{NO_2}} \tag{3-8}$$

式中：V_{NO_2}为亚硝酸盐降解速率［mg/（L·h）］；C_{NO_2}为亚硝酸盐的浓度（mg/L）；V_{max,NO_3}为硝酸盐最大降解速率［mg/（L·h）］；K_{S,NO_3}为基于硝酸盐降解的半饱和常数（mg/L），V_{max,NO_2}为亚硝酸盐最大降解速率［mg/（L·h）］；K_{S,NO_2}为基于亚硝酸盐降解的半饱和常数（mg/L），X为生物膜量（mg/L）。

利用Matlab软件对批次实验中的硝酸盐和亚硝酸盐浓度数据进行拟合，得到模型相应的参数：V_{max,NO_3}为25.32 mg/（L·h），K_{S,NO_3}为0.11 mg/L，V_{max,NO_2}为21.26 mg/（L·h），K_{S,NO_2}为0.04 mg/L。硝酸盐降解的最大降解速率V_{max,NO_3}高于亚硝酸盐降解的最大降解速率，这表明在反硝化过程中，亚硝

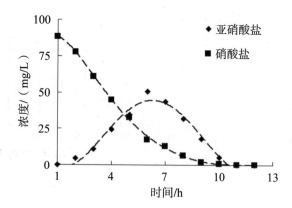

图3-29　氮浓度随时间变化的拟合

Fig.3-29　Simulation of nitrogen compounds

酸盐的去除速度低于硝酸盐的降解速度，这可以解释批次实验中亚硝酸盐存在积累的现象。半饱和常数K_S可以作为酶和底物亲和力的一个量度值，实验得出K_S值均较小，说明微生物对底物的亲和力较大，即反硝化反应速度较快。结果显示，模型的预测与实验测定值相差不大（图3-29），说明基于Monod方程的动态模型能很好地拟合该好氧反硝化的动力学过程。即可以利用该模型在不同进水硝酸浓度、不同水停留时间等条件下，预测出水硝酸盐的浓度。

三、结论

（1）利用好氧反硝化细菌（*Vibrio azureus*）挂膜构建海水好氧反硝化反应器，挂膜完成需要15 d，进水硝酸盐浓度和水力停留时间会显著影响硝酸盐的去除率，当水力停留时间大于6 h时，各组进水浓度条件下硝酸盐去除率均超过80%。

（2）在一个好氧反硝化反应周期内，反硝化呈现明显阶段性，即硝酸盐不断被降解，亚硝酸盐先积累再降解，亚硝酸盐积累浓度和完全降解时间均随初始硝酸盐浓度的增大而增大，采用基于Monod方程的微分方程模型，能够很好地拟合反硝化氮元素的变化趋势。模型预测值与实验值符合较好，可以利用该模型进行出水硝酸盐浓度的模拟预测。

（江玉立，黄志涛，宋协法，陈钊，董登攀，彭磊）

第五节　水力停留时间对厌氧反硝化反应器脱氮效果的影响

工厂化循环水养殖模式因具有养殖环境可控、节水节地、单位水体产量高、养殖操作简便、对环境污染小等诸多优点，受到广泛认可，最近十几年在中国各地得到了迅速发展与普及。由于现行的水处理系统缺乏专门的反硝化设备，存在硝酸盐氮（NO_3^--N）积累的问题。为了降低NO_3^--N含量及改善水质指标，在养殖生产中有时需要向系统内大量补充新水，造成水资源的浪费，甚或影响系统稳定性。采用微生物降解、转化水体中的氮素被认为是可行的。在诸多生物脱氮模式中，厌氧反硝化因其脱氮效率高、反应条件控制和反应机理研究都比较成熟，日益受到业界重视。目前，国内多使用实验室人工配置的模拟养殖废水进行厌氧反硝化研究（赖才胜等，2010；谭洪新等，2010；唐成婷等，2014；董明来等，2011；罗国芝等，2013），在水产养殖生产上应用反硝化脱氮的报道较少。而国外对其研究更为深入，少数厌氧反硝化水处理工艺已进入产业化阶段（Lepine等，2016）。应用厌氧反硝化脱氮的难点首先是养殖废水的溶解氧（DO）通常在 5.0 mg/L 左右，而反硝化要求 DO＜0.5 mg/L（辛明秀等，2007），这一问题可使用氮气曝气或适当延长水力停留时间（HRT）来解决（李秀辰等，2006）；其次是养殖废水的碳氮比（C/N）较低，而反硝化要求 C/N 达到 3~6，甚至更高，且比值越高（3＜C/N＜30）反硝化效果越明显（卢文显等，2015）。因此，需要选择一种合适的碳源，既稳定、高效释碳、提高 C/N，又不对养殖动物产生毒害作用。前期研究中尝试使用了可生物降解聚合物（BDPs；周子明等，2015；罗国芝等，2011）或农产品废弃物等（李华等，2016）作为碳源和生物膜载体；将硝化与反硝化串接，以养殖废水中的有机物作为碳源（Boley等，2000）；采用养殖固体废弃物或其水解产物作为碳源（李秀辰等，2010；成小婷等，2016；Philips等，1998）等。

本研究将厌氧反应器（以下简称反应器）与一级生物滤池相接，以养殖废水中的有机物作为碳源，通过调节反应器出水流量，改变HRT和DO水平，以研究各因素与反硝化效果的关系，为后续厌氧反硝化设备的研发提供参考。

一、材料与方法

（一）外挂式厌氧反应器的结构特点

实验地点位于山东省青岛市黄岛区琅琊镇卓越海洋集团有限公司的圆斑星鲽（*Verasper variegates*）养殖车间。反应器的外形尺寸见图3-30。反应器外壳采用亚克力材料，外涂水产用油漆遮光，避免光照影响反硝化效果。反应器内径为50 cm，底座到上法兰盘上表面高为180 cm，每隔40 cm设1个取样口（从下到上依次为取样口1、取样口2、出水口），反应器从底部侧面进水，最底部设1个排污阀；取样口、出水口外径为2.0 cm，进水口、气体逸出管、底排污管外径为3.3 cm。在反应器上部背光处留1个20 cm竖条状水位观察带，用于观察反应器内工作情况、测量不同运行条件下的水位，未用时，用遮光带封好。填料全部采用斜发沸石颗粒，平均粒径约为8 mm×6 mm×5 mm，装填总高度为 117 cm，总重量为251.32 kg。

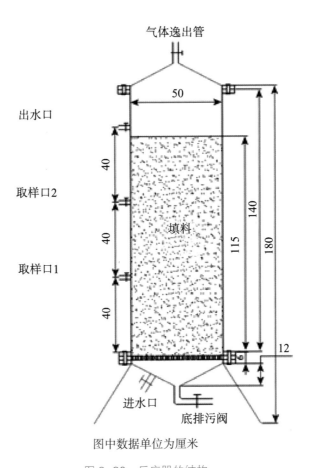

气体逸出管

50

出水口

40

取样口2

40

填料

140

115

180

取样口1

40

12

进水口

底排污阀

图中数据单位为厘米

图 3-30　反应器的结构

Fig.3-30　The structure diagram of the reactor

（二）实验方法

1. 厌氧反应器挂膜与实验时间

王威等（2013）研究表明，反硝化反应器挂膜时间最长需要40 d。也有研究表明，在海水养殖系统中，直接挂膜建立硝化系统分别需要40～80 d（罗国芝等，2005）和73 d（梁洋洋等，2012）。所以，将本实验中反应器的挂膜时间暂定为70 d左右。从2017年4月21日开始挂膜，于6月29日取反应器进、出水口水样进行测定。结果显示，氨氮（NH_4^+-N）、亚硝酸盐氮（NO_2^--N）、硝酸盐氮（NO_3^--N）去除率分别为63.11%、85.71%、-21.82%（积累），此时，认为反应器发生了硝化作用，结束挂膜，可以开始实验。

挂膜期间，测定反应器的实际外形尺寸，填料容重（单位体积填料重量，以g/cm^3计），测量反应器自填料层顶端以下的海水体积，为后续根据水位计算反应器内的海水体积及根据流量计算HRT做准备。正式挂膜前，排空反应器内空气，关闭底排污阀、取样口1和取样口2，调节好出水流量，将出水口所接水管和气体逸出管浸没于水中，以隔绝空气的进入。

实验时间为2017年6月29日至8月29日。实验期间，检测了6组不同流量（分别为642.11 L/h、612.46 L/h、342.12 L/h、24.71 L/h、10.48 L/h和5.40 L/h，对应的HRT分别为0.21 h、0.25 h、0.54 h、7.43 h、17.52 h和34.04 h）下各取样口（取样口1和取样口2）、出水口及进水口的相关水质参数。每隔10 d取样1次，取样后关闭取样口1和取样口2，调节反应器出水阀门，改变出水流量。现场测定水位、流量、温度、盐度、pH和DO，所有样品带回实验室检测。

2. 水质指标分析方法

测定的主要水质指标：水位、流量、温度、盐度、pH、DO、COD、NH_4^+-N、NO_2^--N、NO_3^--N、总氮（TN）、总有机碳（total organic carbon, TOC）、TOC/TN。其中，NH_4^+-N、NO_2^--N、NO_3^--N每次测2组平行样品并取平均值，其他指标每次只测1组。温度、盐度、pH、DO使用多参数水质测定仪（556MPS YSI，美国）测定；COD、NH_4^+-N、NO_2^--N和NO_3^--N的测定参照《海洋监测规范　第4部分：海水分析》（GB/T12763.4—2007），分别采用碱性高锰酸钾法、次溴酸钠氧化法、重氮偶氮法和锌镉还原法。TOC、TN测定使用总有机碳分析仪（岛津公司TNM-1，日本）。

3. 数据处理

DO平均值公式：

$$D_{avg}=\frac{(D_{in}+D_{s1}+D_{s2}+D_{ef})}{4} \tag{3-9}$$

TIN值公式：

$$V_{IN}=V_{Am}+V_{Ni}+V_{Na} \tag{3-10}$$

去除率公式：

$$R_r=\frac{100\%\times(V_i-V_o)}{V_i} \tag{3-11}$$

NH_4^+-N去除值公式：

$$V_{am}=V_{ai}-V_{ao} \tag{3-12}$$

NH_4^+-N去除值在IN去除值中占比公式：

$$R_{am}=\frac{V_{am}}{(V_{am}+V_{ni}+V_{na})}\times100\% \tag{3-13}$$

式中：D_{avg}、D_{in}、D_{s1}、D_{s2}、D_{ef}分别为DO平均值（mg/L）、进水口DO（mg/L）、取样

口1中DO（mg/L）、取样口2中DO（mg/L）、出水口DO（mg/L）；V_{IN}、V_{Am}、V_{Ni}、V_{Na} 分别为无机氮（TIN）值、NH_4^+-N值、NO_2^--N值、NO_3^--N值；Rr、Vi、Vo分别为去除率（%）、进水值（mg/L）、出水值（mg/L）。NO_2^--N、NO_3^--N、IN、TN去除率计算以相应值代入即可；V_{am}、V_{ai}、V_{ao}分别为NH_4^+-N去除值、NH_4^+-N进水值、NH_4^+-N出水值，NO_2^--N和NO_3^--N的去除值按公式（3-12）类推；R_{am}、V_{am}、V_{ni}、V_{na}分别为NH_4^+-N在IN去除值中占比（%）、NH_4^+-N去除值、NO_3^--N去除值（mg/L），NO_2^--N和NO_3^--N去除值在IN去除值中占比按公式（3-13）类推。

二、结果

（一）pH、温度、盐度变化

从图3-31（a）中可以看出，在同一HRT下，反应器不同取样口的pH有较小幅度的波动，总体变化不大，整个实验阶段的pH大体相当，处于6.8～7.4。从图3-31（b）中可以看出，实验期间的温度（20.80～22.54℃）、盐度（30.48～31.21）都有较小范围的波动。

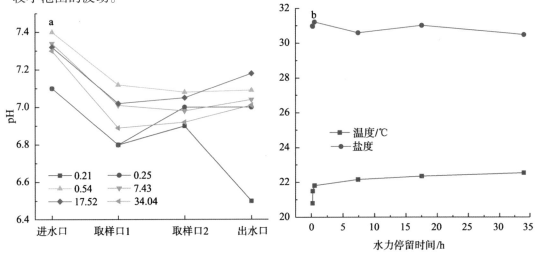

图3-31　不同HRT下的pH、温度、盐度变化

Fig.3-31　Changes of pH, temperature and salinity under different hydraulic retention times

（二）不同水力停留时间的溶解氧变化

从图3-32（a）可以看出，反应器各取样口按进水口到出水口的顺序排列，随着HRT的增加，DO的走势变陡，与进水口DO的波动无关；当HRT≥0.54 h时，出水口DO均降到0.5 mg/L左右或以下（分别为0.51 mg/L、0.28 mg/L、0.27 mg/L、0.32 mg/L）；从图3-32（b）可以看出，随着HRT的增加，反应器的平均DO也急

剧下降。结合图3-32（a）可以看出，由于反应器的DO走势随着HRT的增加而变陡，导致在相应的HRT下，DO的平均值也迅速下降。

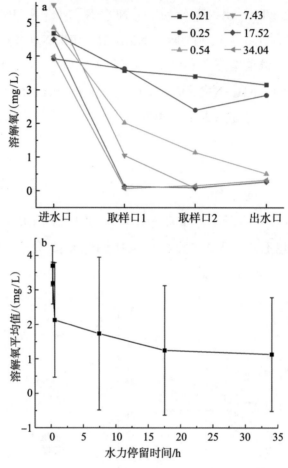

图3-32　不同 HRT（h）下反应器各取样口的 DO（a）以及 HRT 和 DO 平均值的变化（b）

Fig.3-32　Dissolved oxygen at each sampling port of the reactor under different hydraulic retention time（a）and the changes of mean dissolved oxygen value versus hydraulic retention times（b）

（三）不同水力停留时间下氮的去除效果

从图3-33可以看出，整个实验期间，反应器对TIN、TN均表现有效的正去除；随着HRT的增加，NH_4^+-N、NO_2^--N去除率呈先小幅上升再大幅下降趋势，然后，再缓慢上升，呈反"S"形变化。NO_3^--N去除率呈先增大后再减小趋势；从负去除（积累）到正去除，在HRT为17.52 h时达到最大（77.48%），到34.04 h反而减小。结合NH_4^+-N、NO_2^--N的去除情况可以看出，当以NO_3^--N去除率从小到大排序，去除率达到一定值后，NH_4^+-N、NO_2^--N开始出现积累（当HRT=17.52 h，二者都出现积累；当HRT=34.04 h，后者积累，前者正去除），并且NO_3^--N去除率越高，积累越严重；在积累顺序上表现为先NO_2^--N后NH_4^+-N。

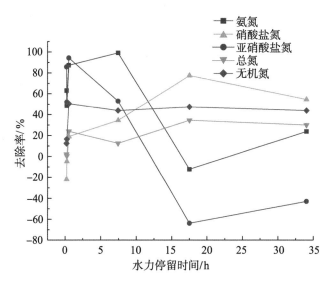

图3-33　不同HRT下无机氮、总氮、氨氮、亚硝酸盐氮、硝酸盐氮的去除率

Fig.3-33　The removal rate of inorganic nitrogen, total nitrogen, ammonium, nitrite and nitrate under different hydraulic retention times

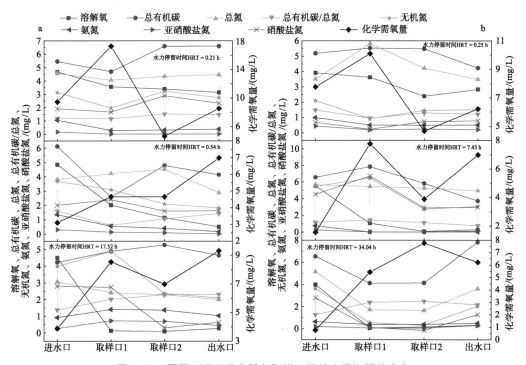

图3-34　不同HRT下反应器各取样口相关水质指标的变化

Fig.3-34　Changes of water quality indexes of each sampling port of the reactor under different hydraulic retention times

（四）不同水力停留时间下反应器各取样口相关水质指标的变化

从图3-34可以看出，DO、COD、TN、TOC/TN的变化与NO_3^--N的变化无明显相

关性。整个实验期间，TOC/TN的变化范围为0.61～2.48，绝大多数为1.0～1.5。NO_3^--N在各取样口变化曲线与TOC变化曲线的关系非常密切，其规律为TOC增高或下降，NO_3^--N下降或上升。其中，当HRT为0.25 h、0.54 h、17.52 h时，二者关系体现得最为明显。

（五）不同水力停留时间下氨氮、亚硝酸盐氮、硝氮去除值在无机氮去除值中占比

从图3-35可以看出，已知反应器在整个实验过程中对TIN均表现为正去除，对NO_3^--N表现为先积累后去除。当HRT为0.21 h、0.25 h时，NO_2^--N去除值在TIN去除值中占比为37.48%和37.67%，在图3-35中出现重叠。反应器在低HRT（＜7.43 h）下，脱去的氮素主要是NH_4^+-N和NO_2^--N；在高HRT（≥7.43 h）下，脱去的氮素主要是NO_3^--N，且随着HRT的增大，去除比值呈先增大后减小趋势。

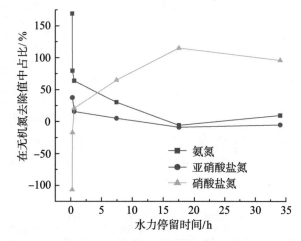

图3-35　不同HRT下氨氮、亚硝酸盐氮、硝酸盐氮去除值在无机氮去除值中占比

Fig.3-35　The ratio of ammonium, nitrite and nitrate removal value in inorganic nitrogen removal value at different hydraulic retention times

三、讨论

（一）氨氮、亚硝酸盐氮出现积累的原因分析

1. 依据填料上附着有机物差异的分析

从图3-32（a）和图3-33可以看出，当HRT≥0.54 h时，出水口DO均降到0.5 mg/L或以下，反应器开始有厌氧反硝化效果，这与辛明秀等（2007）、李秀辰等（2006）的研究结果相一致。从图3-34可以看出，随着HRT的增大（HRT≥0.54 h），反应器出现一定的反硝化效果，但主要反硝化层集中于反应器的某一段填料层中，而其上的填料层反硝化效果明显降低，甚至出现NO_3^--N浓度的反增。当HRT为17.52、34.04 h时，表现非常明显。当HRT为17.52 h时，反应器取样口1、取样口2和出水口的DO分别为0.13、0.09和0.27 mg/L，都符合反硝化厌氧条件。3个取水口在pH、温度、COD、TOC/TN、DO等各项指标均无显著差异，但NO_3^--N的去除却主要集中于取样口1至取样口2的填料间，在这段填料中，NO_2^--N（0.73→0.69 mg/L）、NH_4^+-N（1.42→1.38 mg/L）

只是小幅降低，且浓度并不高，此后，从取样口2到出水口，NO_2^--N 和 NH_4^+-N 降低的幅度都不大，但 NO_3^--N 反而增高。可见，在同一HRT下，尽管DO、C/N等反硝化的关键指标都大致相同，但不同填料层反硝化效果差异明显，这从所测数据上无法直接找出原因。

实验结束，在拆除反应器取出其中填料的过程中发现，在反应器中，以取样口1、取样口2的中间位置为分层面，其上的填料仍然与填料刚装填时被反复水洗后的颜色一致；其下的填料，越向下颜色越深，最后呈深棕褐色，与生物滤池底的污泥颜色一致，但该污泥已被除去臭味。这些沉积在填料上深褐色泥样均匀分布的物质，是进水中碎化、溶解的残饵和粪便等有机物逐渐积累造成的，它不但可为反应器内各种耗氧、反硝化的微生物提供溶解或微颗粒状有机物，并可以极大地增加微生物的丰度和消耗水中的溶解氧。在实验室检测TOC和TN时，由于仪器检测的需要，在水样加装前都必须经过过滤处理，因此，不同填料层有机物量的差异在检测结果上无法真实地被表达出来。HRT为17.52 h时，取样口1、取样口2和出水口在其他指标上均相近，但不同填料层上有机物附着量的差异，可能是导致同一HRT下反应器内不同填料层反硝化能力差异的根本原因。

另外，随着HRT的增大，流量减小，下层填料与养殖废水中有机物的接触时间增加，有机物沉积和被吸附的量也增加，反应器内主要反硝化层下移；上层填料因有机物的"储备"量太少，微生物丰度不够，流经该层的养殖废水中有机物也不足，导致 NO_3^--N 在该层无法有效地去除，出现积累，从而整个反应器反硝化效果下降。

2. 依据各取样口水质指标的分析

有机物和有机物形态的N在反应器内都要经过被消耗的过程。其中，有机物形态的N要经过先氨化变成 NH_4^+-N，再经硝化从 NH_4^+-N 或 NO_2^--N 转化为 NO_3^--N 的过程，最后，经过反硝化从 NO_3^--N 逐步转化为以 N_2（$NO_3^--N \rightarrow NO_2^--N \rightarrow NO \rightarrow N_2O \rightarrow N_2$）为主的气体逸出。这些过程在反应器内都存在，在不同填料层中随着HRT、DO、有机物含量而变化。

当HRT为17.52 h时，从进水口到取样口1，DO（4.50→0.13 mg/L）大幅下降，NH_4^+-N（0.92→1.42 mg/L）、NO_2^--N（0.27→0.73 mg/L）出现积累，NO_3^--N（2.81→2.74 mg/L）小幅下降，TOC（4.23→4.89 mg/L）上升，TN（3.07→2.42 mg/L）下降。填料上和流经填料的有机物从下到上递减，用于测定总氮的水样经过事先过滤，因此，所测值为溶解态无机氮和极少量有机氮。以上数据显示，在这段填料中，反硝化作用大于氨化作用，导致TIN下降。同时，硝化作用强烈，NO_3^--N转化为NO_2^--N大于NO_2^--N向NO_3^--N转化，使NO_3^--N小幅下降；有机物向NH_4^+-N转化大于NH_4^+-N向NO_2^--N的转化，NH_4^+-N、NO_3^--N向NO_2^--N的转化大于NO_2^--N向NO、N_2O、N_2与NO_3^--N的转化，造成NH_4^+-N、NO_2^--N较大幅度的积累。

从取样口1到取样口2，DO（0.13→0.09 mg/L）、NH_4^+-N（1.42→1.38 mg/L）、NO_2^--N（0.73→0.69 mg/L）小幅下降，NO_3^--N（2.74→0.30 mg/L）大幅下降，TOC（4.89→5.27 mg/L）继续上升，TN（2.42→2.30 mg/L）下降。在这段填料中，反硝化、氨化效果都很强烈，反硝化效果略大，TIN小幅下降。较多的NO_3^--N被转化为NO_2^--N，NH_4^+-N向NO_2^--N、NO_2^--N向NO、N_2O、N_2与NO_3^--N转化的程度大于有机氮向NH_4^+-N、NH_4^+-N和NO_3^--N向NO_2^--N转化的程度，因此，NH_4^+-N、NO_2^--N有较小幅度下降。

从取样口2到出水口，DO（0.09→0.27 mg/L）反增，但仍处于反硝化要求以下，NH_4^+-N（1.38→1.03 mg/L）、NO_2^--N（0.69→0.44 mg/L）继续下降，NO_3^--N（0.30→0.63 mg/L）上升，TOC（5.27→4.64 mg/L）下降，TN（2.30→2.01 mg/L）继续下降。在这段填料中，附着的有机物和流经该层填料的有机物都极少，氨化作用极弱，DO的反增和TOC的减少，虽抑制了反硝化的强度，但仍进行着，导致TN减少。NO_2^--N向NO_3^--N、NH_4^+-N向NO_2^--N和NO_2^--N向NO、N_2O、N_2、NO_3^--N转化的程度分别大于NO_3^--N向NO_2^--N、有机氮向NH_4^+-N和NH_4^+-N、NO_3^--N向NO_2^--N转化的程度，从而导致NO_3^--N的积累，NH_4^+-N、NO_2^--N的下降。

综上所述，从图3-34可以看出，NO_2^--N和NH_4^+-N的积累主要发生在从进水口到取样口1之间的填料层，在这段填料中，既发生有机氮向TIN的转化，消耗有机物和DO，还发生反硝化，TN下降值最大，脱氮效果最好，但还可继续提升。在整个实验中，养殖废水中的C/N、TOC浓度都不高。如果在进水口到取样口1的变化过程中，增加碳源供给量；尤其是从取样口1到出水口之间附着的有机物和流经的有机物都减少，脱氮效率下降，此时如果增加碳源的供给，可进一步增大反硝化效果，消除NO_2^--N和NH_4^+-N的积累。

分析在其他HRT下反应器内相关水质指标的变化，也可得出上述结论。反应器内不同填料层有机物附着量的差异和养殖废水在不同填料层有机物供应上的差异，导致在同一HRT下反应器内不同填料层反硝化脱氮效果的差异。HRT继续增大，反应器内主要反硝化脱氮层继续下移，上层填料有机物缺乏的现象更加突出，反应器总体脱氮效果下降。

（二）提高反应器脱氮效果的措施

1. 改进反应器外部和内部的设计

可以根据反应器内部对有机物的需要而改变进水管位置，在运行过程中，也可以根据需要对不同层的填料进行有机物的"强化"；同时，可以根据不同层的出水指标而选择出水口的位置。在本反应器中，水流从底部侧面进入，出水口与各取样口开口都在同一侧，导致填料中水流路径简捷化、附着的有机物不均匀、填料无法充分利用，因而降低了脱氮效果。因此，可在反应器内中间位置设计一块隔板，使水流在反应器内的流出途径呈"U"型，从而提高填料的使用效果；在填料填装前，可将填料与从生物滤池底收集的或微滤机滤下的污泥预混合，再进行装填，使各层填料上的有机物量充足，从而提高反应器的脱氮效果。

2. 填料的优选或改进

鉴于BDPs填料在含盐水体中具有不向水体释放额外的氮、较高的可生物降解性、稳定的释碳性能和NO_3^--N去除能力（Xu等，2018a，b；Costa等，2018；Wang等，2016；Xu等，2011），在生产成本可承受的情况下，部分或全部采用BDPs材料作为反硝化的碳源和生物膜载体，并改进反应器的外形设计，以方便后续BDPs填料的添加，也是一种可行的解决方案。

四、结论

反硝化反应器在整个实验阶段对TIN、TN表现为正去除，说明采用本研究的反硝化模式进行养殖废水脱氮是可行的。随着HRT的增大，反应器内各层的DO迅速下降，当出水口DO降到0.5 mg/L或以下时，反应器开始出现反硝化效果。反硝化效果随HRT的增大而增大，当HRT为17.52 h时，脱氮效果最好，NO_3^--N去除率达到77.48%；继续增大HRT，反应器上部的填料层因为有机物附着量少，流经该层的养殖废水有机物供应量也少，从而导致反硝化总体效果降低。反应器不同填料层上附着的有机物量存在差异，需要在外部和内部设计上进行改进，同时，也需要在填料装填前进行预处理，以提高反硝化效果。

（王震霖，朱建新，曲克明，陈世波）

本章参考文献

联合国粮农组织，2016. 2016年世界渔业和水产养殖状况：为全面实现粮食和营养安全做贡献［M］.罗马.

程海华，朱建新，曲克明，等，2016.不同有机碳源及C/N对生物滤池净化效果的影响［J］.渔业科学进展，37（1）：127-134.

陈国燕，彭党聪，李惠娟，等，2018.厌氧氨氧化耦合部分反硝化处理低浓度氨氮废水［J］.环境工程学报，12（7）：1888-1895.

陈辉，黄国龙，王家德，2016.电氧化同步去除废水中COD和氨氮的工业应用［J］.中国给水排水，32（8）：99-102.

陈金銮，施汉昌，2008.氨氮的电化学氧化技术及其应用研究［J］.给水排水，34（10）：128-128.

程序，2009.生物质能与节能减排及低碳经济［J］.中国生态农业学报，17（2）：375-378.

成小婷，2015.以养殖固体废弃物发酵产物为碳源的SND系统的脱氮除磷效果研究［D］.上海：上海海洋大学.

成小婷，罗国芝，李丽，等，2016.以养殖固体废弃物发酵产物为碳源的 SND 系统的脱氮除磷效果［J］.环境工程学报，10（1）：163-168.

曹勇锋，张朝升，荣宏伟，等，2018.C/N对生物膜同步硝化反硝化效果及膜内DO有效扩散系数的影响［J］.环境污染与防治，40（11）：1229-1233.

代晋国，宋乾武，姜萍，等，2012.电流密度对电化学氧化垃圾渗滤液效率影响［J］.环境科学与技术，35（12）：198-202.

丁建乐，鲍旭腾，梁澄，2011.欧洲循环水养殖系统研究进展［J］.渔业现代化（5）：53-57.

丁晶，2016.电化学工艺用于污水深度处理同步脱氮消毒的性能与机制［D］.哈尔滨：哈尔滨工业大学.

杜丽，冯秀娟，2011.中低浓度氨氮废水处理技术研究进展［J］.江西理工大学学报，32（1）：22-25.

董明来，罗国芝，刘倩，等，2011.聚丁二酸丁二醇酯反硝化反应器的脱氮效果及微生物群落变化研究［J］.环境污染与防治，33（10）：48-54.

段婉君，柴涛，冯一伟，等，2016.铱钽涂层形稳阳极电解含乙腈的模拟废水［J］.科学技术与工程，16（27）：311-315.

范经华，范彬，鹿道强，等，2006.多孔钛板负载 Pd-Cu 阴极电催化还原饮用水中硝酸盐的研究［J］.环境科学，27（6）：1117-1122.

付丽霞，吴立波，张怡然，等，2010. 低含量氨氮污水厌氧氨氧化影响因素研究［J］. 水处理技术，36（4）：50-55.

傅雪军，2010. 封闭式循环水养殖系统自然微生物挂膜及其水处理效果研究［D］. 上海：上海海洋大学.

傅雪军，马绍赛，曲克明，等，2010. 循环水养殖系统生物挂膜的消氨效果及影响因素分析［J］. 渔业科学进展，31（1）：95-99.

郭迪，2016. 电化学技术去除海水养殖废水中氨氮的研究［D］. 杭州：浙江大学.

郭迪，卢婵，王玉珏，2017. 海水养殖中氨氮的电化学氧化及残余氯和三卤甲烷的生成［J］. 水处理技术（3）：64-67.

高洋，2011. 电化学法改善烟草薄片废水可生化性的研究［D］. 浙江：浙江工商大学.

胡海燕，2007. 水产养殖废水氨氮处理研究［D］. 青岛：中国海洋大学.

胡海燕，单宝田，王修林，等，2004. 工厂化海水养殖水处理常用制剂［J］. 海洋科学，28（12）：59-62.

黄少丽，2005. 酸性氧化还原电位水生成机理及应用的研究［D］. 西安：第四军医大学.

黄斯婷，杨庆，刘秀红，等，2015. 不同碳源条件下污水处理反硝化过程亚硝态氮积累特性的研究进展［J］. 水处理技术，41（7）：21-25.

黄薇薇，2013. 金属颗粒强化的硝酸盐电化学处理技术研究［D］. 北京：中国地质大学.

胡筱敏，叶舒帆，和英滇，等，2011. 电解催化还原-氯氧化无害化去除水中硝酸盐氮［J］. 环境科学研究，24（5）：533-539.

郜玉楠，孙美乔，周历涛，等，2018. 响应曲面优化改性壳聚糖强化混凝处理硝酸盐研究［J］. 环境工程，36（3）：33-37.

侯志伟，高锦芳，罗国芝，2017. 聚己内酯添加量对淡水养殖水体硝酸盐氮处理效果的影响［J］. 渔业现代化，44（5）：12-18.

江志兵，廖一波，高爱根，等，2009. 余氯对鱼类毒性影响的研究进展［J］. 海洋学研究，27（4）：86-94.

康晨，2015. 双极性金属颗粒强化电化学法还原地下水硝酸盐的研究［D］. 北京：中国地质大学.

孔德生，吕文华，冯媛媛，等，2009. DSA电极电催化性能研究及尚待深入探究的几个问题［J］.化学进展，21（6）：1107.

赖才胜，谭洪新，罗国芝，等，2010.以聚丁二酸丁二醇酯为碳源去除含盐水体硝酸盐及其动力学模型［J］.农业工程学报（8）：285-290.

赖才胜，谭洪新，罗国芝，等，2010.利用可生物降解聚合物为碳源和生物膜载体脱氮及其动力学特性研究［J］.环境科学，31（8）：1839-1845.

李炟，王春荣，何绪文，等，2012.电化学氧化法去除微污染水中的氨氮［J］.环境工程学报，6（5）：1553-1558.

罗国芝，董明来，刘倩，等，2013.以聚丁酸丁二醇酯为碳源去除含盐水体硝酸盐的研究［J］.环境污染与防治，35（3）：20-25.

罗国芝，鲁璐，杜军，等，2011.循环水养殖用水中反硝化碳源研究现状［J］.渔业现代化，38（3）：11-17.

罗国芝，孙大川，冯是良，等，2005.闭合循环水产养殖系统生产过程中生物过滤器功能的形成［J］.水产学报，29（4）：574-577.

李华，周子明，刘青松，等，2016.稻壳作为反硝化碳源在海水中的脱氮性能研究［J］.工业水处理，36（3）：58-61.

刘金龙，2015.电化学水处理技术的研究与应用［J］.工程技术（引文版）（43）：185-185.

林建原，季丽红，2013.响应面优化银杏叶中黄酮的提取工艺［J］.中国食品学报，13（2）：83-90.

梁刘艳，汪苹，2001.废水脱氮处理方法研究［J］.北京轻工业学院学报，19（1）：29-35.

李强，2007.电化学法处理鱼油脂废水的应用研究［D］.大连：大连海事大学.

倪琦，雷霁霖，张和森，等，37.我国鲆鲽类循环水养殖系统的研制和运行现状［J］.渔业现代化（4）：1-9.

李弯，2017.电催化还原去除废水中硝酸盐氮的研究［D］.南京：南京航空航天大学.

李伟，丁晶，赵庆良，等，2014.电化学间接氧化法用于低浓度氨氮废水处理的研究［J］.黑龙江大学自然科学学报，31（5）：646-650.

卢文显，李敏，2015.反硝化细菌在废水治理中的应用：原理与现状［J］.福建师范大学学报（自然科学版），31（3）：111-117.

李秀辰，李俐俐，张国琛，等，2010.养殖固体废弃物作碳源的海水养殖废水反硝化净化效果［J］.农业工程学报（4）：275-279.

李秀辰，吕善志，孟飞，2016.利用反硝化技术净化养殖水体的研究进展［J］.大连海洋大学学报，21（4）：366-370.

刘晓斐，杜伊，胡玮璇，等，2019.城市河流中碳源对同步硝化反硝化的影响［J］.环境工程，37（2）：76.

刘鹰，2007.工厂化养殖系统优化设计原则［J］.渔业现代化，34（2）：8-9.

刘鹰，2006.欧洲循环水养殖技术综述［J］.渔业现代化（6）：47-49.

梁洋洋，罗国芝，谭洪新，等，2012.生物活性炭填料反应器处理含盐水体的硝化性能［J］.环境工程学报，6（5）：1536-1542.

李智，张玉先，2009.电吸附除盐后续工艺电解水催化还原去除硝酸盐的研究［J］.给水排水，35（5）：146-150.

蒲柳，陈武，窦丽花，等，2017.二维电催化处理高COD高氨氮含量废水［J］.水处理技术（8）：93-96.

裴洛伟，2015.基于微电解和紫外协同的海水循环水养殖系统水处理效果研究［D］.杭州：浙江大学.

彭强辉，刘辉，施汉昌，等，2009.电化学消毒在水产养殖业中的应用［J］.水产科技情报，36（1）：18-20.

孙家君，刘芳，胡筱敏，2014.溶解氧和曝气时间对好氧反硝化细菌脱氮效果的影响［J］.环境工程（12）：62-64.

舒欣，丁晶，赵庆良，2012.电化学法处理氨氮废水的实验研究［J］.黑龙江大学自然科学学报，29（2）：246-250.

宋协法，边敏，黄志涛，等，2016.电化学氧化法在循环水养殖系统中去除氨氮和亚硝酸盐效果研究［J］.中国海洋大学学报（自然科学版），46（11）：127-135.

唐成婷，罗国芝，谭洪新，等，2014.以PBS为载体和碳源的SND系统的脱氮效果研究［J］.安全与环境学报，14（5）：151-155.

谭洪新，赖才胜，罗国芝，等，2010.以可生物降解聚合物为碳源去除海水闭合循环养殖系统中的硝酸盐［J］.海洋科学，34（6）：22-27.

唐婧，肖亚男，屈姗姗，等，2014.一株耐盐好氧反硝化细菌的分离鉴定及其脱氮特性［J］.环境工程学报（12）：5499-5506.

王家宏，秦静静，蒋伟群，等，2016.电化学氧化法处理低浓度氨氮废水的研究［J］.陕西科技大学学报（自然科学版），34（2）：12-15.

王龙，汪家权，吴康，2014. 电极电化学氧化去除模拟废水中氨氮的研究 ［J］. 环境科学学报，34（11）.

乌兰，王俊，吴晓彤，等，2017. 海水养殖废水短程硝化反硝化基础研究 ［J］. 内蒙古农业大学学报（自然科学版）（5）：1-6.

王乐乐，2016. TiO_2 纳米电极去除地下水中硝酸盐研究 ［D］. 北京：中国地质大学.

王思，2018. Me/GO/Ti 阴极的制备及电催化还原硝酸盐氮的研究 ［D］. 西安：陕西科技大学.

魏泰莉，余瑞兰，1999. 养殖水环境中亚硝酸盐对鱼类的危害及防治的研究 ［J］. 水产养殖（3）：15-17.

王威，曲克明，朱建新，等，2013. 不同碳源对陶环滤料生物挂膜及同步硝化反硝化效果的影响 ［J］. 应用与环境生物学报，19（3）：495-500.

王周利，伍小红，岳田利，等，2014. 苹果酒超滤澄清工艺的响应面法优化 ［J］. 农业机械学报，45（1）：209-213.

熊关全，2017. 改性活性炭电极电吸附去除水中的硝酸盐和亚硝酸盐 ［D］. 重庆：重庆大学.

谢丽，蔡碧婧，杨殿海，等，2009. 亚硝酸积累条件下反硝化脱氮过程动力学模型 ［J］. 同济大学学报（自然科学版），37（2）：224-228.

徐丽丽，施汉昌，陈金銮，2007. $Ti/RuO_2-TiO_2-IrO_2-SnO_2$ 电极电解氧化含氨氮废水 ［J］. 环境科学，28（9）：2009-2013.

辛明秀，赵颖，周军，等，2007. 反硝化细菌在污水脱氮中的作用 ［J］. 微生物学通报，34（4）：773-776.

向武，邓南圣，2001. 海水中挥发性卤代烃产生机制研究进展 ［J］. 海洋科学，25（9）：21-23.

徐勇，张修峰，曲克明，等，2006. 不同溶氧条件下亚硝酸盐和氨氮对半滑舌鳎的急性毒性效应 ［J］. 海洋水产研究，27（5）：28-33.

殷芳芳，王淑莹，昂雪野，等，2009. 碳源类型对低温条件下生物反硝化的影响 ［J］. 环境科学，30（1）：108-113.

杨红晓，2012. 三种电化学水处理技术的研究 ［D］. 武汉：武汉理工大学.

杨晶晶，端允，2018. 响应面法优化斜生栅藻处理高氨氮废水的光照条件 ［J］. 科学技术与工程，18（19）：329-334.

姚利军，2015. 有机物强化电化学法去除地下水硝酸盐的研究［D］. 北京：中国地质大学.

叶舒帆，胡筱敏，董俊，等，2011. 钛基修饰电极催化电解去除水中硝酸盐氮的研究［J］. 中国环境科学，31（1）：44-49.

叶章颖，裴洛伟，林孝昶，等，2016. 微电流电解去除养殖海水中氨氮效果［J］. 农业工程学报，32（1）：212-217.

郑华均，牛平，赵浙菲，等，2018. Pt@ rGO-Bi$_2$WO$_6$/FTO 复合材料的制备及其光电催化甲醇氧化性能［J］. 浙江工业大学学报，46（1）：83-89.

赵瑾，王文华，成玉，等，2017. 响应面法优化改性砂吸附海水中氨氮的条件［J］. 化学工业与工程，34（3）：65-71.

朱建新，刘慧，徐勇，等，2014. 循环水养殖系统生物滤器负荷挂膜技术［J］. 渔业科学进展，35（4）：118-123.

张立辉，曹国民，盛梅，等，2010. 地下水硝酸盐去除技术进展［J］. 净水技术（5）：4-10.

周明明，2015. 电化学氧化去除氨氮的机理及其应用［D］. 杭州：浙江工业大学.

张鹏，王朔，陈世波，等，2018. 电流密度对电化学处理水产养殖废水效率的影响［J］. 渔业现代化，45（2）：13.

赵树理，庞宇辰，席劲瑛，等，2016. 电化学消毒法对水中大肠杆菌的灭活特性［J］. 环境科学学报，36（2）：544-549.

曾兴宇，刘静，王意，等，2014. 海水淡化浓盐水排放中挥发性卤代烃环境安全性评价［J］. 安全与环境学报，14（1）：234-237.

郑向勇，严立，叶海仁，等，2010. 电化学技术用于污水脱氮除磷的研究进展［J］. 水处理技术，36（1）：20-24.

朱艳，2013. PbO$_2$ 粉末多孔电极处理氨氮及其在硝酸盐去除中的应用［D］. 合肥：合肥工业大学.

朱艳，汪家权，陈少华，等，2013. 氯离子对氨氮电化学氧化的影响［J］. 环境工程学报，7（7）：2619-2623.

张洋，褚衍旭，王红萍，2018. 响应面法优化 BMED 工艺氨氮迁移操作条件［J］. 环境科学与技术，41（4）：134-138.

张彦浩，钟佛华，夏四清，等，2009. 硝酸盐污染饮用水的去除技术研究进展［J］. 环境保护科学，35（4）：50-53.

张延青, 2007. 海水养殖贝类苗种循环水高效净化技术研究 [D]. 青岛: 中国海洋大学.

周子明, 李华, 刘青松, 等, 2015. 工厂化循环水养殖系统中生物填料的研究现状 [J]. 水处理技术, 41 (12): 33-37.

曾振欧, 李哲, 杨华, 等, 2010. 铱-钽氧化物涂层阳极氧化再生酸性蚀刻液 [J]. 电镀与涂饰, 29 (11): 29-32.

Anglada A, Ibañez R, Urtiaga A, et al., 2010. Electrochemical oxidation of saline industrial wastewaters using boron-doped diamond anodes [J]. Catalysis Today, 151 (1-2): 178-184.

Ben-Asher R, Lahav O, 2016. Electrooxidation for simultaneous ammonia control and disinfection in seawater recirculating aquaculture systems [J]. Aquacultural Engineering, 72: 77-87.

Boley A, Müller W R, Haider G, 2000. Biodegradable polymers as solid substrate and biofilm carrier for denitrification in recirculated aquaculture systems [J]. Aquacultural Engineering, 22 (1-2): 75-85.

Brylev O, Sarrazin M, Roué L, et al., 2007. Nitrate and nitrite electrocatalytic reduction on Rh-modified pyrolytic graphite electrodes [J]. Electrochimica Acta, 52 (21): 6237-6247.

Camargo J A, Alonso A, Salamanca A, 2005. Nitrate toxicity to aquatic animals: a review with new data for freshwater invertebrates [J]. Chemosphere, 58 (9): 1255-1267.

Cao Z, Wen D, Chen H, et al., 2016. Simultaneous removal of COD and ammonia nitrogen using a novel electro-oxidation reactor: a technical and economic feasibility study [J]. International Journal of Electrochemical Science, 11 (5): 4018-4026.

Costa D D, Gomes A A, Fernandes M, et al., 2018. Using natural biomass microorganisms for drinking water denitrification [J]. Journal of Environmental Management, 217: 520-530.

Chrisgj V B, Janp S, Sven W, et al., 2012. The chronic effect of nitrate on production performance and health status of juvenile turbot (*Psetta maxima*) [J]. Aquaculture, 326-329 (1): 163-167.

Daims H, Lebedeva E V, Pjevac P, et al., 2015. Complete nitrification by Nitrospira bacteria [J]. Nature, 528 (7583): 504−509.

Daims H, Lücker S, Wagner M, 2016. A new perspective on microbes formerly known as nitrite-oxidizing bacteria [J]. Trends in Microbiology, 24 (9): 699−712.

Dash B P, Chaudhari S, 2005. Electrochemical denitrificaton of simulated ground water [J]. Water Research, 39 (17): 4065−4072.

Díaz V, Ibáñez R, Gómez P, et al., 2011. Kinetics of electro-oxidation of ammonia-N, nitrites and COD from a recirculating aquaculture saline water system using BDD anodes [J]. Water Research, 45 (1): 125−134.

Ding J, Zhao Q, Zhang Y, et al., 2015. The eAND process: Enabling simultaneous nitrogen-removal and disinfection for WWTP effluent [J]. Water Research, 74: 122−131.

Directive C, 1998. On the quality of water intended for human consumption [J]. Official Journal of the European Communities, 330: 32−54.

Dortsiou M, Katsounaros I, Polatides C, et al., 2013. Influence of the electrode and the pH on the rate and the product distribution of the electrochemical removal of nitrate [J]. Environmental Technology, 34 (3): 373−381.

Evans D H, Piermarini P M, Choe K P, 2005. The multifunctional fish gill: dominant site of gas exchange, osmoregulation, acid-base regulation, and excretion of nitrogenous waste [J]. Physiological Reviews, 85 (1): 97−177.

Fernandes P M, Pedersen L F, Pedersen P B, 2017. Influence of fixed and moving bed biofilters on micro particle dynamics in a recirculating aquaculture system [J]. Aquacultural Engineering, 78: 32−41.

Freitag A R, Thayer L A R, Leonetti C, et al., 2015. Effects of elevated nitrate on endocrine function in Atlantic salmon, *Salmo salar* [J]. Aquaculture, 436: 8−12.

Freitag A R, Thayer L R, Hamlin H J, 2016. Effects of elevated nitrate concentration on early thyroid morphology in Atlantic salmon (Salmo salar Linnaeus, 1758) [J]. Journal of Applied Ichthyology, 32 (2): 296−301.

Gendel Y, Lahav O, 2013. A novel approach for ammonia removal from fresh-water recirculated aquaculture systems, comprising ion exchange and electrochemical regeneration [J]. Aquacultural Engineering, 52: 27−38.

Gendel Y, Lahav O, 2012. Revealing the mechanism of indirect ammonia electrooxidation [J]. Electrochimica Acta, 63: 209−219.

Ghasemian S, Asadishad B, Omanovic S, et al., 2017. Electrochemical disinfection of bacteria-laden water using antimony-doped tin-tungsten-oxide electrodes [J]. Water Research, 126: 299-307.

Glass C, Silverstein J A, 1998. Denitrification kinetics of high nitrate concentration water: pH effect on inhibition and nitrite accumulation [J]. Water research, 32（3）: 831-839.

Hamlin H J, 2006. Nitrate toxicity in Siberian sturgeon（*Acipenser baeri*）[J]. Aquaculture, 253（1-4）: 688-693.

Honda H, Watanabe Y, Kikuchi K, et al.,1993. High density rearing of Japanese flounder, *Paralichthys olivaceus* with a closed seawater recirculation system equipped with a denitrification unit [J]. Aquaculture Science, 41（1）: 19-26.

Honghui H, Sui Z, Haoru C, et al., 1999. Studies on toxicity of residual chlorine to larvae of *Rhabdosargus sarba* and *Sparus macrocephalus* in Daya Bay [J]. Tropic Oceanology, 18（3）: 38-44.

Huang Z, Jones J, Gu J, et al., 2013. Performance of a recirculating aquaculture system utilizing an algal turf scrubber for scaled-up captive rearing of freshwater mussels（Bivalvia: Unionidae）[J]. North American Journal of Aquaculture, 75（4）: 543-547.

Ka J O, Urbance J, Ye R W, et al., 1997. Diversity of oxygen and N-oxide regulation of nitrite reductases in denitrifying bacteria [J]. FEMS Microbiology Letters, 156（1）: 55-60.

Kaczorek K, Ledakowicz S, 2006. Kinetics of nitrogen removal from sanitary landfill leachate [J]. Bioprocess and Biosystems Engineering, 29（5）: 291-304.

Katsounaros I, Ipsakis D, Polatides C, et al., 2006. Efficient electrochemical reduction of nitrate to nitrogen on tin cathode at very high cathodic potentials [J]. Electrochimica Acta, 52（3）: 1329-1338.

Khuntia S, Majumder S K, Ghosh P, 2013. Removal of ammonia from water by ozone microbubbles [J]. Industrial & Engineering Chemistry Research, 52（1）: 318-326.

Kirstein K, Bock E, 1993. Close genetic relation and characterization of the periplasmic reductase from *Thiosphaerchia coli* nitrate reductase [J]. Arch Microbial, 160: 447-453.

Kroupova H, Machova J, Svobodova Z, 2005. Nitrite influence on fish: a review [J]. Veterinami Medicina, 50（11）: 461.

Kuhn D D, Smith S A, Boardman G D, et al., 2010. Chronic toxicity of nitrate to Pacific white shrimp, *Litopenaeus vannamei*: impacts on survival, growth, antennae length, and pathology [J]. Aquaculture, 309 (1-4): 109-114.

Lahav O, Asher R B, Gendel Y, 2015. Potential applications of indirect electrochemical ammonia oxidation within the operation of freshwater and saline-water recirculating aquaculture systems [J]. Aquacultural Engineering, 65: 55-64.

Lee K C, Rittmann B E, 2003. Effects of pH and precipitation on autohydrogenotrophic denitrification using the hollow-fiber membrane-biofilm reactor [J]. Water Research, 37 (7): 1551-1556.

Lepine C, Christianson L, Sharrer K, et al., 2016. Optimizing hydraulic retention times in denitrifying woodchip bioreactors treating recirculating aquaculture system wastewater [J]. Journal of Environmental Quality, 45 (3): 813-821.

Li J, Yang Z, Xu H, et al., 2016. Electrochemical treatment of mature landfill leachate using Ti/RuO$_2$-IrO$_2$ and Al electrode: optimization and mechanism [J]. RSC advances, 6 (53): 47509-47519.

Li P, Liu D, Nahimana L, et al., 2006. High nitrogen removal from wastewater with several new aerobic bacteria isolated from diverse ecosystems [J]. Journal of Environmental Sciences, 18 (3): 525-529.

Lin S H, Wu C L, 1996. Electrochemical removal of nitrite and ammonia for aquaculture [J]. Water research, 30 (3): 715-721.

Mohseni-Bandpi A, Elliott D J, Momeny-Mazdeh A, 1999. Denitrification of groundwater using acetic acid as a carbon source [J]. Water Science and Technology, 40 (2): 53-59.

Mook W T, Chakrabarti M H, Aroua M K, et al., 2012. Removal of total ammonia nitrogen (TAN), nitrate and total organic carbon (TOC) from aquaculture wastewater using electrochemical technology: A review [J]. Desalination, 285 (3):1-13.

Nicolella C, Van Loosdrecht M C M, Heijnen J J, 2000. Wastewater treatment with particulate biofilm reactors [J]. Journal of Biotechnology, 80 (1): 1-33.

Panizza M, Brillas E, Comninellis C, 2008. Application of boron-doped diamond electrodes for wastewater treatment [J]. Journal of Enviromental Management, 18 (3): 139-153.

Person-Le Ruyet J, Chartois H, Quemener L, 1995. Comparative acute ammonia toxicity in marine fish and plasma ammonia response［J］. Aquaculture, 136（1-2）: 181-194.

Philips J B, Loven G, 1998. Biological denitrification using up flow biofiltration in recirculating aquaculture systems: pilot scale experience and implications for full-scale［J］. Aquacultural Engineering（22）: 171-178.

Polatides C, Dortsiou M, Kyriacou G, 2005. Electrochemical removal of nitrate ion from aqueous solution by pulsing potential electrolysis［J］. Electrochimica Acta, 50（25-26）: 5237-5241.

Pumkaew M, Taweephitakthai T, Satanwat P, et al., 2021. Use of ozone for *Vibrio parahaemolyticus* inactivation alongside nitrification biofilter treatment in shrimp-rearing recirculating aquaculture system［J］. Journal of Water Process Engineering, 44: 102396.

Qiu X Y, Hurt R A, Wu L Y, et al., 2004. Detection and quantification of copper-denitrifying bacteria by quantitative competitive PCR［J］. Journal of Microbiological Methods, 59（2）: 199-210.

Reyter D, Bélanger D, Roué L, 2010. Nitrate removal by a paired electrolysis on copper and Ti/IrO$_2$ coupled electrodes-influence of the anode/cathode surface area ratio［J］. Water Research, 44（6）: 1918-1926.

Rhee S K, Lee J J, Lee S T, 1997. Nitrite accumulation in a sequencing batch reactor during the aerobic phase of biological nitrogen removal［J］. Biotechnology Letters, 19（2）: 195-198.

Robertson L A, Van Niel E W J, Torremans R A M, et al., 1988. Simultaneous nitrification and denitrification in aerobic chemostat cultures of *Thiosphaera pantotropha*［J］. Applied and Environmental Microbiology, 54（11）: 2812-2818.

Ruan Y, Lu C, Guo X, et al., 2016. Electrochemical treatment of recirculating aquaculture wastewater using a TiRuO$_2$IrO$_2$ anode for synergetic total ammonia nitrogen and nitrite removal and disinfection［J］. Transactions of the Asabe, 2016, 59（6）: 1831-1840.

Sandu S, Brazil B, Hallerman E, 2008. Efficacy of a pilotscale wastewater treatment plant upon a commercial aquaculture effluent: I. Solids and carbonaceous compounds［J］. Aquacultural Engineering, 39（2-3）: 78-90.

Siikavuopio S I, Sæther B S, 2006. Effects of chronic nitrite exposure on growth in juvenile Atlantic cod, *Gadus morhua*〔J〕. Aquaculture, 255（1-4）: 351-356.

Song Q, Li M, Wang L, et al., 2019. Mechanism and optimization of electrochemical system for simultaneous removal of nitrate and ammonia〔J〕. Journal of Hazardous Materials, 363: 119-126.

Torno J, Einwächter V, Schroeder J P, et al., 2018. Nitrate has a low impact on performance parameters and health status of ongrowing European sea bass（*Dicentrarchus labrax*）reared in RAS〔J〕. Aquaculture, 489: 21-27.

van Bussel C G J, Schroeder J P, Wuertz S, et al., 2012. The chronic effect of nitrate on production performance and health status of juvenile turbot（*Psetta maxima*）〔J〕. Aquaculture, 326: 163-167.

van Rijn J, Tal Y, Schreier H J, 2006. Denitrification in recirculating systems: theory and applications〔J〕. Aquacultural Engineering, 34（3）: 364-376.

Volokita M, Abehovich A, Soares M I M, 1996. Denitrification of groundwater using cotton as energy source〔J〕. Water Science and Technology, 34（1-2）: 379-385.

Wang J L, Chu L B, 2016. Biological nitrate removal from water and wastewater by solidphase denitrification process〔J〕. Biotechnology Advances, 34（6）: 1103-1112.

Wang Y, Qu J, Wu R, et al., 2006. The electrocatalytic reduction of nitrate in water on Pd/Snmodified activated carbon fiber electrode〔J〕. Water Research, 40（6）: 1224-1232.

Xing Y, Lin J, 2011. Application of electrochemical treatment for the effluent from marine recirculating aquaculture systems〔J〕. Procedia Environmental Sciences, 10（1）: 2329-2335.

Xu Y, Qiu T L, Han M L, et al., 2011. Heterotrophic denitrification of nitrate contaminated water using different solid carbon sources〔J〕. Procedia Environmental Sciences, 10: 72-77.

Xu Z S, Song L Y, Dai X H, et al., 2018a. PHBV polymer supported denitrification system efficiently treated high nitrate concentration wastewater: denitrification performance, microbial community structure evolution and key denitrifying bacteria〔J〕. Chemosphere, 197: 96-104.

Xu Z S，Dai X H, Chai X L, 2018b. Effect of different carbon sources on denitrification performance, microbial community structure and denitrification genes〔J〕. Science of the Total Environment, 634: 195-204.

Ye Z, Wang S, Gao W, et al., 2017. Synergistic effects of microelectrolysis photocatalysis on water treatment and fish performance in saline recirculating aquaculture system［J］. Scientific Reports, 7（1）: 1–12.

Zhang S Y, Li G, Wu H B, et al., 2011. An integrated recirculating aquaculture system （RAS）for landbased fish farming: the effects on water quality and fish production［J］. Aquacultural Engineering, 45（3）: 93–102.

Zhao J, Li N, Yu R, et al., 2018. Magnetic field enhanced denitrification in nitrate and ammonia contaminated water under 3D/2D Mn_2O_3/gC_3N_4 photocatalysis［J］. Chemical Engineering Journal, 349: 530–538.

Zumft W G, Kroneck P M H, 2006. Respiratory transformation of nitrous oxide（N_2O）to dinitrogen by bacteria and archaea［J］. Advances in microbial physiology, 52: 107–227.

第四章
循环水养殖系统及其水质净化处理技术的应用研究

迄今为止，我国工厂化循环水养殖的品种仍然以鱼类为主，尤其是在鲆鲽类（牙鲆、大菱鲆、半滑舌鳎等）、河鲀、石斑鱼等海水鱼类，以及加州鲈、鲟、鲥等淡水鱼类养殖中，循环水养殖都占有相当大的比例；而虾类（凡纳滨对虾等）和其他品种的循环水养殖才刚刚起步。选择适宜的养殖品种对发展循环水养殖十分重要，这些品种既要具有优良的品质和较高的市场价值，也要适应循环水养殖系统的水环境特点。循环水养殖系统通常表现为硝酸盐和CO_2浓度偏高、pH偏低的水质特征，并且客观上要求以尽可能高的密度进行养殖，并非所有的高值品种都能适应这样的养殖条件。同时，在循环水养殖系统设计和运行管理当中，我们也要尽可能提高系统的包容性，从而适度调节各种环境条件、养殖密度、饲料投喂频次与投喂量等，以满足不同养殖生物的个性化需求。事实上，养殖品种与环境条件的双向匹配对于任何一种养殖模式来说都是最为重要的，但国内外相关研究略显不足。

笔者通过凡纳滨对虾、红鳍东方鲀、墨瑞鳕、牙鲆等品种的循环水养殖实验，监测、分析和揭示了系统内的生物膜菌落结构、净化效率与水质变化规律，检验了几种控制水质指标波动的应对措施及其实施效果；并结合养殖生物存活率、饲料转化率、酶活性、养殖密度等生物学和生理指标的研究结果，探究了这些品种在循环水养殖特定条件下的生长性能和养殖效果，可为指导相关品种的养殖生产提供有益参考。

第一节　凡纳滨对虾循环水养殖的应用研究

　　凡纳滨对虾是中国重要的对虾养殖品种之一，2016年中国凡纳滨对虾产量已达167.22万t，占全国虾类养殖总产量的50.61%，且有逐渐增加的趋势（农业部渔业渔政管理局，2017）。为提高对虾养殖产量和控制对虾疾病发生，中国凡纳滨对虾养殖模式经历了土池养殖、高位池养殖、温室大棚养殖和工厂化养殖等发展阶段。随着对虾养殖密度的增加，单位水体饲料投喂量也大大增加，导致养殖水体水质恶化速度进一步加快，对凡纳滨对虾的生长造成不利影响。当前，大部分企业通过大量换水的方式进行养殖水体更新，以解决养殖水质恶化的问题。但是，换水养殖模式不仅存在水资源浪费严重及污染周围养殖水域的缺点，而且有可能引入外来病原，甚至造成对虾疾病暴发（王克行，1997；董双林和潘克厚，2000；Samocha等，2004）。高效可持续的对虾循环水养殖系统已成为当今水产养殖模式应用研究的重点。

　　目前，对虾循环水养殖系统凭借其在水资源消耗、养殖废物管理、营养物迁移转换、对虾疾病管控和规避生态污染等方面的独到优势而受到对虾养殖生产者和研究者的广泛关注（Piedrahita，2003；Verdegem等，2006；Summerfelt等，2009；Tal等，2009）。近年来，一些研究表明，室内循环水养殖对养殖环境和水质具有良好的调节效果，具有较强的可行性（祁真等，2004；臧维玲等，2008；徐如卫等，2015）。此外，生物滤池作为对虾循环水养殖系统中废水净化处理的核心，具有较好的生物处理效果和较高的硝化效率，为养殖水中的营养物转化提供了有效保证（Kumar等，2010）。上述对虾循化水养殖系统的相关研究多注重于实验室条件，而且对于循环水养殖系统应用过程中养殖水体水质变化的研究较少。

　　本节以凡纳滨对虾室内工厂化流水养殖（indoor industrial flow-through aquaculture，IIFA）为对照组，比较研究凡纳滨对虾室内循环水养殖（recirculating aquaculture system，RAS）过程中养殖水体水质指标以及对虾生长性能的变化，探讨循环水养殖系统脱氮效果，以期为对虾循环水养殖模式的推广应用提供技术支撑。

一、材料与方法

（一）设施与材料

本研究在青岛市黄岛区青岛卓越海洋集团有限公司进行，时间为2017年。所用的对虾养殖池是同一养殖车间内规格相同的8个水泥池，长6 m、宽6 m、深1.2 m（养殖水体36 m³）。选取相邻的4个养殖池与循环水处理设备相连，组成循环水养殖系统，作为实验组，其余4个养殖池则用于对虾室内工厂化流水养殖，作为对照组。各个池底均匀分布4根长度4 m、管径2 cm的纳米充气管，采用罗茨鼓风机进行增氧，控制养殖期水体溶解氧在6.0 mg/L以上。室内光照通过棚顶采光，照度1 000~1 500 lx。如图4-1所示，循环水养殖系统由养殖池和水处理系统组成，水处理系统由课题组自行设计构建，主要包括履带式微滤机（1.3 kW，青岛海兴智能装备有限公司）、蛋白质泡沫分离器（0.55 kW，青岛海兴智能装备有限公司）、变频式离心泵（5.5 kW，南通银河水泵有限公司）、生物滤池（可容纳180 m³水体）和紫外消毒器（2.5 kW，青岛海兴智能装备有限公司）。养殖用水取自青岛市黄岛区近岸海水，经漂白粉消毒和沉淀过滤处理之后使用。凡纳滨对虾苗种由青岛卓越海洋集团有限公司培育，实验初期平均体重为（0.006±0.001）g/尾。

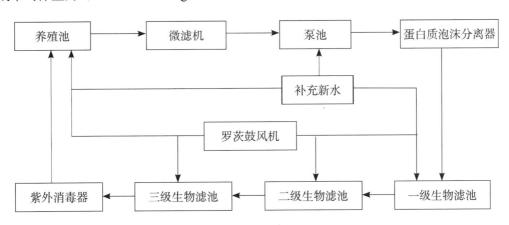

图4-1　凡纳滨对虾循环水养殖系统工艺流程图

Fig.4-1　The flow diagram of recirculating aquaculture system in *L. vannmei*

（二）实验设计

所有实验组和对照组凡纳滨对虾初始养殖密度均为400尾/m³。实验组池水循环量为3 h循环1次，每天排污2次（08:00和20:00），每天补充水量为水体的3%，约为8 m³；对照组各个养殖池第1周不换水，第2周每天补水量为原水体的3%，补充至养殖池水体达到36 m³；第3~6周每天换水2次（08:00和20:00），每次换水约为水体的20%；第

7～12周每次换水量约为水体的30%，换水时间和次数与第3～6周相同。循环水处理系统中生物填料为聚乙烯毛刷填料，由已经完成生物挂膜的对虾循环水养殖系统直接移植。该系统水力停留时间为3 h，即每天8个循环。本实验共进行85 d，在实验过程中投喂天邦牌对虾配合饲料（粗蛋白含量48%），每天投喂5次，投喂时间分别为06：00、10：00、14：00、18：00和22：00，日投喂量约为对虾体重的10%，具体投喂量根据对虾实际摄食量而定。

每3 d分别在实验组和对照组养殖池内取样1次，分别测定水体温度、pH、盐度以及溶解氧；每7 d于07：00时分别从实验组的进出水口、养殖池和对照组养殖池采水样1次，经0.45 μm孔径滤膜进行抽滤，检测COD、NH_4^+-N、NO_2^--N、NO_3^--N和TN的浓度。实验过程中，每天检查对虾存活情况；实验结束时，统计和测量各个养殖池收获对虾数量和总质量，同时随机在每个养殖池内抽取对虾50尾，测量体长和体重，计算养殖对虾存活、生长等数据。

（三）测定与计算方法

1. 对虾生长性能

实验结束后，排干养殖池水收获对虾。使用游标卡尺、电子天平和电子称分别测量各养殖池内凡纳滨对虾的体长、体重和总重，并分别计算单位水体的对虾产量（单产）、特定增长率、存活率以及饲料转化率，公式如下：

$$Y = \frac{Y_t}{V} \qquad (4-1)$$

$$T_{SGR} = \frac{\ln W_t - \ln W_0}{t} \times 100\% \qquad (4-2)$$

$$C_{SR} = \frac{N_t}{N_0} \times 100\% \qquad (4-3)$$

$$Z_{FCR} = \frac{[N_t \times (W_t - W_0)]}{F} \times 100\% \qquad (4-4)$$

式中，Y为对虾单产（kg/m^3）；Y_t为各个养殖池收获对虾总重量（kg）；V为养殖池有效水体（m^3）；T_{SGR}为特定增长率（%/d）；W_t为每尾对虾收获重量（g）；W_0为每尾对虾初始重量（g）；t为实验天数（d）；C_{SR}为存活率；N_t为各个养殖池对虾收获数量（尾）；N_0为各个养殖池放苗数量（尾）；Z_{FCR}为饲料转化率；F为饲料投喂量（g）。

2. 水质指标

水体温度、溶解氧、pH和盐度利用水质检测仪（YSI 556，美国）监测。COD、TN、NO_3^--N、NO_2^--N和NH_4^+-N浓度根据《海洋调查规范　第4部分：海水分析》（GB17378.4—2007），分别使用碱性高锰酸钾法、过硫酸钾氧化法、锌镉还原法、盐酸萘乙二胺分光光度法和靛酚蓝分光光度法测定。

3. 去除率和累积率的计算

NH_4^+-N、NO_2^--N去除率和NO_3^--N累积率分别按照如下公式计算：

$$R=\frac{(C_i-C_e)}{C_i}\times100\% \tag{4-5}$$

$$A=\frac{(C_e-C_i)}{C_e}\times100\% \tag{4-6}$$

式中：R为NH_4^+-N、NO_2^--N去除率（%）；A为NO_3^--N累积率（%）；C_i和C_e分别为NH_4^+-N、NO_2^--N、NO_3^--N的初始浓度和最终浓度。

4. 数据处理

本研究应用SPPS软件对实验数据进行统计分析、差异显著性检验分析，用t检验计算P值，当$P<0.05$时为差异显著，$P<0.01$时为差异极显著。

二、结果与讨论

（一）循环水养殖系统对对虾生长性能的影响

不同养殖模式凡纳滨对虾的生长性能如表4-1所示。RAS与IIFA的凡纳滨对虾最终体重和特定生长率无显著性差异（$P>0.05$），但RAS凡纳滨对虾存活率、饲料转化率和对虾产量均高于IIFA。这表明在该实验条件下，RAS可提高凡纳滨对虾存活率和养殖产量，并降低饲料成本。

表4-1　不同养殖模式条件下凡纳滨对虾的生长性能

Tab.4-1　Performance parameters of *L. vannamei* in different culture mode

生长指数	IIFA	RAS
初始体重/g	0.006±0.001	0.006 ± 0.001
终体重/g	（12.990±4.004）[a]	（13.105±2.941）[a]
产量/（kg/m³）	（3.47±0.42）[a]	（3.91±0.49）[b]
特定生长率/（%/d）	（9.03±0.13）[a]	（9.04±0.13）[a]
存活率/%	（66.90±3.80）[a]	（74.58±1.74）[b]
饲料转化率/%	（67.14±3.25）[a]	（70.56±3.82）[b]

注：同行数据不同字母表示差异性显著（$P<0.05$）。

对虾生长一般受养殖密度、摄食、水环境因子、养殖模式等因素的影响。良好的养殖模式有利于改善对虾自身的生长环境，且对养殖周边水环境的影响较小，可以有效促进对虾养殖产业的绿色可持续发展。当前，对虾循环水养殖系统和生物絮团养殖凭借节约水资源和绿色安全的优点，受到众多研究者广泛关注。然而，有关养殖模式对凡纳滨对虾生长的影响结论不一。Ray和Lotz（2017）认为循环水养殖凡纳滨对虾的生长性能优于生物絮团养殖的凡纳滨对虾。但索玉杰等（2015）发现，在生物絮团养殖模式下凡纳滨对虾的增长率高于循环水养殖的凡纳滨对虾，而循环水养殖凡纳滨对虾的增长率又高于常规换水养殖的凡纳滨对虾。Otoshi等（2003）研究表明，循环水养殖的凡纳滨对虾生长率显著低于流水土池养殖。这可能与实验设计以及养殖环境不同有关。然而在本研究中，对比传统IIFA，RAS的应用并未对凡纳滨对虾生长性能的提升产生显著影响。这表明在实验过程中凡纳滨对虾的生长可能受多因素共同作用的影响，水质条件的改善并不能有效提高对虾的生长性能，制约对虾生长的因素还包括水体微生物群落组成等。研究表明，循环水养殖系统中紫外消毒器和蛋白质泡沫分离器的使用有效降低水体有机物和微生物水平，可能会抑制凡纳滨对虾的生长（Vlasco等，2001）。因此，养殖模式对凡纳滨对虾生长性能影响的作用机制是较为复杂，有待于进一步深入研究。

对虾产量是反映循环水养殖系统应用效果的重要指标，而对虾产量一般是由对虾初始养殖密度、存活率和终体重所共同决定的。本研究通过与IIFA对比，发现RAS可以将对虾养殖产量由传统养殖的3.47 kg/m³提升至3.91kg/m³，进一步验证了RAS在对虾生产实践是可行的。然而，有研究表明，在跑道式循环水养殖系统中凡纳滨对虾养殖100～120 d后单位产量可达10 kg/m³（Dvais等，1998），在对虾循环水养殖系统高密度养殖中产量达到11.4 kg/m³（Reid等，1992），对虾产量均高于本研究，这很可能与本实验对虾养殖密度低，系统设计不同有关。这也表明对虾循化水养殖系统可以通过优化系统设计、提高养殖密度的方式增加对虾养殖产量。

（二）循环水养殖系统对养殖水质的影响

1. COD

在实验过程中，各养殖池的温度、盐度和pH分别稳定在28.0～30.0℃、30～32和7.8～8.1，而溶解氧则均高于6 mg/L，对照组和实验组之间未发现显著性差异。图4-2给出了不同养殖模式下水体COD变化。RAS的COD随着时间延长略有上升，最高升至5.92 mg/L。然而，对照组的COD变化幅度略大。具体而言：第1～15天，COD呈现上升趋势，最高升至3.42 mg/L；第15～36天，COD在1.96～3.76 mg/L范围内波动；第37～85天，COD再次呈现上升趋势，最高升至15.37 mg/L。

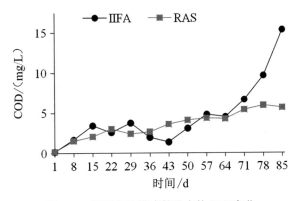

图4-2　不同养殖模式养殖水体COD变化

Fig.4-2　Variations of COD concentrations of aquaculture water in ponds in different culture model

COD一般反映养殖水体有机物污染程度，一般COD越高，水体污染越严重。在对虾高密度养殖期间，随着饵料投喂量的不断增加，养殖水体COD也呈现不断上升的趋势。有研究指出，COD较高是诱发对虾病毒性疾病发生的主要原因（马建新等，2002）。在本研究实验期间，RAS和IIFA的COD均呈现上升趋势，而RAS的COD上升幅度较小，这与索玉杰等（2015）的研究结果相一致。IIFA养殖水体COD的变化表明凡纳滨对虾养殖前中期通过换水的方式在一定程度上可以调节养殖水体COD浓度。但在对虾养殖后期，随着对虾饲料投喂量的进一步增加，60%的日换水量已经不能控制水体COD增长，这与张龙等（2019）的研究结果相吻合。本研究表明RAS可有效减缓COD（<5.92 mg/L）上升的幅度，对有机物的去除具有重要意义，与 Raj等（2009）的研究结果一致。然而，祁真等（2004）发现对虾RAS对养殖水体有机物去除效果并不明显。这种RAS有机物移除能力的差异很可能与系统设计和所使用的水处理设备有关。因此，优化RAS系统设计和选择合适的水处理设备有助于进一步提高RAS移除有机物的能力。

2. 无机氮以及总氮浓度变化

在循环水养殖条件下，养殖水体中无机氮以及TN浓度变化如图4-3所示。随着养殖实验的进行，RAS养殖水体NH_4^+-N和NO_2^--N浓度均呈现较低水平，其浓度分别在0.60 mg/L和1.14 mg/L以下；NO_3^--N和TN浓度总体呈现上升趋势，最高分别升至25.98 mg/L和33.55 mg/L。但对照组养殖水体NH_4^+-N和NO_2^--N浓度在较大范围（0.20~2.90 mg/L和0.19~6.97 mg/L）内波动，且NH_4^+-N浓度与NO_2^--N浓度变化趋势是有所关联的，当NH_4^+-N浓度升高时，NO_2^--N浓度降低，反之亦然；养殖水体

NO_3^--N和TN浓度随时间延长呈现相对较为稳定的状态，分别为0.94~2.85 mg/L和5.95~14.01 mg/L。由图4-3可得，自RAS启动之后，对照组养殖水体NH_4^+-N和NO_2^--N浓度皆高于RAS养殖水体。结果表明RAS对降低NH_4^+-N和NO_2^--N浓度具有较好效果。

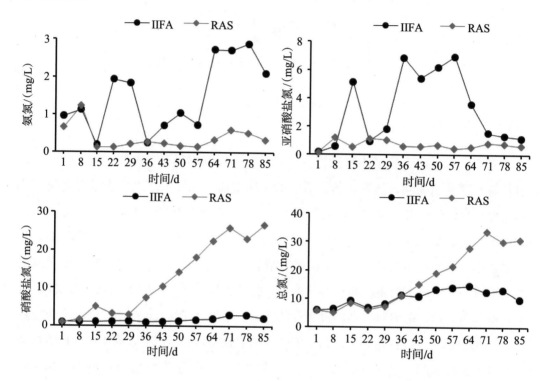

图4-3 不同养殖模式养殖水体NH_4^+-N、NO_2^--N、NO_3^--N和TN浓度变化

Fig.4-3 Variations of ammonia, nitrite, nitrate and total nitrogen concentrations of aquaculture water in ponds in different culture model

在对虾工厂化集约化养殖中，单位水体内对虾养殖密度一般较大，这就需要增加对虾饵料投喂量，进而导致养殖水体水质恶化加快。在对虾生长过程中绝大部分利用蛋白质供能，因而对虾饵料中的营养成分以蛋白质为主。在好氧条件下，对虾残饵、粪便中的有机氮通过氨化作用转化成无机氮（以NH_4^+-N为主），养殖水体中的NH_4^+-N随后通过硝化作用转化成NO_2^--N，进而转化为NO_3^--N（姚庆祯和徐桂荣，2002）。然而，养殖过程中NH_4^+-N浓度的升高可能会对凡纳滨对虾生长存活造成负面影响。据报道，当凡纳滨对虾养殖水体NH_4^+-N浓度高于0.79 mg/L，NO_2^--N浓度高于1.91 mg/L时，凡纳滨对虾的生长存活会受到抑制（Crab等，2007）。在本研究中，对照组通过改变换水量的方式更新养殖水体水质，并不能有效控制NH_4^+-N和NO_2^--N浓度的上升。在养殖过程中，水体NH_4^+-N和NO_2^--N浓度最高分别升高至2.90 mg/L和6.67 mg/L，远

远超出了其浓度的安全范围，这可能是造成对照组凡纳滨对虾存活率较低的主要原因。本研究中，RAS将培养完好的生物填料直接移植至生物滤池，加速了系统生物膜的构建，促进系统硝化反应的完全进行，从而使NH_4^+-N和NO_2^--N浓度始终保持在较低水平，而NO_3^--N浓度则不断增加，这与祁真等（2004）、臧维玲等（2008）、Ray 和 Lotz（2017）的研究结果相一致。因此，对虾RAS可有效改善养殖水体水质，为凡纳滨对虾生长存活率的提升发挥了积极作用。

3. 循环水养殖系统进出水口无机氮浓度变化

随着养殖实验的进行，对虾RAS养殖废水处理前后无机氮浓度，NH_4^+-N和NO_2^--N去除率（R）以及NO_3^--N的累积率（A）如图4-4所示。养殖废水在经RAS处理后，NH_4^+-N浓度均有所降低，且保持较低水平（0.03～0.60 mg/L），NH_4^+-N去除率在一定范围内（23.78%～91.43%）波动；NO_2^--N浓度多有所降低，总体呈现较稳定状态（0.34～1.05mg/L），NO_2^--N去除率（0～27.76%）相对较低，但是在第78天，NO_2^--N去除率为负值，说明有了累积；NO_3^--N浓度整体有所增加，且随实验进行呈现上升趋势，最高升至26.75 mg/L，而其累积率在第1～29天波动（-1.23%～16.27%）较大，在第29～85天较为稳定（0.57%～4.30%）。

由于本实验系统没有配备反硝化设备，无机氮的转化绝大部分依靠硝化反应进行，故养殖废水无机氮处理效果主要通过硝化效率表示。硝化效率一般受诸多环境条件和水质因素（温度、盐度、pH、溶解氧、COD等）、底物（NH_4^+-N、NO_2^--N）浓度、水力停留时间以及生物填料类型等的影响（Chen等，2006）。NH_4^+-N移除率和NO_3^--N累积率在一定程度上反映了RAS的整体硝化效率，这是因为单位时间内NH_4^+-N消耗量和NO_3^--N生成量一般是衡量硝化反应效率的主要指标。NO_2^--N以硝化反应的中间产物的形式存在，既是硝化反应的产物，又是亚硝化反应的底物，因此，其浓度变化是由NH_4^+-N浓度、NH_4^+-N移除率和NO_2^--N移除率共同决定的。在本研究中，NH_4^+-N、NO_2^--N去除率和NO_3^--N累积率均为正值，最大分别为91.43%、27.76%和16.27%。尽管有研究表明在RAS运行期间较高的COD会降低系统硝化效率，但本研究中COD最高为5.92 mg/L，对硝化反应的影响极小（Kuhn等，2010）。鉴于该RAS中养殖水体其他各项水质指标一般比较稳定，且水力停留时间和生物填料类型均已确定，故系统硝化效率主要由反应底物浓度（无机氮浓度）决定。整体而言，对虾RAS的NH_4^+-N移除率显著高于NO_2^--N去除率，这主要与NH_4^+-N是硝化反应的初级底物有关。而对虾残饵、粪便中的有机氮首先在养殖水体内通过氨化细菌将其转化为NH_4^+-N，NH_4^+-N浓度的增加促进了其去除率的提高，这与祁真等（2004）、Holl 等

（2011）、Ray和Lotz（2017）的研究结果相一致。尽管NO$_3^-$−N对水产动物的生长是相对无害的，但是在RAS运行期间NO$_3^-$−N浓度的不断增加，很可能会抑制硝化反应的进行。因此，在未来的研究中，RAS也许可以通过添加反硝化设备的方式降低水体NO$_3^-$−N浓度，促进系统硝化反应。此外，RAS设计方式和运行管理也是影响RAS硝化效率的重要因素（Guerdat等，2010；Suhr和Pedersen，2010；Pfeiffer和Wills，2011）。因此，优化RAS设计和提升系统运行效率对改善系统的脱氮处理效果具有重要意义。

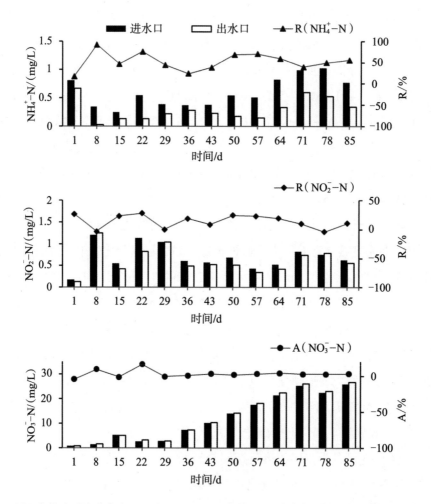

图4-4 循环水养殖系统进出水口NH$_4^+$−N、NO$_2^-$−N和NO$_3^-$−N浓度与NH$_4^+$−N和NO$_2^-$−N去除率以及NO$_3^-$−N累积率

Fig.4-4 The ammonia, nitrite and nitrate concentrations in the influents and effluents and the removal efficiency of ammonia, nitrite and the accumulation rate of nitrate in RAS

三、结论

本研究表明对虾循环水养殖在生产中具有较强的可行性。通过对比凡纳滨对虾室内流水养殖发现，对虾循环水养殖系统可有效地控制养殖水体COD（＜5.92 mg/L）、NH_4^+-N（＜0.60 mg/L）和NO_2^--N（＜1.14 mg/L）；同时，系统对凡纳滨对虾的存活率和产量的提高发挥至关重要的作用，且能在一定程度上降低饲料成本。

在该循环水养殖系统运行过程中，养殖废水经处理后NH_4^+-N和NO_2^--N浓度有所降低，而NO_3^--N浓度升高，这验证了系统养殖水体中硝化反应的完全进行，其中，系统的NH_4^+-N去除率、NO_2^--N去除率和NO_3^--N累积率分别为23.78%～91.43%、0～27.76%和0.57%～4.30%。

（张龙，朱建新，陈钊，汪鲁，陈世波，曲克明，张鹏）

第二节　养殖密度对凡纳滨对虾苗种中间培育效果的影响

凡纳滨对虾（*Litopenaeus vannamei*）生长速度快、耐盐范围广、抗病力强，其产量约占全球对虾产量的70%。自1987年引入我国以来，凡纳滨对虾迅速成为我国主要的对虾养殖品种之一，养殖产量占全球总产量的21%（黄志坚等，2016）。目前，凡纳滨对虾养殖模式主要有池塘养殖、高位池养殖和工厂化养殖（岑伯明，2010；王峰等，2013；高欣等，2017）。池塘和高位池养殖模式存在水资源浪费严重、单位水体对虾产量低、病毒性疾病频发、养殖尾水污染周围水体等缺点（董双林等，2000）；而工厂化养殖具有换水量少、养殖密度高、可避免病原微生物侵袭等优点（吴晨等，2010），其经济效益和生态效益显著高于其他养殖模式。因此，我国对虾工厂化养殖规模呈逐年增加的趋势。

在工厂化养殖中，为提高对虾饲料利用率和促进对虾快速生长，通常需要对虾苗种进行中间培育，即对体长为0.3～0.5 cm的凡纳滨对虾虾苗进行集中饲养管理，使其快速生长至1～2 cm仔虾的养殖过程。在对虾苗种中间培育期间，养殖密度、水质、水体细菌数量及菌落组成的控制通常是决定对虾苗种中间培育成败的关键。养殖密度过高会导致水质恶化，促进细菌快速生长繁殖，改变水体中微生物群落结构，进而增大养殖对虾的患病概率和发病速度（丁美丽等，1997；陈琛等，2016；Apún-Molina等，2017）。同时，养殖密度还会对凡纳滨对虾的生理行为、免疫指标和能量转化等产生重要影响，进而改变对虾生长速度和养殖产量（李纯厚等，2006；李玉全等，2007；衣萌萌等，2012）。目前，关于养殖密度对凡纳滨对虾苗种中间培育效果影响的研究仍较为有限。本研究通过对虾养殖场实际生产规模的苗种中间培育实验，探究了养殖密度对凡纳滨对虾生长指数、主要水质指标及微生物群落结构的影响，以期为凡纳滨对虾工厂化养殖提供生产性技术指导。

一、实验设计与实施

（一）实验设施

本实验于2017年在青岛市黄岛区青岛卓越海洋集团有限公司进行。选取12个有效容积为25 m³的水泥池（5 m×5 m×1 m）作为凡纳滨对虾苗种中间培育池，池底均匀布设100个气石，采用空气增氧；养殖用水为经沙滤、消毒后的地下海水，盐度31；每个池体上方棚顶设置1个采光口（3 m×1 m），光照度1 000~1 500 lx。实验所用凡纳滨对虾苗种由青岛卓越海洋集团有限公司培育，每尾虾平均体重为（6.0±0.5）mg。

（二）实验设计

鉴于养殖场凡纳滨对虾苗种中间培育实际养殖密度一般为1.5万尾/m³，本研究设置4个实验组，养殖密度分别为1.5万尾/m³（P1）、1.75万尾/m³（P2）、2.0万尾/m³（P3）和2.25万尾/m³（P4），每个实验组设3个平行，实验共进行21 d。实验前期（1~7 d），每天投喂3次卤虫无节幼体（粗蛋白含量57%），投喂时间为08：00、16：00和24：00，投喂虾片（粗蛋白含量48%）6次，投喂时间为06：00、09：00、12：00、15：00、18：00和21：00，卤虫无节幼体和虾片日投喂总量为对虾总重的10%；实验中期（8~13 d），混合投喂虾片和对虾商品配合饲料（粗蛋白含量42%），虾片所占比例由75%逐渐降至25%，日投喂总量为对虾总重的8%，投喂次数和时间与实验前期相同；实验后期（14~21 d），投喂对虾商品配合饲料，日投喂量由对虾总重的8%逐渐降到6%，投喂次数和时间同实验前期。且每天向各池水体泼洒光合细菌和乳酸多肽，使养殖池内二者浓度分别达到50 mg/L和20 mg/L。

实验初始养殖池水位0.6 m，前3 d为虾苗适应期，不换水；从第3天开始每天补水0.1 m，补至0.9m，补水时间为08：30；从第7天开始，每天换水1次，日换水量由养殖池内高度0.05 m逐渐递增至0.30 m，换水时间与补水时间相同。在补、换水时，要保持较小的流量，以避免产生应激反应，各个养殖池内补、换水量相同。实验过程中，各养殖池内水体温度、盐度和溶解氧分别保持在28～30℃、31～32和5.8～6.0 mg/L。每天08：00采集水样，测定各个养殖池内氨氮和亚硝酸盐氮浓度以及弧菌浓度；每3 d测定1次水体的化学需氧量，与上述测定指标采用同一批水样。实验结束后，各池内随机抽取50尾对虾，对其体长和体重进行测量，并计算平均值；同时，检测各个养殖池内养殖水体的微生物群落。

（三）分析方法

1. 对虾生长性能

实验结束后，排干养殖池水收获对虾。分别使用游标卡尺和电子天平测量各养殖池内凡纳滨对虾的体长和体重，并分别计算对虾的单产、特定增长率、存活率以及饲料转化率，计算方法参见式（4-1）至式（4-3）。

2. 常规水质指标

利用水质检测仪（YSI 556，美国）监测水体温度、溶解氧、pH和盐度。氨氮、亚硝酸盐氮和COD浓度分别采用靛酚蓝分光光度法、盐酸萘乙二胺分光光度法和碱性高锰酸钾法测定。弧菌浓度采用涂布平板的方法测定：将0.1 mL水样使用涂物棒均匀涂布在TCBS培养基上，24 h后观测和记录培养基上菌落数量。

3. 微生物群落

实验结束后，使用1 L的灭菌聚乙烯瓶采集水样，将水样放置摇床，于300 r/min摇晃10 min后，用 0.22 μm 孔径无菌滤膜抽滤。使用细菌基因组DNA提取试剂盒从抽滤膜上提取水样DNA，利用带有Barcode的特异性引物（515F和806R）对提取的水样基因组DNA的16S V4区进行PCR扩增。在PCR产物通过琼脂糖凝胶电泳检测后，使用TruSeq®DNA PCR-Free Sample Preparation Kit建库试剂盒进行文库构建。若文库合格，使用HiSeq2500 PE250进行上机测序。

下机数据在截取Barcode 和引物序列后使用软件FLASH 1.2.7对样品Reads进行拼接，得到原始数据（Raw Tags；Magoč等，2011）；利用软件Qiime 1.9.1对Raw Tags进行过滤处理，得到高质量Tags数据（Clean Tags；Caporaso等，2010；Bokulich等，2013）；Clean Tags序列通过（UCHIME Algorithm）与数据库（Gold database）进行比对（Edgar等，2011），去除其中的嵌合体序列（Hass等，2011），得到有效数据（Effective Tags）。使用软件Uparse v7.0.1001将所有Effective Tags聚类（97%）成为

操作分类单元（Operational Taxonomic Units，OTUs；Edgar，2013）；通过Mothur方法与SILVA的SSU rRNA数据库OTUs对比进行物种注释（Wang等，2007；Quast等，2013）。通过香农指数确定水样细菌生物多样性。使用软件orgin.8对水样细菌相对丰度（门和属）进行作图。

4. 数据处理

本研究应用SPSS软件对实验数据进行统计分析、差异显著性检验分析，用t检验计算P值，当$P<0.05$时为差异显著，$P<0.01$时，为差异极显著。

二、实验结果

（一）养殖密度对凡纳滨对虾苗生长性能的影响

不同养殖密度实验组内凡纳滨对虾的生长性能见表4-2。从表4-2可以看出，实验结束后，各养殖池虾苗的平均体重增加了9.3～10.5倍。在养殖密度1.5万～2.25万尾/m³条件下，凡纳滨对虾总产率、特定生长率、存活率以及饵料转化率均随着养殖密度的增加而逐渐升高。

表4-2 不同养殖密度养殖池内凡纳滨对虾的生长性能

Tab.4-2 Performance of *Litopenaeus vannamei* in ponds with different stocking densities

生长性能	P1	P2	P3	P4
初始体重/mg	6.0±0.5	6.0±0.5	6.0±0.5	6.0±0.5
终体重/mg	（61.5±0.3）[a]	（63.5±0.3）[a]	（67.1±0.4）[b]	（68.7±0.5）[b]
产率	5.39	5.67	6.09	6.30
特定生长率/（%/d）	11.64	11.80	12.07	12.19
存活率/%	89.76	90.12	91.54	92.24
饵料转化率/%	70.14	71.56	73.65	77.12

注：同行数据不同字母表示差异性显著（$P<0.05$）。

（二）养殖密度对水质的影响

1. pH

不同养殖密度养殖池水体pH随实验进行整体呈现下降的趋势（图4-5）。实验期内各组pH由8.00分别降低至7.72、7.66、7.67和7.59，而实验后期，换水量的增加能有效抑制pH的下降。P1、P2和P4组间水体的pH存在显著差异（$P<0.05$），而P2和P3水体pH较为接近。总体而言，水体pH随着养殖密度的增加而降低。

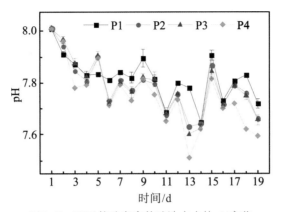

图4-5 不同养殖密度养殖池内水体pH变化

Fig.4-5 pH variations of aquaculture water in ponds with different stocking densities

2. 氨氮和亚硝酸盐氮浓度

随着对虾苗种中间培育实验的进行，各实验组水体氨氮浓度均呈逐渐上升趋势（图4-6）。实验结束时，各密度组水体氨氮浓度分别达到3.53 mg/L、4.23 mg/L、4.88 mg/L和5.55 mg/L。水体氨氮浓度随着对虾养殖密度的增加而升高，且不同养殖密度组间差异显著（$P<0.05$）。亚硝酸盐氮浓度在实验前期（1~7 d）变化缓慢，在实验中后期（8~21 d）快速上升。实验结束时，各密度组水体亚硝酸盐氮浓度分别

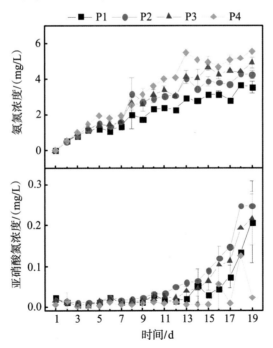

图4-6 不同养殖密度养殖池内水体氨氮和亚硝酸盐氮浓度变化

Fig.4-6 Variations of ammonia and nitrite concentrations of aquaculture water in ponds with different stocking densities

达到0.20 mg/L、0.24 mg/L、0.21 mg/L和0.02 mg/L，但不同养殖密度组间亚硝酸盐氮浓度差异并不显著（$P>0.05$）。

3. COD

实验前中期（1~13 d），水体COD浓度呈上升趋势；实验后期（14~21 d），随着换水量的增加，水体COD浓度呈现下降的趋势（图4-7）。实验结束时，各密度组水体COD浓度分别达到6.4 mg/L、7.2 mg/L、7.6 mg/L和7.8 mg/L。COD浓度随养殖密度的增加而有所增加，且不同密度组间差异显著（$P<0.05$）。

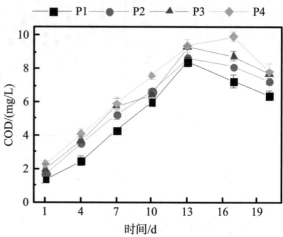

图4-7　不同养殖密度养殖池内水体COD浓度的变化

Fig.4-7　Variations of COD concentrations of aquaculture water in ponds with different stocking densities

4. 水体弧菌浓度

实验前中期，水体中弧菌浓度保持相对稳定 [（0.3~3.0）×10^4 CFU /mL]；实验后期，受日换水量增加的影响，各实验组水体弧菌浓度存在一定程度的波动，其中P4组波动最大（图4-8）。实验结束时，各实验组水体弧菌浓度分别为2.3×10^4、1.8×10^4、3.8×10^4和4.3×10^4 CFU/mL，弧菌浓度与养殖密度不存在相关性。

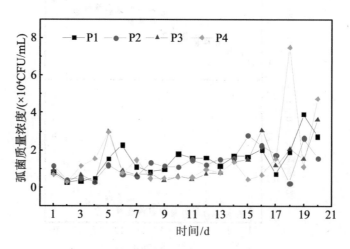

图4-8　不同养殖密度养殖池内水体弧菌浓度变化

Fig.4-8　Variations of vibrio concentration of aquaculture water in ponds with different stocking densities

（三）养殖密度对水体微生物群落结构的影响

1. 细菌生物多样性

香农指数在一定程度上可以反映水体中细菌的生物多样性，通常香农指数越大，说明其生物多样性越高（Cardona等，2016）。实验各组香农指数见图4-9，各实验组间存在显著性差异（$P < 0.05$）。其中P1和P2组存在极显著差异（$P < 0.01$），P2组香农指数明显高于其他各组。总体而言，香农指数随养殖密度的升高呈现上升的趋势。

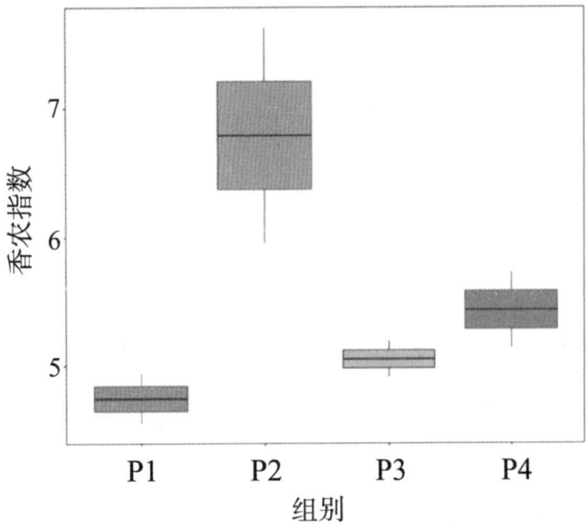

图4-9　不同养殖密度养殖池内水体细菌香农指数
Fig.4-9　Shannon diversity index of bacteria in shrimp culture water with different stocking densities

2. 水体中细菌优势种群

不同养殖密度养殖池内细菌群落的主要组成见表4-3。从表4-3可以看出，变形菌门（Proteobacteria）和拟杆菌门（Bacteroidetes）为各实验组水体的主要细菌门类。α-变形菌纲（Alphaproteobacteria）红杆菌科（Rhodobacteraceae）和γ-变形菌纲（Gammaproteobacteria）弧菌科（Vibrio）在变形菌门中分别占46%～81%和2%～23%。黄杆菌纲（Flavobacteriales）黄杆菌科（Flavobacteriales）、鞘氨醇杆菌纲（Sphingobacteriales）腐螺旋菌科（Saprospiraceae）和噬纤维菌纲（Cytophagales）Algorriphogus菌科分别占拟杆菌门的3%～13%、21%～44%和8%～62%。

表4-3　不同养殖密度养殖池内细菌群落的主要成分（门水平）

Tab.4-3　Major component of the bacterial community in shrimp culture water with different stocking densities（phyla）

相对丰度/%	P1	P2	P3	P4
变形菌门（Proteobacteria）	56.52	71.22	68.61	67.50
拟杆菌门（Bacteroidetes）	38.23	20.65	25.08	23.50
放线菌门（Actinobacteria）	1.92	1.96	0.89	1.46
厚壁菌门（Firmicutes）	1.41	2.09	1.48	1.70
微疣菌门（Verrucomicrobia）	0.40	1.49	0.53	3.52
酸杆菌门（Acidobacteria）	0.06	0.13	0.07	0.09
浮霉菌门（Planctomycetes）	0.08	0.14	1.25	0.20
绿弯菌门（Chloroflexi）	0.30	0.49	0.33	0.48

　　实验结束时，各实验组水体主要菌属的相对丰度如图4-10所示。P1组 Algorriphogus的相对丰度最高（13.5%），弧菌属（*Vibrio*）次之（5.1%）；P2和P4 组弧菌属的相对丰度最高（9.4%、8.1%），栖东海菌属（*Donghicola*）次之（5.3%、8.0%）；P3组弧菌属相对丰度最高（2.3%），海命菌属（*Marivita*）次之（1.8%）。弧菌属在不同养殖密度养殖池水体中均为优势菌属。

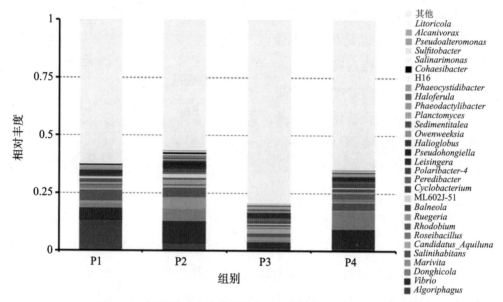

图4-10　不同养殖密度养殖池内主要细菌菌属的相对丰度

Fig.4-10　Relative abundance of major bacterial genus in shrimp culture water with different stocking densities

三、讨论

（一）养殖密度对凡纳滨对虾生长性能的影响

　　对虾成活率及特定成长率是影响凡纳滨对虾总产率的直接因素。因此，本研究以总产率来衡量凡纳滨对虾苗种中间培育效果。结果显示，在养殖密度1.5万～2.25万尾/m³条件下，随着养殖密度的增加，凡纳滨对虾成活率、特定生长率及总产率均逐渐升高。这与李纯厚（2006）、李玉全（2007）、衣萌萌（2012）等的研究结果（高密度养殖会抑制凡纳滨对虾生长，从而降低对虾产量）相悖，这主要是由于对虾苗种中间培育阶段对虾规格小、密度相对较低，同时，因密度胁迫所产生的空间拥挤效应并不明显（Nga等，2005）。本研究结果显示，当养殖密度为1.5万～2.25万尾/m³时，适当提高养殖密度有利于提升凡纳滨对虾苗种中间培育效果。其主要原因在于本研究设定的养殖密度范围内，当养殖密度较高时，单位水体饵料投喂量容易控制，有利于均匀投喂和对虾摄食饵料。因此，在凡纳滨对虾苗种工厂化中间培育实际养殖生产中，可以将对虾苗种中间培育养殖密度由1.5万尾/m³增加至2.25万尾/m³，以提高单位水体虾苗产量和增加养殖效益。

（二）养殖密度对养殖水体水质的影响

对虾养殖水体水质受饵料投喂、凡纳滨对虾生理活动（摄食、排泄、呼吸代谢等）以及水体微生物代谢的影响。在对虾苗种中间培育过程中，对虾及微生物呼吸代谢产生的CO_2积累，会导致水体pH逐渐下降。养殖密度和微生物丰度越高，水体pH下降越快。饵料是水体有机物负荷的主要来源，随着养殖对虾个体的增大和养殖密度的加大，饲喂量也会逐步提高，从而导致水体COD浓度的上升。与之相似，水体氨氮和亚硝酸氮浓度也会在苗种中间培育过程中逐渐上升，饵料中蛋白质含量较高是导致水体中氨氮和亚硝酸盐氮浓度升高的主要原因。本研究表明，养殖密度较大的养殖池内水体pH较低，而氨氮和COD浓度较高，与丁美丽等（1997）报道的规律吻合。

为避免水质恶化，换水是调节水质指标的有效措施，也是养殖企业最常用的方法。实验期间，随着凡纳滨虾个体的增大和养殖密度的加大而逐步提升换水量，最大换水量占总水体的33%，一定程度上抑制了水体pH的下降和COD浓度的升高，但对调节氨氮和亚硝酸盐氮浓度作用有限。实验结束时，氨氮浓度达到3.53～5.80 mg/L，超出了姚庆祯等（2002）报道的对虾养殖安全浓度（0.79 mg/L）。但是，实验过程中，尚未发现该浓度对对虾苗种生长和成活率构成影响。实验结果表明，在本研究条件下，换水对养殖水体水质的调节能力有限。然而，增大换水量在增加生产成本的同时，也可能造成凡纳滨对虾产生应激反应，对其生长存活产生负面影响，因此，需要引入更加高效的对虾养殖模式（如生物絮团养殖、循环水养殖）为凡纳滨对虾养殖提供稳定的水质保证。

在对虾养殖过程中，弧菌往往作为致病菌或者条件致病菌存在，因而成为养殖水体检测的重要微生物指标（张彬等，2015；黄志坚等，2016）。本研究结果表明，对虾养殖密度与水体弧菌浓度无显著相关，这与Cao等（2014）的研究结果较吻合。实验后期，各实验组水体的弧菌浓度波动较大，这可能是由实验后期换水量较大所致。整个实验过程中，各养殖池水体弧菌浓度始终处在Gullian等（2004）报道的安全浓度以内（1.0×10^7 CFU/mL）。但是弧菌浓度超标依然是工厂化养殖中对虾死亡的重要原因之一，其致病机理和安全浓度值得进一步研究。

（三）养殖密度对水体细菌多样性和群落结构的影响

养殖水体细菌生物多样性和菌落结构受养殖生物种类、数量以及水质等因素的影响。本研究结果表明，随养殖密度的增大，养殖水体中细菌生物多样性总体上呈现上升趋势。这是因为养殖密度较高时，水体中COD、氨氮和亚硝酸盐氮浓度较高，为多种类型细菌的生长繁殖提供了较丰富的碳源和氮源（王以尧等，2011；陈琛等，2016）。对虾养殖密度不仅会影响养殖水体中细菌生物多样性，还会改变细菌的群落结构。本研究结果显示，在水体细菌属水平上，P1组内相对丰度最大的菌属为*Algorriphogus*，而P2～P4组为弧菌属；P1～P4组内相对丰度处在第二位的菌属分别为弧菌属、栖东海菌属、海命菌属和栖东海菌属。

养殖水体中细菌生物多样性和菌落结构对凡纳滨对虾体内（肠道）细菌的生长具有重要影响，并在对虾的营养利用、提高免疫力等方面发挥着重要作用（罗鹏等，2006）。一般来说，养殖密度较高的养殖池水体中细菌生物多样性也较高，这可以提高养殖系统的稳定性，降低致病菌或条件致病菌成为优势菌群的可能性，从而可能在一定程度上降低凡纳滨对虾的发病率。而且，良好的菌落组成可以降低水体有机物负荷，改善对虾肠道环境，从而提高对虾的免疫力和抗病力（Apún-Molina等，2017）。

四、结论

（1）在凡纳滨对虾苗种中间培育期间，养殖密度在一定范围内（1.50万～2.25万尾/m³）的增加提高了凡纳滨对虾的生长性能（产率、特定生长率、存活率及饵料转化率）。

（2）随着养殖密度的增加，养殖水体pH有所降低，而COD和氨氮浓度呈现上升的趋势。换水量较大时，稀释作用可以在一定程度上抑制养殖水体pH的下降及COD浓度的升高，但难以有效控制氨氮和亚硝酸盐氮浓度的升高。

（3）在凡纳滨对虾苗种中间培育期间，养殖密度提高能有效提升养殖池内的细菌生物多样性；养殖池内主要的细菌门类为变形菌门和拟杆菌门，弧菌为养殖水体中的优势菌属。

（张龙，朱建新，陈钊，汪鲁，陈世波，张鹏，曲克明，李秋芬，刘慧）

第三节　在循环水养殖系统中养殖密度对红鳍东方鲀应激反应和抗氧化状态的影响

近年来，循环水养殖系统凭借其养殖密度高、养殖水体污染物浓度可控、养殖废水可循环利用以及环境友好的优点，促进了水产养殖产业的可持续发展，受到广泛关注（Zohar等，2005；Verdegem等，2006）；循环水养殖系统还有利于养殖水体中废物管理和营养物迁移转化，控制养殖生物的疾病发生（Piedrahita，2003；Summerfelt等，2009；Tal等，2009）。然而，与网箱养殖和流水养殖模式相比，在生产中循环水养殖系统的应用率偏低，这主要与其较高的投资和运行成本有关（Schneider等，2006）。这就要求养殖生产者对经济价值较高的鱼种进行高密度养殖，提高鱼类养殖产量和效益，从而弥补循环水养殖系统的投资运行成本。但是较高的养殖密度很可能抑制养殖鱼类的生长性能，提高养殖鱼类的死亡率。因此，在循环水养殖中选择合适的养殖密度十分重要。

养殖密度一直被视为影响鱼类健康和产量的重要因素，养殖密度不仅会改变养殖水体水质指标，而且可以被视作一种应激源，对鱼类生理生化指标产生重要影响（Arlinghaus等，2007）。就生理角度而言，鱼类较好的生长性能可以通过一些生理生化指标表现出来，如血浆生化指数。当鱼体较健康和生存条件较为适宜时，鱼体血浆皮质醇浓度通常是较低的，乳酸和葡萄糖水平处在正常范围（Turnbull等，2005）。此外，密度胁迫可能会对养殖鱼类的抗氧化和脂质过氧化状态产生影响。据刘宝良等（2016）报道，在较高养殖密度条件下，大菱鲆肝脏抗氧化酶活性降低，而丙二醛水平增加。因此了解密度胁迫条件下鱼类应激反应和抗氧化状态的变化对改善鱼类健康具有至关重要的意义（Adams等，2007）。

红鳍东方鲀（*Takifugu rubripes*）凭借其较高的营养价值和商业价值，成为日本和中国较为普遍的养殖品种。一些研究已证明循环水养殖红鳍东方鲀的可行性（Kikuchi等，2006；Wang等，2016），目前有关循环水养殖条件下密度胁迫对红鳍东方鲀应激反应和抗氧化状态影响的研究较少。因此，本探究探讨了养殖密度对循环水养殖红鳍东方鲀的生长性能、应激反应、抗氧化状态以及养殖水体水质的影响，以期为提高红鳍东方鲀的养殖产量和改善红鳍东方鲀的生长环境提供理论支撑。此外，还通过硝酸盐氮急性处理实验，探究了不同硝酸盐浓度（1.0 mg/L、25.0 mg/L、100.0 mg/L和150.0 mg/L）对红鳍东方鲀应激反应和抗氧化状态的影响，以确定循环水养殖过程中硝酸盐浓度变化对红鳍东方鲀生长的影响，以期为循环水养殖系统的设计优化提供技术指导。

一、材料和方法

（一）实验设施和养殖生物

循环水养殖实验系统设计如图4-11所示，主要由养殖池（9个，每个池子养殖水体30 m³）和水处理设备组成。水处理设备包括微滤机、循环水泵、蛋白质泡沫分离器、曝气池、紫外消毒设备、生物滤池、液氧和罗茨鼓风机等。生物滤池为浸没式，可以容纳水体126 m³，以聚丙烯材质的弹性刷状生物填料为生物膜载体。养殖实验开始之前，生物滤池生物膜已经培养完成。此外，该套循环水养殖系统在之前的研究中已经被成功应用于红鳍东方鲀的养殖，对改善养殖水质和鱼类生长性能具有促进作用（朱建新等，2014）。本实验所用的红鳍东方鲀（300 g/尾）和实验设施均由天津海升水产养殖有限公司提供。

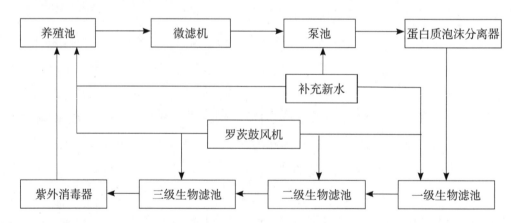

图4-11 红鳍东方鲀循环水养殖系统工艺流程图

Fig.4-11 The flow diagram of recirculating aquaculture system for *T. rubripes*

（二）实验设计

将红鳍东方鲀（规格300 g，共14 700尾）随机分为3个密度：12.5 kg/m³、16.5 kg/m³和20.0 kg /m³，分别标记为L组、M组、H组，每个密度处理组设3个重复。在实验期间，每天投喂商品性配合饲料3次（08：00、16：00和22：00），各个密度处理组的日投喂量约占鱼体总质量的3.0%，并根据红鳍东方鲀摄食情况和体重变化进行适时适量调整。本实验共进行50 d。

在实验过程中，定期测定几项重要的水质指标、鱼体应激反应指标和抗氧化能力指标，以及鱼体生长性能。水质指标包括水温、pH、溶解氧、盐度、氨氮、亚硝酸盐氮和硝酸盐，每10 d检测1次。鱼体应激反应指标包括鱼体血浆葡萄糖（GLU）、乳酸（LAC）、胆固醇（CHO）和皮质醇（COR），抗氧化能力指标包括鱼体肝脏总抗氧化能力（T-AOC）、超氧化物歧化酶（SOD）活性、谷胱甘肽过氧化物酶（GPX）活性、谷胱甘肽（GSH）和丙二醛（MDA）含量。分别在实验开始后20d、30d，40d和50d在各养殖池随机抽取10尾红鳍东方鲀检测。实验结束时，在各个养殖池内随机抽取30尾红鳍东方鲀，对其体长和体重进行测量，统计各个养殖池内鱼体数量，以计算养殖红鳍东方鲀生长率、存活率以及饵料转化率。

通过硝酸盐氮急性处理实验，探究不同硝酸盐浓度对红鳍东方鲀应激反应和抗氧化状态的影响。在实验过程中，利用硝酸钠和天然海水配置不同浓度的硝酸盐氮，其浓度分别被控制在（1.0±0.3）mg/L，（25.0±1.4）mg/L，（100.0±2.6）mg/L和（150.0±3.3）mg/L。将平均规格为300 g/尾的20尾红鳍东方鲀放入180 L含不同浓度硝酸盐的养殖槽中48 h，进行急性毒理性实验，水体的pH为7.7，温度为22℃。实验结束后，每个养殖缸内随机取出5尾鱼进行应激反应和抗氧化能力指标的测定。

（三）取样方法

在实验开始后20 d、30 d、40 d和50 d，从养殖池内随机抽取红鳍东方鲀进行血浆和肝脏取样操作，但在取样之前红鳍东方鲀需要禁食24 h。红鳍东方鲀血液通过注射器从鱼体尾静脉抽取，加入抗凝剂，经3 000 r/min的离心处理后获得血浆，将处理好的血浆储存在液氮中以备用。红鳍东方鲀肝脏通过解剖获得，选取部分储存在液氮中待用。

（四）分析方法

1.水质分析

每天使用YSI水质分析仪（OH，USA）检测养殖池内水温、溶解氧、pH和盐度的变化。养殖水体氨氮（NH_4^+-N）、亚硝酸盐（NO_2^--N）和硝酸盐（NO_3^--N）每10 d测1次，NH_4^+-N、NO_2^--N和NO_3^--N分别通过靛酚蓝分光光度法、亚萘乙二胺分光光度法和锌镉还原法进行检测。

2. 红鳍东方鲀生长性能参数

在实验结束后，分别使用游标卡尺、电子天平和电子称测量各养殖池内红鳍东方鲀的体长、体重，并分别参照式（4-2）、式（4-3）、式（4-4）计算红鳍东方鲀的特定增长率、存活率以及饲料转化率。

3. 应激反应指标测试

取红鳍东方鲀的血浆样品，加入9倍体积冰冷的生理盐水（0.9%），制成10%的血浆稀释样品，分装到2 mL的离心管，进行应激反应指标测定。血浆样品的GLU、LAC、CHO和COR含量均使用南京建成生物工程研究所的试剂盒测定，具体测定步骤均参考试剂说明书。

4. 抗氧化能力和脂质过氧化指标测定

取红鳍东方鲀肝脏样品，剪碎，加入9倍体积冰冷的生理盐水（0.9%），制成10%的匀浆，在4℃条件下，3 500 r/min离心15 min，取出上清液，分装到2 mL的离心管，进行抗氧化能力和脂质过氧化测定。肝脏样品的T-AOC、SOD、GPX、GSH和MDA含量均使用南京建成生物工程研究所的试剂盒测定，测定步骤参考试剂说明书。

5. 数据分析

本研究所有数据均用平均值±标准误（SE）表示，应用SPSS软件对实验数据进行统计分析、差异显著性检验分析，用t检验计算P值，当$P<0.05$时为差异显著，$P<0.01$时为差异极显著。

二、实验结果

（一）不同养殖密度对红鳍东方鲀循环水养殖水体水质的影响

不同养殖密度红鳍东方鲀循环水养殖系统某些重要的养殖水体水质指标见表4-4。各养殖密度组养殖水体的水温、pH、溶解氧、盐度、NH_4^+-N和NO_2^--N均不存在显著差异（$P>0.05$）。其中，各个实验组初始养殖水温、盐度、pH和溶解氧分别稳定在22～23℃、13.35～13.38、7.65～7.81和11.72～12.15 mg/L，而NH_4^+-N和NO_2^--N浓度均维持在0.48 mg/L以下。然而，随着养殖实验的进行，各实验组水体中NO_3^--N均呈现上升的趋势；不同实验组养殖水体中NO_3^--N浓度存在显著性差异（$P<0.05$），且L组＜M组＜H组（图4-12）。

表4-4　循环水养殖红鳍东方鲀在不同养殖密度下的理化参数

Tab.4-4　Effects of stocking densities of *T. rubripes* on water quality parameters in RAS

	养殖密度/（kg/m³）		
	L组	M组	H组
温度/℃	22.15±0.04	22.15±0.03	22.21±0.03
pH	7.65±0.02	7.81±0.02	7.72±0.03
DO/（mg/L）	12.15±0.12	11.72±0.08	11.88±0.06
盐度	13.35±0.02	13.38±0.03	13.38±0.02
NH_4^+-N/（mg/L）	0.41±0.12	0.35±0.10	0.48±0.08
NO_2^--N/（mg/L）	0.48±0.04	0.33±0.24	0.45±0.28

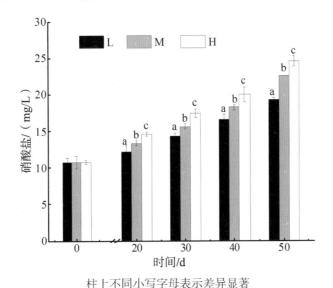

柱上不同小写字母表示差异显著

图4-12　不同养殖密度下水体中硝酸盐浓度变化

Fig.4-12　Effects of different stocking densities of *T. rubripes* on nitrate concentration of the water within RAS during the experiment

（二）不同养殖密度对红鳍东方鲀生长性能的影响

不同养殖密度红鳍东方鲀在循环水养殖系统的生长参数如表4-5所示。由表4-5可知，不同养殖密度红鳍东方鲀从初体重300.00 g分别生长至585.50 g、576.40 g和542.30 g，H组与L组、M组终体重、特定生长率、饵料转化率之间存在显著性差异（$P<0.05$），而且H组红鳍东方鲀终体重、特定生长率、饵料转化率低于L组和M组，但各组红鳍东方鲀的存活率不存在显著性差异（$P>0.05$）。

表4-5　不同养殖密度对循环水养殖系统红鳍东方鲀生长性能的影响

Tab.4-5　Effect of different stocking densities on the growth of *T. rubripes* reared in RAS

	养殖密度/（kg/m³）		
	L组	M组	H组
初重/g	300.00±10.00	300.00±10.00	300.00±10.00
终重/g	（585.50±8.65）[a]	（576.40±9.24）[a]	（542.30±12.48）[b]
特定增长率/（%/d）	（1.34±0.12）[a]	（1.26±0.10）[a]	（0.99±0.09）[b]
存活率/%	98.60±3.26	98.20±2.38	98.40±4.63
饲料转化率/%	（92.52±2.93）[a]	（89.61±3.21）[a]	（78.56±4.16）[b]

注：同行数据不同字母表示差异性显著（$P<0.05$）。

（三）不同养殖密度对红鳍东方鲀血浆理化指标的影响

在实验期间，养殖密度对红鳍东方鲀的血液血浆理化指标的改变具有重要影响（图4-13）。在实验第40天和50天，H组红鳍东方鲀血浆皮质醇浓度显著高于M组和L组（$P<0.05$）；在实验第50天，H组红鳍东方鲀血浆葡萄糖浓度显著低于M组和L组（$P<0.05$），而H组红鳍东方鲀血浆乳酸浓度显著高于L组（$P<0.05$），但与M组红鳍东方鲀血浆乳酸浓度则无显著性差异（$P>0.05$）。

（四）不同养殖密度对红鳍东方鲀肝脏抗氧化能力和脂质过氧化的影响

在红鳍东方鲀养殖末期，养殖密度对红旗东方鲀抗氧化能力和脂质过氧化具有重要影响（图4-14）。其中，H组红鳍东方鲀肝脏总抗氧化能力显著低于L组和M组（$P<0.05$），而H组红鳍东方鲀肝脏SOD和GSH-px活性显著低于L组（$P<0.05$），这也许表明H组红鳍东方鲀肝脏的抗氧化能力较低。同时，H组红鳍东方鲀肝脏MDA含量显著高于L组和M组（$P<0.05$）。

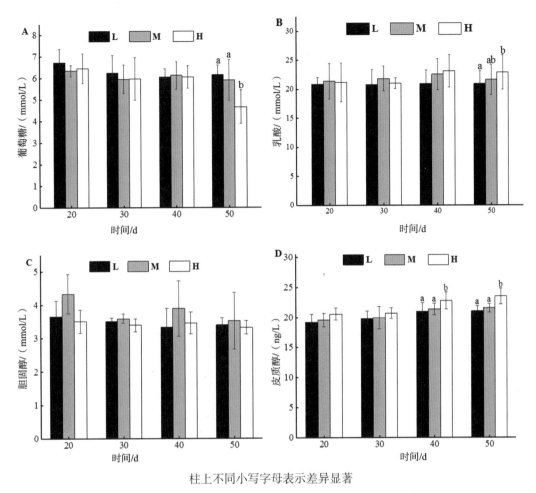

柱上不同小写字母表示差异显著

图4-13 不同养殖密度对红鳍东方鲀血浆理化指标的影响

Fig.4-13 Effect of different stocking densities on plasma biochemical indicesof *T. rubripes*

（五）不同浓度对红鳍东方　血浆理化指标的影响

在NO_3^--N急性处理实验过程中，未发现红鳍东方鲀出现死亡的情况，但是在NO_3^--N胁迫下红鳍东方鲀某些血浆理化指标发生改变（图4-15）。其中，当NO_3^--N浓度为100.0 mg/L和150.0 mg/L时，红鳍东方鲀血浆葡萄糖、胆固醇和皮质醇的浓度显著高于NO_3^--N浓度为1.0 mg/L和25.0 mg/L时（$P<0.05$）。

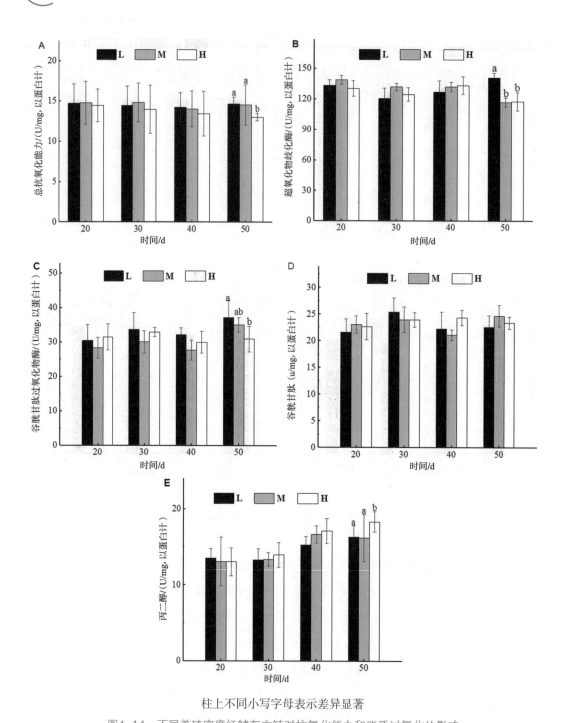

柱上不同小写字母表示差异显著

图4-14 不同养殖密度红鳍东方鲀对抗氧化能力和脂质过氧化的影响

Fig.4-14 Effects of different stocking densities on antioxidant capacity and lipid peroxidation of *T. rubripes*

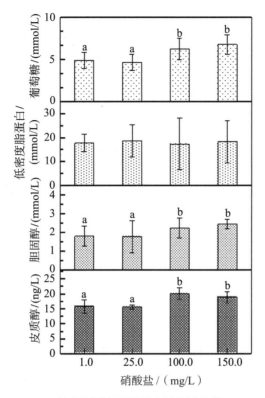

柱上不同小写字母表示差异显著

图4-15　不同硝酸盐浓度对红鳍东方鲀血浆理化指标的影响

Fig.4-15　Effects of different nitrate concentrations on plasma biochemical indices of *T. rubripes*

（六）不同NO_3^--N浓度对红鳍东方鲀肝脏抗氧化能力和脂质过氧化的影响

不同NO_3^--N浓度对红鳍东方鲀抗氧化和脂质过氧化指标如图4-16所示。虽然不同NO_3^--N浓度条件下红鳍东方鲀肝脏总抗氧化能力无显著性差异（$P>0.05$），但当NO_3^--N浓度为100.0 mg/L时，红鳍东方鲀肝脏SOD和GPX酶活性，以及GSH含量显著高于NO_3^--N浓度为1.0 mg/L和2.5 mg/L时的含量（$P<0.05$）。

三、讨论

（一）不同养殖密度对养殖水体水质的影响

随着鱼类养殖模式的不断更新，鱼类集约化养殖程度大幅提高，单位养殖水体内鱼类的养殖密度进一步提高。然而，鱼类养殖密度的提高容易造成养殖水体水质恶化加快，如水体DO浓度下降、NH_4^+-N和NO_2^--N浓度上升等，可能会对鱼类的生长造成负面影响。这就要求养殖生产者选择绿色高效的养殖模式,在改善养殖水体水质的同时,提高鱼类的养殖产量。在本研究中,通过应用循环水养殖系统,可以有效控制高养殖密度条件下NH_4^+-N和NO_2^--N的浓度,使得两者浓度始终处在对鱼类安全的范围以内。循环水养殖系统可以通过培养生物滤池生物膜将养殖水体中NH_4^+-N在亚硝化细菌的作用下转化为NO_2^--N,并进一步被硝酸细菌转化成NO_3^--N(Chen等,2006),而NO_3^--N则通过反硝化细菌作用生成N_2。但是,该循环水养殖系统由于未配备反硝化设备,使得系统内NO_3^--N无法有效去除,造成NO_3^--N不断累积(van Rijn等,2006)。此外,养殖水体NO_3^--N随养殖密度的增加而显著增加,这可能是与高养殖密度条件下单位水体饵料投喂量增加有关。尽管NO_3^--N对养殖鱼类相对无害,但是也有研究表明养殖水体过高的NO_3^--N浓度会对养殖鱼类的生长存活造成不利影响。为了探究NO_3^--N浓度升高对红鳍东方鲀的影响,本研究通过NO_3^--N急性处理实验进一步探究了

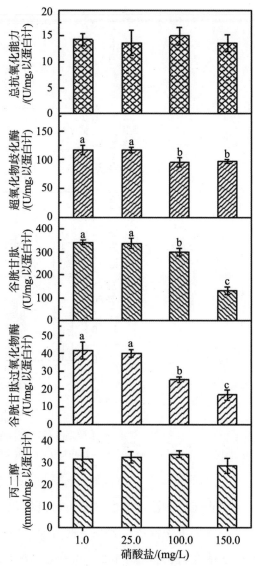

柱上不同小写字母表示差异显著

图4-16 不同硝酸盐浓度对红鳍东方鲀抗氧化能力和脂质过氧化的影响

Fig.4-16 Effects of different nitrate concentrations on antioxidant capacity and lipid peroxidation of *T. rubripes*

NO_3^--N浓度对红鳍东方鲀存活率、应激反应和抗氧化能力的影响。

(二)不同养殖密度对红鳍东方鲀生长性能的影响

养殖密度是影响鱼类生长性能的重要因素,一般在过高养殖密度条件下鱼类生长率降低,死亡率增加。已有研究证明,在高密度条件下尖吻鲈、胭脂鲤、俄罗斯鲟、鳕鱼、大菱鲆等鱼类的生长受到抑制(Liu等,2016;Braun等,2010;曹阳等,

2014；Foss等，2006；Fortedar，2016）。在高密度条件下红鳍东方鲀的生长受到抑制的原因：① 红鳍东方鲀具有好斗、残食的行为，高密度导致鱼体摄食量减少，而能量消耗增加；② 鱼类高密度胁迫所造成的空间拥挤效应；③ 养殖水体水质恶化，产生有毒有害无机物（NH_4^+-N、NO_2^--N等）。在本研究中，循环水养殖系统的应用可有效改善养殖鱼类的生长环境，保障了红鳍东方鲀的存活率，但密度胁迫产生的空间拥挤效应导致红鳍东方鲀的生长和摄食受到抑制，这与Han等（1994）、Kotani等（2009）的研究结果相一致。基于此，在本研究中，规格为300 g/尾的红鳍东方鲀在养殖密度为16.5 kg/m³时鱼体的生长性能较好。根据红鳍东方鲀网箱养殖研究，规格200～400 g/尾的红鳍东方鲀推荐的最大养殖密度为1.3～1.5 kg/m³，显著低于本研究的养殖密度，这从侧面表明循环水养殖系统的应用可以有效提高单位水体红鳍东方鲀的养殖产量（Nakamura和Kumamoto，1994）。

（三）不同养殖密度对红鳍东方鲀应激反应的影响

鱼类应激反应一般是由养殖水环境改变、人类活动、鱼类运输和发病以及养殖密度增加等因素引起的。其中，较高养殖密度一直被视为鱼类集约化养殖中的慢性应激源，对养殖鱼体的生理生化指标具有重要影响。鱼类血液皮质醇和葡萄糖含量是反映鱼类抗应激能力的重要检测指标。当鱼类受到应激反应时，鱼类的下丘脑-垂体-肾间组织轴（HPI）被激活，引起头肾细胞中皮质醇激素的合成与释放。鱼类交感-肾上腺髓质系统也会受到刺激，引起肾上腺髓质的嗜铬细胞释放儿茶酚胺。儿茶酚胺可以促进机体肝脏、骨骼肌和心肌内糖原的分解，产生大量葡萄糖供机体短时间供能。在本研究中，红鳍东方鲀在高密度长期胁迫条件下血浆皮质醇分泌量增加，促使葡萄糖的消耗量增加，这就导致养殖后期高密度实验组红鳍东方鲀血浆葡萄糖浓度下降，这与Brown等（2010）和Fotedar（2016）的研究结果相吻合。本研究中，密度胁迫所消耗的葡萄糖绝大部分通过厌氧糖酵解生成乳酸，促使红鳍东方鲀血浆乳酸水平升高，这与Fotedar（2016）的研究相一致，而红鳍东方鲀理化指标改变很可能由高密度条件的红鳍东方鲀空间拥挤效应所引起。为使鱼类适应拥挤效应所带来的应激压力和恢复正常的生理状态，鱼类需要消耗大量能量，糖异生能力增强，这也许对鱼类的生长产生不利影响。因此，在红鳍东方鲀集约化养殖中必须选择适当的养殖密度，以降低在高密度胁迫条件下应激压力反应发生的概率。

（四）不同养殖密度对红鳍东方鲀抗氧化能力和脂质过氧化的影响

氧自由基反应和脂质过氧化反应是机体新新陈代谢活动的重要组成部分。在正常情况下，需氧动物的基本代谢会产生大量氧自由基和活性氧分子（ROS），以维持生物机体生理生化活动和免疫功能。然而，当生物机体内氧自由基和ROS过多时，它们就会攻击生物的抗氧化系统，造成机体抗氧化能力减弱、抗氧化酶活性和抗氧化物质含量降低。T-AOC、SOD、GPX、GSH和MDA等是衡量生物机体免疫机能的重要指标。其中，SOD是降解活性氧自由基的第一道防线，可以将超氧阴离子自由基转化为过氧化氢，然后由过氧化氢酶将过氧化氢转化为水和氧气；GPX可以清除细胞内的过氧化氢和有机过氧化物；GSH为一类小分子抗氧化剂，可以清除氧自由基和解毒亲电体，维持巯基-二硫键的平衡和信号转导等。在本研究中，当红鳍东方鲀养殖密度在20.0 kg/m³时，肝脏T-AOC、SOD和GPX水平明显降低，这表明红鳍东方鲀在高密度胁迫条件下产生氧自由基和活性氧分子，消耗大量抗氧化酶和抗氧化活性物质，导致其总抗氧化能力降低，这与Braun等（2010）和Trenzado等（2008）的研究结果相一致。红鳍东方鲀在高密度条件持续产生大量的自由基，而过多的自由基会攻击生物膜，生成脂质过氧化物，并最终分解成MDA。在本研究中，在较高密度条件下红鳍东方鲀肝脏MDA含量显著升高，这与Sahin等（2014）和王博文等（2004）的研究结果相吻合。红鳍东方鲀的脂质过氧化很可能是由密度胁迫引起的。但是，在以前非洲鲇、大菱鲆的密度胁迫实验中，鱼体在高密度条件下未发现脂质过氧化的现象，这可能与实验条件和养殖生物不同有关（Liu等，2016；Wang等，2016）。

（五）不同NO_3^--N浓度对红鳍东方鲀应激反应的影响

循环水养殖系统的生物处理主要通过培养生物膜的方式促进硝化细菌增殖以促进硝化反应的完全进行，避免NH_4^+-N、NO_2^--N在养殖水体中累积和对养殖鱼体造成负面影响。然而，由于反硝化设备研究多停留在理论阶段，在生产实践中应用较为有限，这就导致了硝化反应产物NO_3^--N的累积。然而，过高浓度的NO_3^--N会对鱼类的摄食、存活率、繁殖和内分泌系统产生重要影响（Guillette和Edwards，2005；Hamlin等，2008；Good和Davidson，2016）。有关NO_3^--N对红鳍东方鲀应激反应的影响研究还十分有限。本研究通过硝酸盐氮急性处理实验发现，当NO_3^--N达到100 mg/L时，红鳍东方鲀血浆葡萄糖、皮质醇浓度升高，这与Hamlin等（2008）的研究结果相一致，其原因可能是过高浓度的NO_3^--N导致红鳍东方鲀产生应激反应，并增加红鳍东方鲀机体的能量消耗，导致大量动员脂肪，以致鱼体血浆胆固醇浓度升高。因此，过高浓度的NO_3^--N可能是一种应激源，使红鳍东方鲀产生应激压力。而鱼体通过动员体内能源物质来满足其对能量的额外需求，以维持机体正常生理生化指标。

（六）不同NO_3^--N浓度对红鳍东方鲀抗氧化能力和脂质过氧化的影响

养殖水环境因子改变可能会影响鱼类机体氧自由基的平衡，导致养殖鱼类产生氧化压力，进而改变鱼类的抗氧化状态和脂质过氧化情况。郭勤单等（2014）研究表明，养殖水体温度和盐度变化会造成褐牙鲆肝脏SOD、CAT和MDA水平的改变。也有研究表明，当养殖水体重金属（锰、镉、铜、汞等）浓度超标时，鱼体各组织会产生严重的氧化损伤（Aliko等，2018；Berntssen等，2003；Romeo等，2000；Thomas和Wofford，1993）。此外，有机污染物对鱼体肝脏谷胱甘肽转移酶（GST）、GPX活性以及GSH、MDA含量都会产生不同程度的影响，降低鱼体的抗氧化能力。在本研究中，随着循环水养殖系统的运行，水体NO_3^--N浓度不断升高，当NO_3^--N浓度过高时，有可能以污染物的形式存在，对养殖鱼类的抗氧化状态产生重要影响。本研究结果表明，在养殖水体NO_3^--N浓度达到100 mg/L时，红鳍东方鲀肝脏SOD和GPX活性以及GSH含量降低，其原因可能是过高的NO_3^--N浓度刺激了红鳍东方鲀体内产生的氧自由基增加，使得鱼体抗氧化系统中SOD、GPX、GSH的消耗增加，以维持氧自由基产生和氧化还原反应之间的动态平衡。然而，NO_3^--N对鱼类抗氧化反应的作用机理研究尚不清晰，有待于进一步深入研究。

四、结论

（1）循环水养殖红鳍东方鲀的实验结果表明，循环水养殖系统的应用可以有效控制养殖水体的NH_4^+-N浓度（＜0.48 mg/L）和NO_2^--N浓度（＜0.48 mg/L），但NO_3^--N浓度呈现不断上升的趋势，且随着红鳍东方鲀养殖密度的增加而显著增加。

（2）当红鳍东方鲀（规格300 g/尾）在循环水养殖条件下养殖密度为20.0 kg/m³时，红鳍东方鲀的生长受到抑制，抗氧化能力减弱，且有脂质过氧化和应激反应产生。因而，红鳍东方鲀在循环水养殖中推荐养殖密度为16.5 kg/m³。

（3）当养殖水体NO_3^--N浓度（＞100.0 mg/L）较高时，NO_3^--N可能以一种应激源的形式存在，造成红鳍东方鲀抗氧化能力减弱，且有应激压力产生。

（4）密度胁迫实验中，红鳍东方鲀生长抑制主要是由鱼类的空间拥挤效应所引起的，而非养殖水体NO_3^--N浓度升高所导致的。

（张龙，朱建新，曲克明，张鹏，汪鲁，李卫东）

第四节 墨瑞鳕循环水养殖系统不同生物滤池深度对生物膜微生物群落的影响

墨瑞鳕（*Macculochella peelii*）又名鳕鲈、澳洲龙纹斑、虫纹鳕鲈或虫纹石斑，属于鲈形目、鲥鲈科、鳕鲈属，原产于澳大利亚东南部莫瑞河流域。墨瑞鳕不但肉质细腻、味道鲜美、少刺，而且鱼体富含蛋白质和DHA、EPA等不饱和脂肪酸等，具有较高的营养价值。墨瑞鳕自1999年引进中国台湾驯养，此后在大陆有多家企业进行苗种繁育和养殖，如青岛七好科技股份有限公司、江苏中洋集团股份有限公司、浙江港龙渔业股份有限公司等。通过养殖生产实践证明：墨瑞鳕具有生长速度快、抗病力强、适应性强、饵料转化率高的优点。目前，墨瑞鳕在中国的养殖模式主要有池塘养殖和工厂化养殖两种。其中，范慧慧等（2019）开展了池塘内循环流水养殖墨瑞鳕实验。李西雷等（2019）和郭正龙等（2012）则分别对墨瑞鳕工厂化苗种培育技术和墨瑞鳕工厂化循环水养殖技术进行了研究。但目前尚缺乏墨瑞鳕工厂化循环水养殖期间的生长性能、养殖水体水质变化以及生物滤池内生物膜微生物多样性的研究。因此，本研究通过高通量测序技术分别对循环水养殖系统生物滤池底层和表层固定床生物填料表面生物膜微生物多样性进行了检测，以期为提升墨瑞鳕工厂化循环水养殖系统的稳定性和生物膜处理的效率提供理论支撑。

一、材料与方法

（一）实验设施与养殖生物

本实验在安徽长江渔歌渔业股份有限公司进行，实验时间是2018年。实验用循环水养殖系统主要是由8个长7.0 m、宽7.0 m、深1.1 m，有效养殖水体49 m³的养殖池和水处理系统组成，养殖池底均匀分布4根长度4 m、管径2 cm的纳米充气管，采用罗茨鼓风机和液氧进行增氧，控制养殖期水体溶解氧在6.0 mg/L以上；养殖池上方棚顶设有采光口，光照度控制在1 000～1 500 lx。水处理系统由转鼓式微滤机（1.3 kW，南京雅亿环境科技有限公司）、蛋白质泡沫分离器（0.55 kW，青岛海兴智能装备有限公司）、变频式离心泵（5.5 kW，南通银河水泵有限公司）、生物滤池（容积180 m^3水体）、增氧池（陶瓷纳米曝气板，苏州益品德环境科技有限公司）和紫外消毒器（2.5 kW，青岛海兴智能装备有限公司）组成。采用三级生物滤池，一级为固定床生物滤池，填料为聚乙烯毛刷，二、三级为移动床生物滤池，填料为PVC多孔环。养殖用水取自地下深井水，经沉淀过滤处理后使用。

墨瑞鳕苗种是由安徽长江渔歌渔业股份有限公司从澳大利亚进口的仔鱼培育成的大规格幼体，实验初期平均体重为36.20 g/尾。

（二）实验设计

实验初期养殖密度为200 尾/m^3，在养殖过程中，墨瑞鳕投喂商品鱼专用配合饲料，每天投喂两次，分别为06：00和18：00，日投喂量约占鱼体总重的1.2%～1.5%，具体投喂量视鱼类摄食和养殖水体水质情况而定。日补水量10%左右，补充点设在泵池。平均规格在200 g/尾以下，日循环频次控制在12 次/d左右，平均规格大于200 g/尾时，日循环频次提升至18 次/d。

每天定时采样分析记录水温、溶解氧、pH、盐度、氨氮、亚硝酸盐和硝酸盐指标并记录投喂量，记录实验开始和结束时实验用鱼的体长、体重等生物学指标。实验结束时采集固定床表层和底层生物填料样品各3组（表层为$A_1 \sim A_3$，底层为$B_1 \sim B_3$），对其微生物群落进行检测。

（三）分析方法

1. 水质分析

水温、溶解氧、pH和盐度采用YSI水质分析仪（OH，USA），NH_4^+-N、NO_2^--N分别通过靛酚蓝分光光度法、盐酸萘乙二胺分光光度法进行检测。

2. 墨瑞鳕生长性能参数

体长、体重分别使用游标卡尺、电子天平和电子称测量，墨瑞鳕的特定增长率、存活率以及饲料转化率计算方法参照公式（4-2）、（4-3）、（4-4）。

3. 微生物高通量测序

使用细菌基因组DNA提取试剂盒提取生物膜表面DNA，利用带有Barcode的特异性引物（515F和806R）对提取的生物膜基因组DNA的16S V4区进行PCR扩增。在PCR产物通过琼脂糖凝胶电泳检测后，使用TruSeq®DNA PCR-Free Sample Preparation Kit建库试剂盒进行文库构建。若文库合格，使用HiSeq2500 PE250进行上机测序。

下机数据在截取Barcode和引物序列后，使用FLASH1.2.7软件对样品Reads进行拼接，得到原始数据（Raw Tags）（Mago等，2011）；利用Qiime 1.9.1软件对Raw Tags进行过滤处理，得到高质量Tags数据（Clean Tags）（Caporaso等，2010；Bokulich等，2013）；Clean Tags序列通过UCHIME Algorithm算法与数据库进行比对（Edgar等，2011），去除其中的嵌合体序列（Haas等，2011），得到有效数据（Effective Tags）。使用 Uparse v7.0.1001 软件将所有 Effective Tags 聚类（97%）成为操作分类单元（Operational Taxonomic Units, OTUs）（Edgar，2013）；通过Mothur方法与SILVA的SSU rRNA数据库OTUs对比进行物种注释（Wang等，2007；Quast等，2012）。通过香农指数（Shannon index）确定生物填料表面细菌生物多样性。使用 Origin.8 软件对细菌相对丰度（门和属）进行作图。

二、实验结果

（一）循环水养殖系统墨瑞鳕生长性能

墨瑞鳕在循环水养殖过程中未出现疾病和大量死亡的状况，生长性能指标见表4-6。经过35 d循环水养殖生产实验，墨瑞鳕体重由36.20 g增长至71.25 g，增重率为97.31%，初始养殖密度由7.24 kg/m³增加至12.65 kg/m³，特定生长率为1.93%/d，存活率和饲料转化率分别达到88.79%和73.61%。

表4-6 循环水养殖系统墨瑞鳕生长性能

Tab.4-6 Performance parameters of *Macculochella peeli* in recirculating aquaculture system

生长指标	墨瑞鳕生长性能
初始体重/g	36.20±3.86
终体重/g	71.25±6.53
增重率/%	97.31
初始养殖密度/（kg/m³）	7.24
最终养殖密度/（kg/m³）	12.65
特定生长率/（%/d）	1.93
存活率/%	88.79
饲料转化率/%	73.61

（二）循环水养殖系统养殖水体水质变化

在墨瑞鳕循环水养殖实验期间，养殖水体水温（28.0±1.0）℃，溶解氧始终控制在5.0 mg/L以上，pH变化如图4-17所示，随着养殖的进行整体呈现下降的趋势，由实验初期7.71降至实验末期7.22。

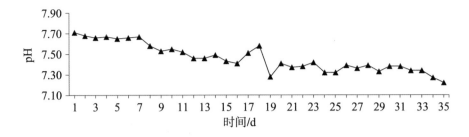

图4-17 在墨瑞鳕循环水养殖过程中，养殖水体pH变化

Fig.4-17 pH variations of aquaculture water in recirculating aquaculture system with *Macculochella peelii* during the experiment

在墨瑞鳕养殖实验过程中，养殖水体氨氮和亚硝酸盐氮浓度变化如图4-18所示。其中，氨氮：在实验开始至第10天，氨氮浓度呈现上升的趋势，升高至1.86 mg/L；第10～35天，氨氮浓度变化趋于稳定，在0.70～1.86 mg/L之间波动。亚硝酸盐氮：从实验开始至第10天，亚硝酸盐氮浓度呈现上升的趋势，升至0.52 mg/L；第10～11天，亚硝酸盐氮浓度有了一个急剧升高，由0.52 mg/L升至3.12 mg/L，这主要是由养殖生产中饲料投喂量增加所致；第11～13天，亚硝酸盐氮浓度有一个快速下降的过程，自3.12 mg/L降至0.90 mg/L，这主要是通过增加养殖水体换水量调节的；第13～20天，亚硝酸盐氮浓度在0.54～1.14 mg/L之间波动；第20～23天，亚硝酸盐氮浓度再次呈现快速上升的趋势，最高升至5.00 mg/L；第23～28天，亚硝酸盐氮浓度呈现下降的趋势，最低下降至1.20 mg/L；第28～35天，亚硝酸盐氮浓度整体呈现逐渐下降的趋势，最低降至0.25 mg/L。

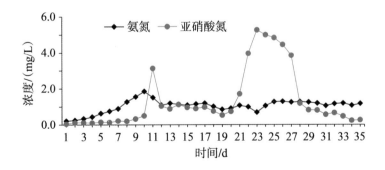

图4-18 养殖过程中水体氨氮和亚硝酸盐氮浓度变化

Fig.4-18 Ammonia and nitrite concentrations of aquaculture water during the experiment

（三）循环水养殖系统生物膜微生物分析

1. 微生物OUT韦恩图分析

图4-19为不同深度生物滤池固定床生物填料微生物OTU韦恩图。上层固定床生物填料OTU较多，为2088，其特异的OTU数目为822，每个OTU被认为可代表一个细菌物种，说明上层固定床生物填料表面微生物种类数量高于底层。

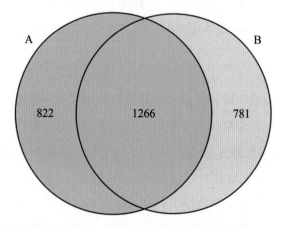

A. 代表生物滤池上层固定床生物填料　　B. 代表生物滤池底层固定床生物填料

图4-19　不同深度生物滤池固定床生物填料表面微生物OTU韦恩图

Fig.4-19　OTU venu diagram of the microbes in the fixed bed biofilter at different depth（A and B）

2. 微生物丰度和多样性分析

在群落生态学中，通过样品的多样性分析（Alpha多样性）可以反映微生物群落的丰度和多样性。表4-7中Alpha多样性指数主要包括计算群落丰度的ACE和Chao1两个指数，以及计算群落多样性的Shannon、Coverage和Simpson 3个指数。表4-7中Coverage值均在0.98以上，数值较高，说明样品文库覆盖率高，数据可靠。根据测序公司提供的结论报告可得，Simpson指数值越大，说明群落多样性越低；而Shannon值越大，说明群落多样性越高。在表4-7中，上层固定床生物填料表面微生物Shannon指数的变化范围为4.08~4.17，平均值为4.12；底层固定床生物填料表面微生物Shannon指数的变化范围为4.06~4.27，平均值为4.16。底层固定床生物填料微生物Shannon指数较高，说明底层固定床生物填料表面微生物生物多样性高于上层固定床生物填料表面微生物生物多样性。同时，底层固定床生物填料表面Simpson指数较小，与Shannon指数表示结果一致。

表4-7　不同深度生物滤池固定床生物填料Alpha多样性指数统计

Tab.4-7　Statistics of the microbial Alpha diversity in fixed bed biofilter at different depth

样本名称	样本优质序列数目	样本聚类OTU数目	Shannon	ACE	Chao1	Coverage	Simpson
A1	44 806	1 133	4.081 094	1 695.095	1 635.101	0.990 291	0.060 256
A2	41 588	1 249	4.174 917	2 481.78	1 913.493	0.987 376	0.047 399
A3	43 245	1 173	4.100 326	2 139.352	1 708.505	0.98 934	0.061 643
B1	32 639	953	4.060 353	2 064.083	1 491.468	0.987 346	0.047 447
B2	38 550	1 102	4.277 345	2 021.312	1 639.657	0.988 638	0.037 573
B3	39 698	1 059	4.151 509	2 081.238	1 626.844	0.989 017	0.043 573

　　图4-20为不同深度生物滤池固定床生物填料Shannon指数箱式对比图。底层固定床生物填料表面微生物Shannon指数箱式图的中位数和盒子位置均较高，即底层固定床生物填料表面微生物多样性高于上层固定床生物填料表面微生物多样性，但差异并不显著。Chao1指数反映微生物群落丰度，Chao1数值越大，表示样本物种丰度越大，底层固定床生物填料表面微生物Chao1较小，说明其物种丰度较小，ACE指数反映的趋势与Chao1指数类似。

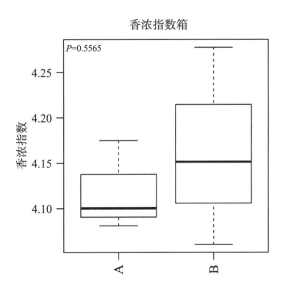

图4-20　不同深度生物滤池固定床生物填料微生物 Shannon 指数箱式对比

Fig.4-20　Comparison of Shannon index of microbio community in fixed bed biofilter at different depth

3. 功能微生物群落组成分析

图4-21为门水平下不同深度固定床生物填料微生物丰度图。由图4-21可知，门水平上层固定床生物填料微生物主要包括变形菌门（Proteobacteria）69.55%、疣微菌门（Verrucomicrobia）14.03%、浮霉菌门（Planctomycetes）6.07%；底层固定床生物填料微生物主要包括变形菌门（Proteobacteria）59.43%、疣微菌门（Verrucomicrobia）21.04%、浮霉菌门（Planctomycetes）9.56%。通过比较发现，变形菌门在二者之中均占大多数，为主要的优势菌门，但是上层固定床生物填料表面变形菌门占比较高，表明生物滤池上层环境更有利于变形菌门的生长繁殖。

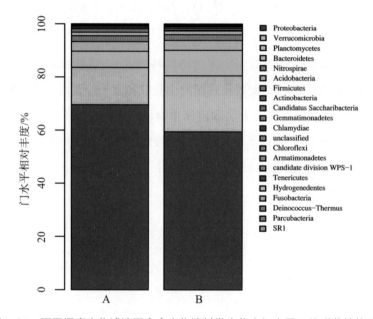

图4-21　不同深度生物滤池固定床生物填料微生物在门水平下的群落结构分布

Fig.4-21　Community structure distribution of microbes of the fixed bed biofill under the phylum level at different biofilter depth

图4-22为纲水平下不同深度生物滤池固定床生物填料微生物群落结构分布。由图4-22可知，γ-变形菌纲（Gammaproteobacteria）40.82%、α-变形菌纲（Alphaproteobacteria）20.67%、疣微菌纲（Verrucomicrobiae）13.76%在上层固定床生物填料微生物纲水平中占优势；γ-变形菌纲（Gammaproteobacteria）28.58%、α-变形菌纲（Alphaproteobacteria）27.73%、疣微菌纲（Verrucomicrobiae）20.87%在底层固定床生物填料表面微生物纲水平中同样占有优势。尽管生物滤池上层和底层固定床生物填料微生物优势菌纲相同，但是各个优势菌纲的相对丰度也有所差别。其中，上层固定床生物填料γ-变形菌纲相对丰度高于底层固定床生物填料γ-变形菌纲相对丰度，

而α-变形菌纲和疣微菌纲则是相反，上层固定床生物填料疣微菌纲、α-变形菌纲的相对丰度高于底层固定床生物填料疣微菌纲、α-变形菌纲的相对丰度。

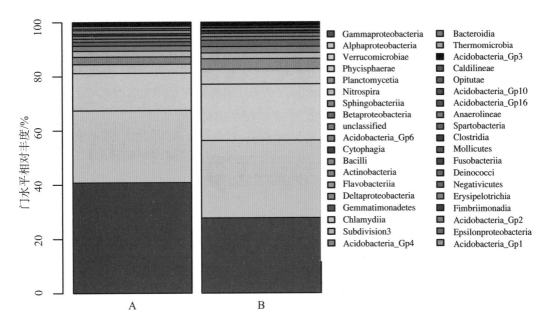

图4-22　不同深度生物滤池固定床生物填料微生物在纲水平下的群落结构分布

Fig.4-22　Community structure distribution of microbes of the fixed bed biofill under the class level in different biofilter depth

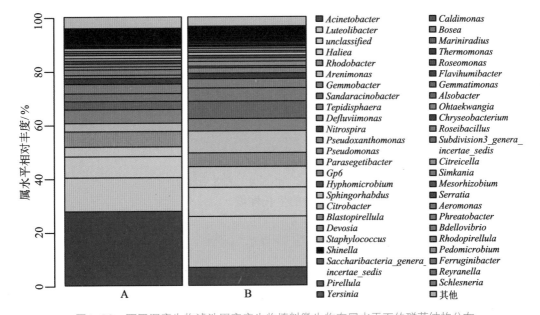

图4-23　不同深度生物滤池固定床生物填料微生物在属水平下的群落结构分布

Fig.4-23　Community structure distribution of microbes of the fixed bed biofill under the genus level in different biofilter depth

图4-23为属水平下不同深度生物滤池固定床生物填料微生物群落结构分布。由图4-23可知，表层固定床生物填料在属水平优势菌属：不动杆菌属（*Acinetobacter*）（27.65%）、黄体菌属（*Luteolibacter*）12.54%、罗氏杆菌属（*Rhodobacter*）5.75%；底层固定床生物填料在属水平优势菌属：黄体菌属（*Luteolibacter*）18.94%、气单胞菌属（*Arenimonas*）8.2%、不动杆菌属（*Acinetobacter*）6.76%、金黄色葡萄菌属（*Sandaracinobacter*）6.47%。数据表明，不动杆菌属在固定床上层的相对丰度高于在底层的相对丰度，而黄体菌属正好相反，在底层的相对丰度较高。

表4-8为不同深度生物滤池固定床生物填料硝化细菌的相对丰度。由表4-8可知，在上层固定床生物填料亚硝化单胞菌属（*Nitrosomonas*）、硝化螺旋菌属（*Nitrospira*）的相对丰度分别为0.06%~0.11%、2.02%~2.40%；在底层固定床生物填料亚硝化单胞菌属、硝化螺旋菌属的相对丰度分别为0.03%~0.06%、1.35%~2.23%。由上可知，亚硝化单胞菌属在上层固定床生物填料相对丰度高于在底层生物填料相对丰度，而硝化螺旋菌属在不同深度生物滤池固定床生物填料相对丰度差距不大。

表4-8　不同深度生物滤池固定床生物填料硝化细菌相对丰度

Tab.4-8　Abundance of the nitrifying bacteria in fixed bed biofill with different biofilter depth

样本名称	亚硝化单胞菌属（*Nitrosomonas*）	硝化螺旋菌属（*Nitrospira*）
A1	0.06%	2.14%
A2	0.07%	2.40%
A3	0.11%	2.02%
B1	0.03%	1.35%
B2	0.06%	2.71%
B3	0.04%	2.23%

三、讨论

（一）在循环水养殖条件下墨瑞鳕的生长性能

鱼类养殖密度、生长率和存活率是影响鱼类最终收获产量的直接因素，而鱼类生长存活又受光照、摄食、养殖水环境等诸多因素的共同影响（王奎等，2018）。当养殖水体恶化时，如氨氮和亚硝酸盐氮浓度过高，会对鱼类的生长存活造成负面影响，从而降低鱼类养殖产量（黄杰斯，2015）。为此，本研究选用循环水养殖系统改善养殖水体水质，为鱼类的快速生长提供保障。本研究表明，规格为36.2 g/尾的墨瑞鳕经过35 d循环水养殖实验体重可以达到71.25 g，其增重率为97.31%，特定生长率为1.93%/d, 饲料转化率为73.61%, 存活率为88.79%。在墨瑞鳕工厂化养殖生产过程中, 规格为502 g/尾墨瑞鳕经过6个月养殖可生长至1 596 g/尾, 特定生长率为0.61%/d, 饲料转化率为57%, 均低于本实验墨瑞鳕的特定生长率和饲料转化率, 这也许与养殖密度、实验周期、饲料类型及管理方法不同有关 (郭正龙等, 2012)。本研究中, 墨瑞鳕初始养殖密度 (7.24 kg/m³) 较低, 养殖周期较短 (仅35 d), 养殖水体水质较好, 这些因素在一定程度上均有可能促进了墨瑞鳕的快速生长。因此, 在墨瑞鳕循环水养殖过程中, 选择合适养殖密度和保持良好养殖水体水质是保证鱼类快速生长和提高产量的关键。

(二) 在循环水养殖条件下墨瑞鳕养殖水体水质变化

养殖密度提高通常伴随着人工配合饲料的大量投喂, 加快养殖水体水质恶化 (溶解氧较低、氨氮和亚硝酸盐氮较高) 速度, 从而对养殖生物生长存活产生不利影响 (林忠婷等, 2011)。当前, 在鱼类工厂化养殖过程中, 养殖生产企业主要通过换水的方式改善养殖水体水质。这不仅仅造成养殖水资源极大浪费, 而且导致养殖场周围水域被污染。为此, 本研究应用循环水养殖系统改善养殖水体水质, 控制养殖水体pH、溶解氧、氨氮和亚硝酸盐氮。研究结果表明, 通过将提高系统循环量 (每天8~12个循环) 和高效增氧 (液氧) 相结合的方式使养殖水体溶解氧始终控制在6.0 mg/L以上, 极大提高养殖水体溶解氧利用率。在本实验过程中, pH整体呈现逐渐下降的趋势, 这与史磊磊等 (2017) 的研究结果相一致。这主要是因为在循环水养殖系统中, 养殖生物呼吸产生大量CO_2, 同时生物滤池内固定床弹性填料表面培养生物膜的过程中, 在促进养殖水体硝化反应发生的同时, 有大量氢离子产物产生, 导致系统运行中养殖水体pH下降。

在水产养殖过程中, 养殖水体氨氮和亚硝酸盐氮浓度过高会对养殖生物生长存活、呼吸代谢、生理生化、功能基因表达等造成负面影响 (黄杰斯, 2015; 周鑫, 2012; 张晓莹, 2017; 王小龙等, 2019)。杨先明等 (2012) 的研究结果表明, 墨瑞鳕集约化养殖水体氨氮和亚硝酸盐氮浓度要求分别在2.9 mg/L和0.24 mg/L以下; 郭正龙等 (2012) 研究结果表明, 墨瑞鳕集约化养殖水体氨氮和亚硝酸盐氮浓度要求在1.93 mg/L和0.019 mg/L以下。然而, 在本研究中, 循环水养殖系统氨氮和亚硝酸盐氮浓度分别在1.86 mg/L和5.00 mg/L以下, 亚硝酸盐氮远远高于上述水质指标控制要求, 这种实验结果的差异可能主要与生物膜培养方式、养殖水环境等因素不同有关 (王奎等, 2018)。在本研究中, 在墨瑞鳕循环水养殖期间, 通过负荷挂膜的方式培养生物膜, 节省了生物膜预培养时间, 降低了系统运行成本, 但在一定程度上也加大了养殖水体氨氮和亚硝酸盐氮浓度急速升高的风险。根据本实验数据可知，氨氮和亚硝酸盐氮浓度均呈现先升高后下降的趋势。其中，氨氮浓度先上升，亚硝酸盐氮浓度后上升，而氨氮浓度下降较快，亚硝酸盐氮浓度下降较慢。这也许表明在生物膜培养过程中，养殖水体残饵、粪便经氨化作用所形成的氨氮可以在硝化细菌的作用下快速转化成亚硝酸盐氮，而亚硝酸盐氮转化为硝酸盐氮则需要相对较长的时间，即说明亚硝酸盐氮氧化细菌生长较慢，且亚硝酸盐氮氧化细菌比氨氧化细菌更敏感（Keck和Blanc，2002）。有研究表明，在实验某个阶段内氨氮和亚硝酸盐氮浓度出现较高的状况，主要是由于循环水养殖系统的生物膜未培养成熟，养殖水体的硝化反应不完全，从而导致氨氮和亚硝酸盐氮的累积；与此同时，硝化细菌是极为敏感的，易受到水体高氨氮和亚硝酸盐氮浓度、低溶解氧（＜0.1 mg/L）、pH等因素抑制（Satoh等，2000；Chen等，2006）。在生产实践中，面对循环水养殖系统氨氮和亚硝酸盐氮浓度较高的问题，建议养殖生产者采用降低饵料投喂量、增加养殖水体换水量或系统循环量的方式减少养殖水体水质变化对鱼类生长存活的影响。

（三）不同深度生物滤池固定床生物填料微生物群落多样性及群落结构分布

在循环水养殖系统中生物净化是保证系统稳定运行的重要环节，而生物滤池内固定床生物填料快速挂膜是养殖废水高效处理的关键。因此，探究生物膜上微生物种类和生物多样性的空间分布规律对提高循环养殖系统利用效率和优化循环水系统设计具有重要意义。本研究发现，生物滤池底层固定床生物填料生物膜群落多样性略高于上层固定床生物填料群落多样性，这可能是由生物滤池上层溶解氧较高，促进好氧性细菌生长繁殖所造成的。循环水养殖系统生物膜上的微生物主要为异养细菌和自养细菌（主要是硝化细菌）两类。有研究表明，异养细菌固氮效率高于硝化细菌，这是因为异养细菌的生长率和生物量比硝化细菌的高10倍，所以异养细菌在生物膜菌落组成中具有显著优势（Hargreaves, 2006）。在本研究中，循环水养殖系统生物膜微生物在门水平主要以变形菌门（Proteobacteria）、疣微菌门（Verrucomicrobia）、浮霉菌门（Planctomycetes）为优势菌门，其中变形菌门（Proteobacteria）占据绝对优势，相对丰度最高，与杨小丽等（2013）和蔺凌云等（2017）的研究结果相吻合。在变形菌门中，γ-变形菌纲（Gammaproteobacteria）和α-变形菌纲（Alphaproteobacteria）在生物膜微生物群落中占有优势，相对分度分别为29.18%～45.78和24.93%～29.11%。而在蔺凌云等（2017）的研究中，β-变形菌纲是生物填料表面相对丰度最高的优势菌纲，这也许与水产养殖种类、养殖水环境和生物填料类型等因素不同有关（蔺凌云等，2017；Sugita等，2005）。γ-变形菌纲不动杆菌属（Acinetobacter）在生物滤池上层固定床弹性填料上相对丰度最高，属常见水体中的土著微生物，生长于20~30℃好氧环境中，广泛存在于土壤、水生环境以及鱼类养殖废水中，在淡水硝化反应器和转鼓式反硝化反应器内也有发现，具有附着生长特性，有利于生物膜在生物填料表面的附着（Fang等，2002；Wagner和Loy，2002）。α-变形菌纲罗氏杆菌（Rhodobacter）在生物滤池上层固定床弹性填料上也具有较高的相对丰度，可生长于淡水和海水中，在之前海水硝化反应器和反硝化流化床反应器研究中均有所发现（Cytryn等，2005）。疣微菌门（Verrucomicrobia）疣微菌纲（Verrucomicrobiae）黄体杆菌属（Luteolibacter）在生物滤池底层固定床弹性填料上相对丰度最高，属异养型反硝化细菌，广泛存在于土壤和水生环境中，这表明生物滤池底层环境有利于反硝化细菌的生长（张新波等，2019）。γ-变形菌纲气单胞菌属（Arenimonas）在生物滤池底层固定床弹性填料上也具有较高的相对丰度，可生长于温度为3~40℃和不同盐度的水生环境中，尤其广泛存在于鱼类养殖废水中（Leonard等，2000）。

循环水养殖系统生物处理的关键环节是生物滤池中生物膜的培养，即培养生物膜上的硝化细菌。按照硝化细菌的功能，可以将硝化细菌分为氨氧化细菌和亚硝酸盐氮氧化细菌。一般来说，亚硝化单胞菌（Nitrosomonas）、亚硝化球菌属（Nitrosococcus）、亚硝化螺旋菌属（Nitrosospira）是氨氧化细菌（AOB）中最常见的菌属，而硝化螺旋菌属（Nitrospira）和硝化杆菌属（Nitrobacter）是亚硝酸盐氧化细菌（NOB）中最常见的菌属。在本研究中，亚硝化单胞菌属和硝化螺旋菌属在墨瑞鳕循环水养殖系统生物填料上均被发现，在生物填料生物膜上亚硝化单胞菌属、硝化螺旋菌属的相对丰度为0.03%~0.11%和1.35%~2.71%。在Bartelme等（2017）有关淡水硝化反应器微生物群落的研究中，亚硝化单胞菌属相对丰度<1%,硝化螺旋菌属相对丰度为2%~5%，与本实验结果基本一致。在Huang等（2016）有关不同循环水养殖系统（海水）生物滤池细菌群落的基因组学研究中，发现亚硝化单胞菌属和硝化螺旋菌属在浸入式生物滤池相对丰度分别为0.1%~0.5%和1.6%~1.9%，其硝化螺旋菌属的相对丰度与本实验结果相近。综上，在循环水养殖系统生物膜上亚硝化单胞菌属相对丰度一般低于硝化螺旋菌属相对丰度，即氨氧化细菌相对丰度低于亚硝酸盐氮氧化细菌相对丰度，但二者相对丰度又低于异养细菌的相对丰度，这主要与细菌的生长类型有关，硝化细菌属于自养类型，生长速度较慢，且细菌的生物量较少（Satoh等，2000）。虽然硝化细菌生物膜微生物群落中相对含量较低，但是在高效净化养殖水体水质方面发挥着至关重要的作用。

四、结论

循环水养殖系统的应用不仅提高了墨瑞鳕的生长性能（特定生长率、饲料转化率），而且改善了养殖水体水质（溶解氧、氨氮和亚硝酸盐氮浓度）。墨瑞鳕循环水养殖系统生物膜在门水平的优势菌门为变形菌门、疣微菌门、浮霉菌门，在纲水平的优势菌纲为γ-变形菌纲、α-变形菌纲、疣微菌纲。墨瑞鳕循环水养殖系统不同生物滤池深度生物膜在属水平的优势菌属有所不同，在生物滤池上层的生物膜优势菌属是不动杆菌属、黄体菌属、罗氏杆菌属，在生物滤池底层的生物膜优势菌属是黄体菌属、气单胞菌属、不动杆菌属、金黄色葡萄菌属。墨瑞鳕循环水养殖系统生物膜中硝化细菌为亚硝化单胞菌和硝化螺旋菌，其相对丰度分别为0.03%～0.11%和1.35%～2.71%。

（张龙，朱建新，刘云锋，曲克明，胡光春，陈世波）

第五节　不同有机碳源对牙鲆幼鱼循环水养殖效果的影响

循环水养殖作为一种具有高密度、可控性强、环境友好和集约高效等优点的新型养殖模式，代表了工厂化水产养殖未来发展方向（刘鹰，2011）。生物滤池作为水处理的核心单元，依靠生物膜上微生物利用养殖废水中的碳水化合物、脂肪、蛋白质、氨氮等污染物作为其细胞本身活动所需要的能源和细胞合成所需的物质基础，进而去除养殖水体中的有机物和"三态氮"（氨氮、亚硝酸盐氮和硝酸盐氮）。其反应过程可以分为有机物氧化、细胞合成、细胞分解、硝化反应和反硝化反应（陈江平，2010）。

载体上的菌群主要以异养菌为主，其生物量往往比自养菌高出1～2个数量级（张海耿，2011）。有机碳源作为异养菌生长繁殖的食物来源，可以为细胞合成提供物质基础，为其代谢活动提供所消耗的能量（张云等，2003）。因此，有机碳源在水体中的含量与生物滤池净化效果存在密切的关系，目前与之相关的研究很多，如对生物膜构建、有机物去除、硝化作用和异养反消化作用的影响等（王威等，2013；钱伟等，2012；刘伶俐等，2013），并取得了一定成果。然而，向生物滤池中添加有机碳源会导致水体中有机物含量短期内迅速升高，为了解该环境是否适合养殖对象的健康生长，本研究采用循环水养殖系统模拟装置，初步探讨添加适量有机碳源对循环水养殖效果的影响；并结合养殖过程中主要水质指标的变化情况，初步分析了在最佳碳氮比条件下，4种有机碳源对生物滤池净水效果影响的作用机制，为养殖企业在实际生产中合理选用有机碳源，进而提高生物滤池净水效率，获得优异的养殖效益提供一定的理论帮助。

一、材料与方法

（一）填料与实验装置

生物填料选用爆炸棉，其材质为PU海绵，比表面积350 m²/m³，密度0.024 g/cm³。

循环水养殖模拟装置主要由生物滤器和蓄水箱组成（图4-24）。生物滤器采用亚克力有机玻璃管，内经尺寸为140 mm×600 mm，其进水端和出水端都有球阀以控制水流速率；蓄水箱有效容积为200 L；生物滤器与蓄水箱之间采用25 mm的塑料软管连接。实验分5组，每组均为独立的循环水养殖系统，图4-24为其中1组。将添加碳源的4组作为实验组，分别为葡萄糖组、乙醇组、红糖组和淀粉组（标记为A1、A2、A3、A4）；将不添加碳源的作为对照组（标记为A0）。

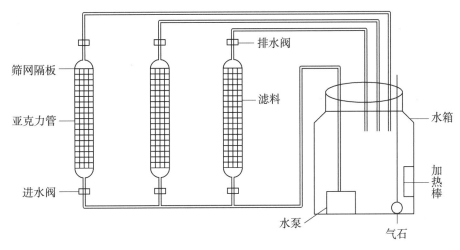

图4-24　每组实验装置示意图

Fig.4-24　Schematic diagram of experimental device in each group

（二）生物膜培养

实验在烟台市海阳黄海水产有限公司进行，使用地下深井海水，水质参数：水温18～19℃，pH 7.5～8.0，盐度27.5～28.0，溶解氧5.5～6.5 mg/L。生物膜培养采用预培养法，实验前6周，往每个蓄水箱加入半滑舌鳎循环水养殖池水100 L，并添加50 mg/L微生态净水剂（厦门好润牌生力菌和亚硝菌克，富含硝化细菌、芽孢杆菌等益生菌，有益菌含量大于$2×10^{10}$ CFU/g）作为挂膜菌种。另外添加20 mg/L氯化铵和20 mg/L葡萄糖作为生物膜培养的补充氮源和碳源。每套系统水力停留时间30 min，每周换水1次，换水后重新添加同量的氯化铵和葡萄糖，并定期检测水中氨氮和亚硝酸盐氮浓度，直至亚硝酸盐氮浓度降低且达到稳定状态，表明生物膜成熟。挂膜期间的系统运行参数：pH 7.5~8.0，水温26.5~28.0℃，溶解氧≥6 mg/L。

（三）实验用鱼与饲喂方法

实验用牙鲆幼鱼取自当年建立的同一家系，共200尾，平均体质量（10.23±0.24）g，随机放入各组蓄水箱中，每组40尾。实验前将幼鱼浸泡在40 mg/L甲醛溶液中30 min。养殖过程控制水温19~23℃、溶解氧5.0~6.0 mg/L、pH7.5~8.0、水力停留时间25~27 min。投喂饲料为大菱鲆成鱼2#料（青岛七好牌）。实验第3天开始日投喂2次（07:30，17:00），日投喂量为每组鱼体总质量的1.5%~2.0%。各组每天吸污2次，时间为08:30和18:00，每次吸污过程中排水15 L，然后立刻补充同量新水，实验为期40 d。

（四）添加碳源

实验开始于第3天09:30，每组取3份水样测量TOC和TN，按照C（TOC）/N（TN）=4控制各组碳源添加量，A1添加葡萄糖，A2添加乙醇，A3添加红糖，A4添加淀粉，A0则不添加碳源。每隔7 d添加1次，操作方法同上。

（五）鱼体生长指标测定

测量及计算方法同本章第三节。

（六）日常水质指标监测

实验第3天上午投完饵后2 h，各组取水样测量总氨氮（TAN）、亚硝酸盐氮（NO_2^--N）、硝酸盐氮（NO_3^--N）和化学需氧量（COD_{Mn}），每个水样3个平行，其中TAN、NO_2^--N和COD_{Mn}以后每隔1 d测1次，NO_3^--N每隔4 d测1次，取样时间均为上午投完饵后2 h。

水质指标的检测依照《海洋监测规范　第4部分：海水分析》（GB17378.4—2007）。TAN采用次溴酸盐氧化法测定；NO_2^--N采用萘乙二胺分光光度法测定；NO_3^--N采用锌镉还原法测定；化学需氧量（COD_{Mn}）采用碱性高锰酸钾法测定；TN采用碱性过硫酸钾消解紫外分光光度法测定。TOC浓度采用岛津总有机碳分析仪测定；盐度、pH、溶解氧、水温采用YSI-556多功能水质分析仪测定。

二、实验结果

（一）各组牙鲆幼鱼养殖效果的对照

各实验组牙鲆幼鱼生长情况见表4-9。实验结束时，5组牙鲆幼鱼体重相对实验开始时都增加了1倍以上。乙醇组和葡萄糖组增重率较高，分别为137.7%和134.7%，与其他3组呈显著性差异（$P<0.05$）；对照组增重率最低，为104.0%，与红糖组和淀粉组不存在显著性差异。饵料系数方面，乙醇组＜葡萄糖组＜淀粉组＜对照组＜红糖组。各组牙鲆幼鱼存活情况见表4-10。经过40 d养殖，各组存活率均达到85.0%以上。乙醇组存活率最高，为97.5%；葡萄糖组和淀粉组均为95.0%；对照组较低，为87.5%；红糖组最低，只有85.0%。

表4-9 对照组与实验组牙鲆生长情况的比较

Tab.4-9 Comparison of growth between experimental groups and control groups of flounder

组别	初体重/g	终体重/g	增重率/%	饵料系数
对照组	（10.43±0.24）[a]	（21.27±1.29）[a]	（104.0±12.4）[a]	1.17
葡萄糖组	（10.44±0.25）[a]	（24.52±0.89）[b]	（134.7±8.9）[b]	0.83
乙醇组	（10.43±0.24）[a]	（24.71±1.40）[b]	（137.7±13.6）[b]	0.80
红糖组	（10.42±0.28）[a]	（21.53±1.18）[ac]	（106.5±11.5）[a]	1.18
淀粉组	（10.44±0.24）[a]	（22.06±1.93）[c]	（110.5±14.1）[a]	1.01

注：同列数据右上标中不含有相同字母的两项间呈显著性差异（$P<0.05$），数据结果以"均值±标准差"表示。

表4-10 对照组与实验组的牙鲆存活率

Tab.4-10 survival rate of the control groups and the experimental groups

组别	初尾数/尾	终尾数/尾	死亡数/尾	存活率/%
对照组	40	35	5	87.50
葡萄糖组	40	38	2	95.00
乙醇组	40	39	1	97.50
红糖组	40	34	6	85.00
淀粉组	40	38	2	95.00

（二）养殖过程中各组的水质变化情况

1. 总氨氮浓度

实验过程中，各组总氨氮浓度变化没有明显规律，且均小于0.3 mg/L（图4-25），表明每套系统的生物滤池可以有效地控制养殖水体中总氨氮的含量，使其符合养殖要求。养殖过程中，对照组总氨氮浓度最高达到0.26 mg/L，葡萄糖组、乙醇组、红糖组和淀粉组分别为0.191 mg/L、0.212 mg/L、0.208 mg/L和0.205 mg/L，均小于对照组，表明添加碳源的处理组生物滤池对水体总氨氮的降解转化能力强于对照组。

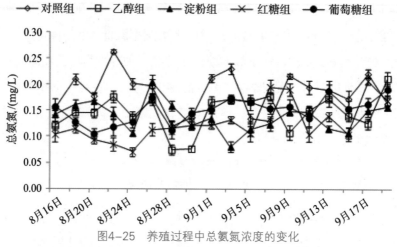

图4-25　养殖过程中总氨氮浓度的变化

Fig.4-25　TAN concentration changes in the culture process

2. 亚硝酸盐氮浓度

养殖过程中,各实验组亚硝酸盐氮浓度呈无规律地波动。红糖组波动区间最大为0.13～0.60 mg/L,对照组为0.13～0.39 mg/L,乙醇组为0.12～0.22 mg/L,葡萄糖组为0.04～0.21 mg/L,淀粉组波动区间最小为0.04～0.11 mg/L(图4-26)。

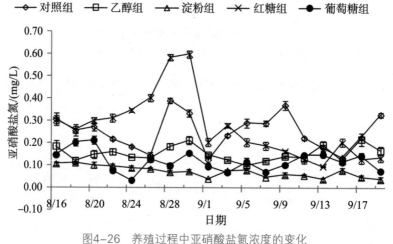

图4-26　养殖过程中亚硝酸盐氮浓度的变化

Fig.4-26　NO_2^--N concentration changes in the culture process

3. 硝酸盐氮浓度

养殖初期(第3～25天),各组硝酸盐氮浓度逐渐升高,升高速度为对照组>红糖组>淀粉组>葡萄糖组>乙醇组。第30天左右各组硝酸盐氮浓度趋于稳定,此时对照组高于其他4组,最高达到3.74 mg/L;红糖组、淀粉组、葡萄糖组和乙醇组最高分别为3.13 mg/L、2.86 mg/L、2.69 mg/L和2.62 mg/L(图4-27)。这表明向系统中添加适量的有机碳源有利于生物滤池对水体中硝酸盐氮的去除。

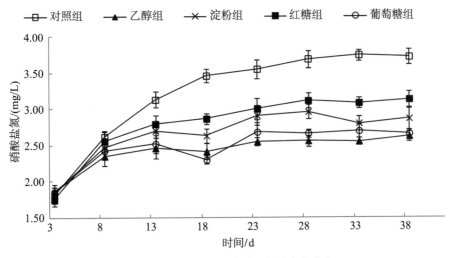

图4-27 养殖过程中硝酸盐氮浓度的变化
Fig.4-27 NO_3^--N concentration changes in the culture process

4. 化学需氧量

化学需氧量可以反映水体中有机物含量，值越大表明有机物含量越多。整个养殖过程中，对照组化学需氧量趋于稳定，均小于5 mg/L；葡萄糖组、红糖组和淀粉组添加有机碳源后，化学需氧量迅速升高，经过1 d反应降低至对照组水平然后趋于稳定，直至下一次添加碳源。乙醇组添加碳源后，化学需氧量变化不明显（图4-28）。分析其原因可能与乙醇易挥发的性质有关。

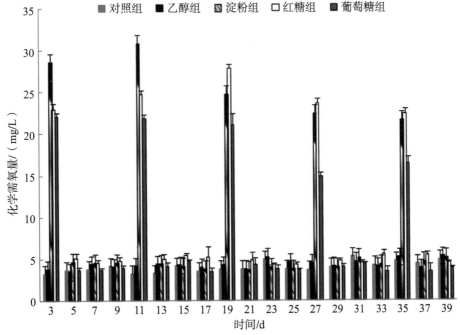

图4-28 养殖过程中化学需氧量的变化
Fig.4-28 COD_{Mn} changes in the culture process

三、讨论

（一）添加有机碳源对牙鲆幼鱼生长情况的影响

对各组养殖系统中单位重量牙鲆幼鱼所消耗饲料和碳源的总成本进行估算，得出对照组和红糖组分别为14.2元/kg和14.8元/kg，高于乙醇组、葡萄糖组和淀粉组（分别为11.6元/kg、11.4元/kg和13.8元/kg）。表明在循环水养殖模式下，向生物滤池中添加合适的有机碳源更有利于牙鲆幼鱼的生长，降低饵料系数，从而减少养殖成本，原因可能是：生物滤池的核心单元是生物膜，生物膜主要由附着于填料表面的微生物群落、少量的原生动物和一些多糖类的胞外聚合物等组成（高喜燕等，2009）。添加有机碳源会刺激生物膜上异养微生物大量繁殖，加上本实验设计的模拟循环水养殖系统未安装固体颗粒物分离装置，水体中会含有一些细微有机颗粒，这些异养微生物可能会依附在有机颗粒表面形成生物絮团或类似生物絮团的物质。生物絮团是一种细菌团粒，由细菌群落、浮游动植物、有机碎屑和一些聚合物质相互絮凝而形成（Schryver等，2008），可以被养殖生物食用，减少饲料投喂量，降低饵料系数（Avnimelech, 2007）。乙醇组和葡萄糖组牙鲆幼鱼比淀粉组和红糖组生长更迅速，饵料系数更小，原因可能是小分子类有机碳源的水溶性较好，使其具有良好的细胞亲和性，便于生物膜上异养细菌利用，从而促进细菌繁殖（李秀辰等，2010），细菌繁殖迅速有利于生物絮团的形成。然而，向循环水养殖系统的生物滤池中添加适量的有机碳源是否会形成生物絮团或其类似物，以及这些生物絮团能否被养殖生物利用仍需进一步研究。

（二）有机碳源对无机氮化合物含量变化的影响

在循环水高密度养殖条件下，氨氮和亚硝酸盐氮是威胁养殖对象健康生长的潜在因素（曲克明等，2007）。本实验通过比较发现，养殖期间碳源组氨氮含量的最大值均小于对照组，碳源组（红糖组除外）亚硝酸盐氮含量变化没有对照组波动剧烈，说明添加适量的有机碳源有利于控制生物滤池中氨氮和亚硝酸盐氮的量。虽然添加过量有机碳源会加快生物膜上异养细菌的繁殖，消耗大量溶解氧，抑制硝化反应的进行（张海杰等，2005），但在溶解氧充足的条件下，合适的有机碳源含量有利于硝化反应的进行（於建明等，2005）。在本实验条件下，生物滤池进水段的溶解氧5.0～6.5 mg/L、pH 7.41～7.67，且出水端的溶解氧1.5～3.0 mg/L、pH 7.16～7.51，表明添加的有机碳源不仅不会抑制硝化作用，而且还有利于硝化反应的进行。

养殖过程中各实验组硝酸盐含量均先迅速升高然后趋于稳定，且碳源组始终低于对照组。硝酸盐的去除主要依靠异养反硝化作用完成，其过程需要有机碳为电子供体，而循环水系统养殖废水属轻度污染水（王峰等，2013），在溶解氧较高、有机碳源相对不足的情况不利于反硝化作用的进行。本实验过程中，碳源组通过不断定量加入有机碳源，促进生物膜内好氧异养细菌的繁殖，该过程会消耗大量溶解氧；另外，硝化过程也会消耗掉部分溶解氧，这些过程会在生物滤器内的某些部位创造低氧条件，从而促进反硝化过程的进行，使得部分硝酸盐被去除。对照组没有添加有机碳源，反硝化作用不明显，从而造成硝酸盐的累积。有研究指出，易于生物降解的有机物如甲醇、蔗糖、葡萄糖等，更有利于异养反硝化反应的进行（杨殿海和章非娟，1995）。本实验结果也证明了这一观点，乙醇组和葡萄糖组水体硝酸盐含量小于其他两组，说明乙醇和葡萄糖更有利于异养反硝化作用的进行。

（三）添加有机碳源对化学需氧量的影响

养殖过程中对照组化学需氧量始终符合养殖水质要求，表明生物滤池能有效控制水体中有机物的含量。碳源组（乙醇组除外）添加相应有机碳源后，化学需氧量迅速增大，短时间内又恢复对照组水平，在该过程中养殖水体pH逐渐降低，最低达到7.4左右。本实验中，养殖水体溶解氧保持在5.0～6.0 mg/L，添加有机碳源有利于异养细菌的繁殖，异养细菌大量分解利用有机物，为其生长代谢提供所需物质和能量，同时消耗掉大量溶解氧，造成滤器出水口溶解氧明显低于养殖水体。此外，乙醇属于易挥发性物质，用碱性高锰酸钾法测COD时，需要加热煮沸10 min，在加热过程中，大量乙醇没有被氧化，直接挥发到空气中，所以乙醇组添加有机碳源后，化学需氧量几乎不变，针对这种现象，我们可以在以往实验的基础上，进一步探索较为方便、准确、局限性小的化学需氧量检测方法。

四、结论

向循环水养殖系统中添加少量有机碳源，虽然会导致水体中有机物含量迅速升高，但很快会被生物滤池中的微生物分解利用。添加有机碳源不仅不会造成养殖水体中氨氮、亚硝酸盐氮含量剧烈波动，而且在一定程度上降低了硝酸盐含量。通过比较对照组和处理组牙鲆幼鱼生长情况，发现添加碳源的实验组牙鲆幼鱼增重率均高于对照组；葡萄糖组、乙醇组和淀粉组牙鲆幼鱼存活率都达到95%以上，明显高于对照组。饵料系数：乙醇组＜葡萄糖组＜淀粉组＜对照组＜红糖组。本研究结果可以为有机碳源在实际生产中的推广应用提供理论参考。

（程海华，朱建新，曲克明，杨志强，刘寿堂，刘慧）

第六节　凡纳滨对虾动态能量收支模型参数的测定

Kooijman（2000）在1986年首次提出了基于κ原则的动态能量收支（dynamic energy budget, DEB）理论，用于描述生物在个体层面上对于能量的吸收、储备和利用（Kooijman等，2000）。它叙述的是生物将摄食同化能量的一部分用于维持自身身体结构的生长，另一部分用于自身性腺的发育和繁殖储备（Sousa等，2006；Ren等，2001）。基于DEB理论研究生物生理机制与环境关系而模拟出的个体生长模型称作动态能量收支模型，简称为DEB模型（Marinov等，2007；Kooijman等，2010），该模型可在个体层面上预测特定物种的体长、体重和性腺等动态生长的变化（Bourles等，2009；Bernard等，2011），通过假设食物和温度是生物新陈代谢机制的主要驱动力，为理解生物的整体生理表现提供了一个全面的框架。DEB理论基于不同物种在新陈代谢上的一致性而具有非常广泛的应用范围，准确获得特定条件下的模型参数即能得到目标物种的DEB模型（张继红等，2016）。DEB理论作为国内外的研究热点已被成功应用到鱼类（Ren等，2020）、贝类（Fuentes-Santos等，2019；段娇阳等，2020）、藻类（蔡碧莹等，2019）等水生生物，构建起多种DEB模型。

凡纳滨对虾（*Litopenaeus vannamei*）原产于东太平洋暖水海域，系热带高温虾类品种。因其具有耐低盐、耐高温、生长快、抗病力强等优点而深受养殖户和消费者的喜爱。凡纳滨对虾自1988年引入我国后便迅速发展并风靡全国，并逐渐成为我国重要的海水养殖品种，发展出了港湾养殖、池塘（包括南方的高位池养殖）和温棚（包括目前广为流行的小棚）等几种养殖模式（邓伟等，2013）。如今，随着凡纳滨对虾养殖技术的日趋成熟，全国各地掀起凡纳滨对虾养殖浪潮，而工厂化循环水高密度养殖成为凡纳滨对虾新的养殖模式（汪珂等，2019），发展速度很快。

不过，随着养殖规模的扩大和产能的增加，种质退化、水质污染和病害频发等一系列问题也随之出现（姚晖等，2020），因此迫切需要加强养殖管理，尤其是养殖容量方面的理论指导。通过建立凡纳滨对虾动态能量收支模型来模拟和预测对虾在不同环境条件下的生长速度、并进一步建立其养殖容量模型，对于指导养殖管理和评估养殖容量具有重要意义（Sato等，2007；刘慧等，2018）。国外关于虾类DEB模型的研究已有多篇报道，并已建立了南极磷虾（*Euphausia superba*；Jager等，2016）、褐虾（*Brown shrimp*；Campos等，2009）和蓝虾（*Litopenaeus Stylirostris*）等的DEB模型，但目前国内虾类DEB理论研究尚属空白，有待于进一步补充完善。

本研究以工厂化循环水养殖的凡纳滨对虾为实验对象，参考国外已报道有关虾类DEB模型的研究方法，通过相关实验获得构建凡纳滨对虾DEB模型的5个必需参数。包括形状系数（Shape coefficient，δ_m）、Arrhenius温度（Arrhenius temperature，T_A）的值、形成单位体积结构物质所需能量（Volume-specific costs for structure，$[E_G]$）、单位体积最大储能（Maximum storage density，$[E_M]$）和单位时间单位体积维持耗能率（Volume-specific maintenance costs per unit of time，$[\dot{p}_M]$）。此项研究为后续凡纳滨对虾动态能量收支模型的构建奠定了基础，以期为凡纳滨对虾的工厂化高密度养殖管理提供理论指导。

一、材料与方法

（一）实验材料与管理

实验所用凡纳滨对虾均取自山东省海阳市黄海水产有限公司同一工厂化循环水养虾车间。实验用虾经地笼网捞出后迅速转移至实验桶内进行充气暂养，实验用桶容量为200 L，上口径为82 cm，下口径为68 cm，高度为53 cm，上覆黑色网布防止虾受刺激跳出。实验用水为天然海水，经沉淀、砂滤、调温、增氧处理后使用，水温（28.0±0.5）℃，盐度31，pH为7.8～8.2，溶解氧保持在5 mg/L以上，与车间养殖环境保持一致。暂养期间投喂青岛正大农业发展有限公司生产的凡纳滨对虾配合饲料，投喂时间分别为07：00、12：00、17：00和22：00。经过一段时间的驯养，至实验用虾成活率稳定后开始各项生理实验。

对虾喂养实验于2020年9月初至2021年1月中旬在海阳市黄海水产有限公司实验室进行。

（二）实验方法

1.2.1 生物学测量

凡纳滨对虾经中间培育后，每隔一周从虾池随机捞取10尾虾直接用于形状系数的测量，分别测定凡纳滨对虾的体长和湿重，共计78尾。体长用刻度尺（精度0.01 mm）测量，湿重用电子天平（龙蓓电子天平，1 000 g，精度0.01 g）称量，湿重即为用卫生纸擦干体表水分，阴干0.5 h后的虾全重。根据体长与虾体密度（1.1 g/cm³）的乘积得到体积（V）。

$$V=(\delta_m \times L)^3 \tag{4-7}$$

式中：V为虾的体积（cm³）；δ_m为形状系数；L为虾的体长（cm）。

1.2.2 Arrhenius温度

在凡纳滨对虾的不同生长阶段，选取经暂养后不同规格的3组［A组体长为（5.04±0.13）cm，B组为（7.09±0.18）cm，C组为（9.13±0.29）cm］用于测定不同实验温度对凡纳滨对虾单位干重耗氧率的影响。在22℃、26℃、30℃、34℃、38℃5个实验温度条件下，将3组不同规格的凡纳滨对虾设5组重复，3组空白对照。实验开始后在每个装满海水的密闭塑料瓶（1.5 L）中缓慢放入1尾虾，挤出多余气泡确保没有空气。塑料瓶置于水温为28℃的海水实验桶中，将水温逐步升温至30℃、34℃、38℃或自然降温至22℃、26℃进行各个不同温度梯度的耗氧实验。凡纳滨对虾在升温或降温的过程中调节自身代谢以逐渐适应环境的变化，达到所需温度后在加热棒的维持下完成耗氧实验。耗氧时间持续1 h，利用便携式溶氧仪（希玛，AR8010+）测定实验前后密闭塑料瓶中溶解氧。耗氧实验结束后测定每尾虾的干重，干重为在60℃电热恒温鼓风干燥箱（尚诚，101-2B）中烘干72 h至无水分的重量。根据实验前后溶解氧的变化计算单位干重耗氧率［OR，mg/（g·h）］：

$$OR=\frac{(DO_0-DO_t) \times V_L}{(DW \times t_1)} \tag{4-8}$$

式中：DO_0、DO_t为各组实验开始和结束时瓶中溶解氧的含量（mg/L），V_L为塑料瓶体积（L），DW为虾干重（g），t_1为耗氧实验时间（h）。

1.2.3 饥饿实验

用地笼捞取300尾虾经暂养后随机平均分配进4个实验水桶进行饥饿实验，将水温控制在凡纳滨对虾的最适温度28℃，连续24 h不间断充气以确保溶解氧充足。实验桶设计为微流水，进水口套紧纱布过滤海水中的杂藻。随着实验的进行，及时清理掉桶底的粪便和桶壁附着的污物并及时隔离病虾，清除死虾和虾壳。饥饿实验每隔5 d取凡纳滨对虾8尾，测定其呼吸耗氧率，另取凡纳滨对虾10尾，测定湿重、干重、有机物含量。有机物含量用灰分测定法测定，即将称过干重的虾放入坩埚置于马弗炉（分体式SX2-2.5-10A）中，450℃灼烧4 h后称重。根据质量差，计算获得有机物含量。饥饿实验在实验用虾干重不再降低、呼吸耗氧率基本保持恒定时结束（约31 d）。

实验期间，虾干重随着体内储存能量的消耗而逐渐降低。而当虾的储备能量完全被耗尽时，虾的干重将不再随着饥饿时间而变化，此时的重量即为虾的结构物质，由此计算形成单位体积结构物质所需能量 $[E_G]$：

$$[E_G] = \frac{W_t \times C_t \times k}{T_r \times V} \tag{4-9}$$

式中：W_t为实验结束时保持恒定的虾干重（g），C_t为实验结束时虾有机物含量（%），k为有机物的能值（8 000 J/g），T_r为生长效率的转换系数（T_r=40%；van等，2006），V为虾体积（cm^3）。

虾初始能量与饥饿后的结构物质能量之差即为虾的最大储能 $[E_M]$：

$$[E_M] = k \times \frac{(W_0 \times C_0 - W_t \times C_t)}{V} \tag{4-10}$$

式中：W_0为虾干重的初始值（g），C_0为实验初始时虾有机物含量（%）。

由虾不随饥饿时间变化的呼吸耗氧率计算单位时间单位体积维持耗能率 $[\dot{p}_M]$：

$$[\dot{p}_M] = \frac{OR \times E_0 \times t}{\rho_0 \times V} \tag{4-11}$$

式中：OR为虾饥饿后基本恒定的呼吸耗氧率 [mg/（尾·h）]，E_0为O$_2$的能值（1 mL O$_2$=20.3 J；Ren等，2008），t为时间转化系数（1 d= 24 h），ρ_0为O$_2$在28℃下的密度（1.295 mg/mL）。

（三）数据分析

实验数据采用Excel 2010 进行统计分析与回归并作图；采用SPSS 25.0统计分析软件进行数据处理获取标准差，最终结果以平均值±标准差（Mean±SD）表示。

二、结果

（一）形状系数（δm）

通过Excel 2010进行凡纳滨对虾体长与体积的拟合回归，结果符合三次函数（图4-29）：V=0.009 3$L^{3.109\,4}$（R^2=0.998 7），根据公式（4-7）将体长与湿重的立方根进行线性回归，所得斜率（图4-29）即为形状系数（δ_m）的值（0.23）。

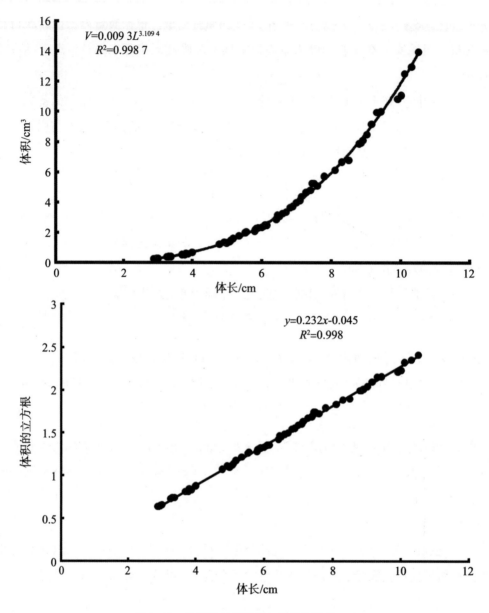

$V=0.009\,3L^{3.109\,4}$
$R^2=0.998\,7$

$y=0.232x-0.045$
$R^2=0.998$

图4-29　凡纳滨对虾体长与湿重的关系

Fig.4-29　The relationship between wet weight and body length for *Litopenaeus vannamei*

（二）Arrhenius 温度

统计作图后得到3组凡纳滨对虾（表4-11）的单位干重耗氧率随个体规格的增大而减小（图4-30），随实验温度的上升呈现先增大后减小的变化趋势。在22～34℃实验温度范围内，单位干重耗氧率随温度的升高而增大，在34℃达到最大；之后随温度的升高而减小。在34℃拐点前，根据3组凡纳滨对虾单位干重耗氧率的ln 值与温度T（热力学温度，K）的倒数进行线性回归得到3组方程，分别为$\ln R=-6470.6T^{-1}+22.118$（$R^2=0.9633$）、

$\ln R = -5770.9T^{-1} + 19.502$（$R^2 = 0.9528$）、$\ln R = -6230.5T^{-1} + 20.849$（$R^2 = 0.9773$）（图4-31）。

3组方程斜率绝对值的平均值为615 7 K，即凡纳滨对虾的Arrhenius温度T_A值。

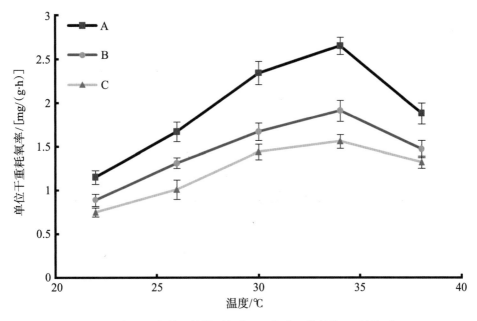

图4-30　3组不同规格凡纳滨对虾在不同温度下的单位干重耗氧率

Fig.4-30　The oxygen consumption rate per unit dry weight of three size groups of *Litopenaeus vannamei* at different temperatures

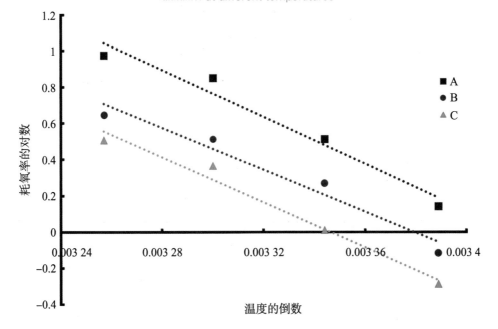

图4-31　凡纳滨对虾单位干重耗氧率的ln值与温度的倒数线性关系

Fig.4-31　Linear relationship between the ln value of the oxygen consumption rate per unit dry weight of *Litopenaeus vannamei* and the reciprocal temperature

表4-11　3组凡纳滨对虾生物学特征

Tab.4-11　Biological characteristics of three groups of *Litopenaeus vannamei*

组别	A	B	C
体长/cm	5.04±0.13	7.09±0.18	9.13±0.29
湿重/g	1.45±0.10	3.85±0.15	8.74±0.19
干重/g	0.29±0.07	1.02±0.11	2.43±0.15

（三）饥饿实验所获参数

饥饿实验共进行31 d，实验所用凡纳滨对虾初始平均体长为（8.97±0.35）cm、平均体重为（8.87±0.22）g，期间凡纳滨对虾没有能量摄入。随着实验时间的推移，凡纳滨对虾的干重不断下降并在第26天趋于恒定，测得虾干重由（2.36±0.89）g降低至（1.23±0.22）g（图4-32）；呼吸耗氧率由最初0.95 mg/（尾·h）逐渐下降并在第31天左右稳定在0.58 mg/（尾·h）（图4-33）。虾干重和呼吸耗氧率的降幅分别为47.9%和38.9%，有机物含量则从82%降到62%（表4-12）。

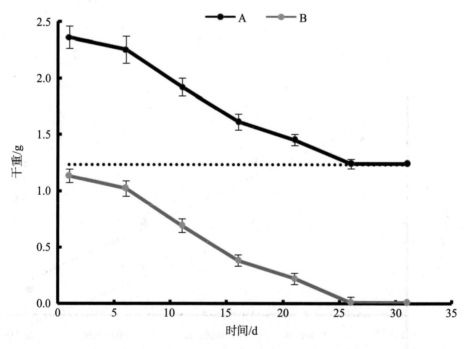

图4-32　凡纳滨对虾干重（A）和存储物质（B）随饥饿时间变化情况

Fig.4-32　Changes in dry weight（A）and storage of reserves（B）in *Litopenaeus vannamei* during the starvation experiment

根据凡纳滨对虾饥饿实验结束后基本恒定的干重和有机物含量，利用公式（4-9）计算形成单位体积结构物质所需能量［E_G］的值，为5 826 J/cm³（表4-12）；

利用公式（4-10）计算单位体积最大存储能量 $[E_M]$ 的值，为2 211 J/cm^3（表4-12）。根据虾不随饥饿时间变化而保持稳定的呼吸耗氧率利用公式（4-11）计算单位时间单位体积维持耗能率 $[\dot{p}_M]$ 的值，为31.47 J/（cm^3·d）（表4-12）。

表4-12　饥饿实验相关参数计算值

Tab.4-12　Parameter calculation value related to the starvation experiment

	初始值	终末值	结果
干重/g	2.35±0.29	1.23±0.12	—
有机物含量/%	82±4.25	62±2.76	—
形成单位体积结构物质所需能量 $[E_G]$ /（J/cm^3）	—	—	5826±258
单位体积最大储能 $[E_M]$ /（J/cm^3）	—	—	2211±112
单位时间单位体积维持耗能率 $[\dot{p}_M]$ /［J/(cm^3·d)］	—	—	31.47±3.54

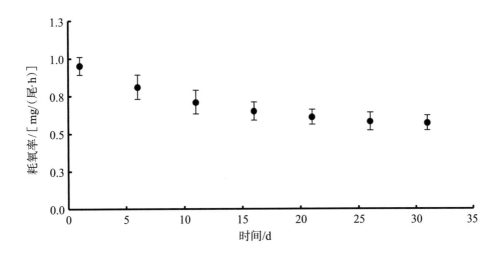

图4-33　凡纳滨对虾耗氧率随饥饿时间的变化情况

Fig. 4-33　Change of oxygen consumption rate of *Litopenaeus vannamei* with the starvation time

三、讨论

尽管DEB模型所需参数的数量较少，但参数的获取相对复杂，对参数精准度要求较高（Ren等，2008）。体积是DEB模型输出体长、干重等变量的关键因素且较难测量，综合考量本研究通过虾湿重与密度的乘积获得（Sablani等，2004）。而形状系数δm是表征体积的重要参数，通过虾湿重的立方根和体长进行线性回归得出。在目前已有虾类DEB模型参数的报道中，形状系数取值范围主要为0.2~0.3，如南极磷虾（Jager等，2016）的δ_m值为0.21，褐虾（Campos等，2009）为0.21，蓝虾为0.28等。但国外有研究显示，绿虎虾（*Penaeus semisulcatus*）的δ_m值为0.81，主要是因为其湿重与体长的比值要远高于其他虾类。本研究为使形状系数更加准确有效，选取的样本覆盖整个生长过程，最终测得凡纳滨对虾的形状系数的值为0.23，与大多数报道相近。

水温不仅是构建海洋物种DEB模型的重要强制函数，而且对于凡纳滨对虾的能量收支也有重要意义。因为虾的摄食、生长、排氨、耗氧和同化等生理活动在很大程度上都受制于温度，所以模型参数中的Arrhenius温度T_A值可以通过测定温度对生物这几项指标的影响获得（张继红等，2017）。在实验室中，进行摄食、生长和同化实验需要的周期过长且烦琐，排氨实验由于虾粪便、饲料残渣的溶失和不易收集导致结果不准确。而耗氧实验往往实验周期短并且结果精准（陈琴等，2001），因此本研究选择耗氧方案来获得凡纳滨对虾Arrhenius温度T_A值。大多数虾类T_A值主要在5 500~9 000范围内，例如南极磷虾（Jager等，2016）为5 630，蓝虾为8 000，褐虾（Campos等，2009）为9 000。本研究测得凡纳滨对虾的T_A值为6 156，位于已知研究报道范围内。常亚青等（2007）研究分析T_A值差异较大的主要原因是不同地域、不同种群对温度的响应适应能力有差异。水温在DEB模型中的赋值比较模糊，一般都是参考当地的水文条件，但是天然水域的水温不仅随季节时间变化且随深度变化（Campos等，2009）。像凡纳滨对虾的生活习性是昼伏夜出，昼夜所待的水层温度不一。Saborowski等（2000）研究表明，南极磷虾每天要接受6 h的表层水温和18 h的深层水温。而本次研究的工厂化养虾车间中配有专业的供暖设备，使水温维持在27~28℃，水温不随时间和深度变化，因此本实验的值要比传统天然大水面模型更准确有效。

$[E_G]$、$[E_M]$和$[\dot{p}_M]$是构建凡纳滨对虾DEB模型必需的3个参数，本研究参考van der Veer等（2006）测取双壳贝类的方法，通过饥饿实验获取数据转化求得这3个参数。根据凡纳滨对虾饥饿实验结束后的干重来计算$[E_G]$的值，但饥饿时间不能过长，否则会造成结构物质分解以致参数值偏低；根据凡纳滨对虾初始和饥饿后的能量之差计算$[E_M]$的值，也有研究人员指出，可以通过比较个体在生长旺盛季节和在冬季的能量之差间接估计得出，但这种方法周期过长且所得参数值偏低。因此，本实验根据凡纳滨对虾饥饿后基本恒定的呼吸耗氧率来计算$[\dot{p}_M]$的值。不同虾类$[E_G]$、$[E_M]$和$[\dot{p}_M]$的值都有一定的差异，其主要原因是不同虾类对饥饿胁迫的响应程度不同，导致最终的参数值不同。Kooijman（2000）研究表明，物种维持和生长所用能量的比例、单位结构体积的生长成本和最大储存密度与温度无关，并将在物种分布区保持不变。虾类［E_G］和［E_M］的值一般在2 500～6 000和800～3 000范围内，本研究得到的［E_G］和［E_M］的值均在此范围内。Campos等（2009）研究将褐虾饥饿24 d后，发现干重和耗氧率分别降低了54%和45%，而本研究测得凡纳滨对虾在饥饿31 d后干重和耗氧率较初始下降47.8%和38%。其中，耗氧率下降是因为在食物密度和储备能量变低时，虾会通过调节自身代谢水平来适应环境的变化，减少能量的消耗（Mehner等，2010）。以往研究中，虾类的［$\dot{p}_M$］值一般在15～60范围内，差异主要与不同虾类的单位体积大小密切相关（van der Veer等，2006），本研究获得的［$\dot{p}_M$］在此范围内。

目前关于虾类DEB模型参数的报道比较少，一个重要的因素是甲壳类物种的体长不是持续的增加，而是通过周期性的蜕壳完成的，而以往大都假设建模物种的各个尺寸指标是在持续增长的。蜕去的虾壳也意味着同化的一部分能量流失，王吉桥等（2004）研究指出，这部分能量在3%左右，这也是模型模拟出的体长、干重比实测值偏小的原因之一。在以后的研究中需要对虾的蜕壳机制进行细致的探究来解决这一问题。Talbot等（2019）进行过甲壳类物种蜕壳的探索性研究，为解释清楚这一点，研究人员将DEB模型扩展到跟踪碳质量的持续增加以及物理尺寸的间歇性增加，为下一步研究指明了方向。本研究在凡纳滨对虾的DEB建模研究中，整体生长仍被假设为连续的。

四、结论

本研究得到的5个模型参数精准度虽有待提高，但它们都是有效的。在最优食物、水温条件下构建的凡纳滨对虾DEB模型是成功的，更加细致地模拟了凡纳滨对虾的生长对环境的反馈。DEB模型在国内外作为研究热点已广泛应用于多种海洋生物，但对于对虾等甲壳类研究较少。本研究通过相关实验获得了构建凡纳滨对虾动态能量收支模型的5个必需参数，为后续凡纳滨对虾动态能量收支模型的构建奠定了基础，也为进一步研究其他甲壳类动物提供了理论依据，以期为凡纳滨对虾的工厂化高密度养殖管理提供理论支撑。

（刘洋，朱建新，陈小傲，段娇阳，薛致勇，曲克明，刘慧）

本章参考文献

岑伯明，2010. 南美白对虾池塘养殖生产状况的调查与分析［J］. 宁波大学学报

（理工版），23（4）：47-50.

蔡碧莹，朱长波，刘慧，等，2019.桑沟湾养殖海带生长的模型预测［J］.渔业科学进展，40（3）：31-41.

陈琛，闫茂仓，张翔，等，2016.凡纳滨对虾不同养殖密度高位池水体细菌群落动态［J］.中国水产科学，23（4）：985-993.

陈江萍，2010.海水循环水养殖系统中生物滤器污染物去除机理的初步研究［D］.青岛：青岛理工大学.

陈琴，陈晓汉，罗永巨，等，2001.南美白对虾耗氧率和窒息点的初步测定［J］.水利渔业，21（2）：14-15.

曹阳，李二超，陈立侨，等，2014.养殖密度对俄罗斯鲟幼鱼的生长，生理和免疫指标的影响［J］.水生生物学报，38（5）：968-974.

常亚青，2007.贝类增养殖学［M］.北京：中国农业出版社.

段娇阳，刘慧，陈四清，等，2020.基于DEB理论的皱纹盘鲍个体生长模型参数的测定［J］.渔业科学进展，41（5）：110-117.

丁美丽，林林，李光友，等，1997.有机污染对中国对虾体内外环境影响的研究［J］.海洋与湖沼，28（1）：7-12.

董双林，潘克厚，2000.海水养殖对沿岸生态环境影响的研究进展［J］.青岛海洋大学学报（自然科学版），30（4）：575-582.

邓伟，黄太寿，张振东，2013.我国南美白对虾种业发展现状及对策建议［J］.中国水产（12）：22-25.

范慧慧，姜建湖，范益平，等，2019.池塘内循环流水养殖墨瑞鳕试验［J］.科学养鱼（4）：33-34.

郭勤单，王有基，吕为群，2014.温度和盐度对褐牙鲆幼鱼渗透生理及抗氧化水平的影响［J］.水生生物学报，38（1）：58-67.

高欣，景泓杰，赵文，等，2017.凡纳滨对虾高位养殖池塘浮游生物群落结构及水质特征［J］.大连海洋大学学报，32（1）：44-50.

高喜燕，傅松哲，刘缨，等，2009.循环海水养殖中生物滤器生物膜研究现状与分析［J］.渔业现代化，36（3）：16-20.

郭正龙，杨小玉，孟庆宇，2012.澳洲龙纹斑工厂化养殖技术［J］.科学养鱼（12）：39-40.

黄杰斯，2015.几种水环境理化因子对花鲈孵化与生长发育的影响及毒性试验研究

［D］. 青岛：中国海洋大学.

黄志坚，陈勇贵，翁少萍，等，2016. 多种细菌与凡纳滨对虾肝胰腺坏死症
（HPNS）爆发有关［J］. 中山大学学报（自然科学版），55（1）：1-11.

李纯厚，秦红贵，贾晓平，等，2008. 养殖密度对凡纳滨对虾能量转换效率的影响
研究［J］. 南方水产，2（1）：30-33.

刘慧，蔡碧莹，2018. 水产养殖容量研究进展及应用［J］. 渔业科学进展，39
（3）：158-166.

刘伶俐，宋志文，钱生财，等，2013. 碳源对海水反硝化细菌活性的影响及动力学
分析［J］. 河北渔业，40（1）：6-9.

蔺凌云，尹文林，潘晓艺，等，2017. 自然微生物挂膜处理水产养殖废水的效果及
微生物群落分析［J］. 水生生物学报，41（6）：1327-1335.

罗鹏，胡超群，谢珍玉，等，2006. 凡纳滨对虾咸淡水养殖系统内细菌群落组成的
PCR-DGGE 分析［J］. 热带海洋学报，25（2）：49-53.

李秀辰，李俐俐，张国琛，等，2010. 养殖固体废弃物作碳源的海水养殖废水反硝
化净化效果［J］. 农业工程学报，26（4）：275-279.

李西雷，陈甜甜，苏时萍，等，2019. 澳洲龙纹斑工厂化苗种培育技术［J］. 科学
养鱼（2）：10-11.

李先明，赵道全，谢国强，2017. 墨瑞鳕的生物学特性及其人工养殖技术［J］. 河
南水产（6）：6-7.

刘鹰，2011. 海水工业化循环水养殖技术研究进展［J］. 中国农业科技导报
（5）：50-53.

李玉全，李健，王清印，等，2007. 密度胁迫对凡纳滨对虾生长及非特异性免疫因
子的影响［J］. 中国农业科学，40（9）：2091-2096.

林忠婷，李建军，陈琳，等，2011. 非离子氨和亚硝酸氮对虾虎鱼仔鱼的急性毒性
及安全浓度评价［J］. 中国比较医学杂志，21（9）：45-48.

马建新，刘爱英，宋爱芹，2002. 对虾病毒病与化学需氧量相关关系研究［J］. 海
洋科学，26（3）：68-71.

农业部渔业渔政管理局，2017. 2017中国渔业统计年鉴［M］. 北京：中国农业出
版社.

邱德全，杨世平，2005. 对虾高密度养殖水体中有机物含量的变化［J］. 水产科
学，24（10）：12-14.

钱伟，陆开宏，郑忠明，等，2012. 碳源及C/N对复合菌群净化循环养殖废水的影响［J］. 水产学报，12（12）：1880-1890.

曲克明，徐勇，马绍赛，2007. 不同溶解氧条件下亚硝酸盐和非离子氨对大菱鲆的急性毒性效应［J］. 海洋水产研究，28（4）：83-88.

祁真，杨京平，刘鹰，2004. 封闭循环水养殖南美白对虾的水质动态研究［J］. 水利渔业，24（3）：37-39.

索建杰，王玉玮，姜玉声，等，2015. 三种凡纳滨对虾养殖模式的水质特征及养殖效果［J］. 水产学杂志，28（5）：12-17.

史磊磊，范立民，陈家长，等，2017. 组合填料对水质、罗非鱼生长及水体微生物群落功能多样性的影响［J］. 农业环境科学学报，36（8）：1618-1626.

吴晨，李孔岳，2011. 对虾工厂化养殖与池塘精细养殖模式的比较［J］. 中国渔业经济，29（2）：126-133.

王春忠，林国荣，严涛，等，2014. 长毛对虾海水养殖环境以及虾肠道微生物群落结构研究［J］. 水产学报，38（5）：706-712.

王峰，雷霁霖，高淳仁，等，2013. 国内外工厂化循环水养殖模式水质处理研究进展［J］. 中国工程科学，15（10）：16-23，32.

王峰，雷霁霖，高淳仁，等，2013. 国内外工厂化循环水养殖研究进展［J］. 中国水产科学，20（5）：1100-1111.

王吉桥，罗鸣，张德治，等，2004. 水温和盐度对南美白对虾幼虾能量收支的影响［J］. 水产学报，28（2）：161-166.

汪珂，高少初，徐旭，等，2019. 节能型原位循环水养殖系统在凡纳滨对虾工厂化养殖中应用效果初探［J］. 科学养鱼，（9）：28-29.

王奎，李慷，刘利平，2018. 循环水养殖模式下光照强度和光周期对日本鳗鲡生长及动物福利的影响［J］. 上海海洋大学学报，27（5）：683-692.

王克行. 虾蟹类增养殖学［M］. 北京：中国农业出版社，1997.

王威，曲克明，朱建新，等，2013. 不同碳源对陶环滤料生物挂膜及同步硝化反硝化效果的影响［J］. 应用与环境生物学报，19（3）：495-500.

王文博，汪建国，李爱华，等，2004. 拥挤胁迫后鲫鱼血液皮质醇和溶菌酶水平的变化及对病原的敏感性［J］. 中国水产科学，11（5）：408-412.

王小龙，宋青，王志勇，等，2019. 黄姑鱼锰超氧化物歧化酶基因的克隆及氨氮和亚硝态氮胁迫对其表达的影响［J］. 水产学报，43（4）：820-832.

王以尧，罗国强，张哲勇，等，2011. 投喂频率对循环水养殖系统氨氮浓度的影响 [J]. 渔业现代化（1）：7-11.

徐如卫，杨福生，俞奇力，等，2015. 凡纳滨对虾循环水养殖可行性研究 [J]. 河北渔业，43（3）：25-28.

於建明，石建波，吴庆荣，等，2005. 外加有机碳源对NO硝化去除的影响 [J]. 能源环境保护（4）：13-17.

衣萌萌，于赫男，林小涛，等，2012. 密度胁迫下凡纳滨对虾的行为与生理变化 [J]. 暨南大学学报（自然科学与医学版），33（1）：81-86.

姚庆祯，徐桂荣，2002. 亚硝酸盐和氨对凡纳对虾和日本对虾幼体的毒性作用 [J]. 上海海洋大学学报，11（1）：21-26.

姚庆祯，臧维玲，戴习林，等，2002. 亚硝酸盐和氨对凡纳对虾和日本对虾幼体的毒性作用 [J]. 上海水产大学学报，11（1）：21-26.

杨殿海，章非娟，1995. 碳源和碳比对焦化废水反硝化工艺的影响 [J]. 同济大学学报（自然科学版），23（4）：413-416.

杨小丽，周娜，陈明，等，2013. FISH技术解析不同氨氮浓度MBR中的微生物群落结构 [J]. 东南大学学报（自然科学版），43（2）：380-385.

张彬，何苹萍，韦嫔媛，等，2015. 凡纳滨对虾亲虾持续性死亡病因的初步研究 [J]. 西南农业学报，28（6）：2798-2802.

张海耿，2011. 生物滤池及人工湿地净化工厂化海水养殖废水效果研究 [D]. 上海：上海海洋大学.

张海杰，陈建孟，罗阳春，等，2005. 有机碳源和溶解氧对亚硝酸盐生物硝化的影响研究 [J]. 环境污染与防治，26（9）：641-643.

张继红，吴文广，刘毅，等，2017. 虾夷扇贝动态能量收支生长模型 [J]. 中国水产科学，24（3）：497-506.

张继红，吴文广，徐东，等，2016. 虾夷扇贝动态能量收支模型参数的测定 [J]. 水产学报，40（5）：703-710.

朱建新，刘慧，徐勇，等，2014. 循环水养殖系统生物滤器负荷挂膜技术 [J]. 渔业科学进展，35（4）：118-123.

张龙，陈钊，汪鲁，等，2019. 放养密度对凡纳滨对虾苗种中间培育效果的影响 [J]. 渔业科学进展，40（1）：76-83.

臧维玲，戴习林，徐嘉波，等，2008. 室内凡纳滨对虾工厂化养殖循环水调控技术与模式［J］.水产学报，32（5）：749-757.

周鑫，2012. 草鱼（*Ctenopharyngodon Idella*）对亚硝酸氮、氨氮和温度胁迫的生理响应［D］.青岛：中国海洋大学.

张新波，张祖敏，宋姿，等，2019. 不同生物膜载体下MBBR中微生物群落变化特征［J］.中国给水排水，35（11）：63-68.

张晓莹，2017. 四种水质因子胁迫下异育银鲫呼吸代谢及血液生理响应［D］.上海：上海海洋大学.

张云，张胜，杨振京，等，2003. 不同碳源强化地下水中生物脱氮模拟试验研究［J］.地理与地理信息科学（1）：66-69.

Adams C E, Turnbull J F, Bell A, et al., 2007. Multiple determinants of welfare in farmed fish: stocking density, disturbance, and aggression in Atlantic salmon（*Salmo salar*）［J］. Canadian Journal of Fisheries and Aquatic Sciences, 64（2）: 336-344.

Aliko V, Qirjo M, Sula E, et al., 2018. Antioxidant defense system, immune response and erythron profile modulation in gold fish, *Carassius auratus*, after acute manganese treatment［J］. Fish & shellfish immunology, 76: 101-109.

Apún-Molina J P, Robles-Romo A, Alvarez-Ruiz P, et al., 2017. Influence of stocking density and exposure to white spot syndrome virus in biological performance, metabolic, immune, and bioenergetics response of whiteleg shrimp *Litopenaeus vannamei*［J］. Aquaculture, 479: 528-537.

Arlinghaus R, Cooke S J, Schwab A, et al., 2007 Fish welfare: a challenge to the feelings-based approach, with implications for recreational fishing［J］. Fish and Fisheries, 8（1）: 57-71.

Avnimelech Y, 2007. Feeding with microbial flocs by tilapia in minimal discharge bio-flocs technology ponds［J］. Aquaculture, 264: 140-147.

Bartelme R P, McLellan S L, Newton R J, 2017. Freshwater recirculating aquaculture system operations drive biofilter bacterial community shifts around a stable nitrifying consortium of ammonia-oxidizing archaea and comammox Nitrospira［J］. Frontiers in Microbiology, 8: 101.

Bermard I, Kermoysan G D, Pouvreau S, 2011. Effect of phytoplankton and temperature on the reproduction of the Pacific oyster *Crassostrea gigas*: Investigation through DEB theory［J］. Journal of Sea Research, 66（4）: 349-360.

Berntssen M H G, Aatland A, Handy R D, 2003. Chronic dietary mercury exposure causes oxidative stress, brain lesions, and altered behaviour in Atlantic salmon (*Salmo salar*) parr [J] . Aquatic Toxicology, 65 (1) : 55–72.

Bokulich N A, Subramanian S, Faith J J, et al., 2013. Quality-filtering vastly improves diversity estimates from Illumina amplicon sequencing [J] . Nature Methods, 10 (1) : 57–59.

Boopathy R, 2009. Biological treatment of shrimp production wastewater [J] . Journal of Industrial Microbiology & Biotechnology, 36 (7) : 989.

Bourlès Y, Alunno-Bruscia M, Pouvreau S, et al., 2009. Modelling growth and reproduction of the Pacific oyster *Crassostrea gigas*: advances in the oyster-DEB model through application to a coastal pond [J] . Journal of Sea Research, 62 (2–3) : 62–71.

Braun N, de Lima R L, Baldisserotto B, et al., 2010. Growth, biochemical and physiological responses of *Salminus brasiliensis* with different stocking densities and handling [J] . Aquaculture, 301 (1–4) : 22–30.

Campos J, Van der Veer H W, Freitas V, et al., 2009. Contribution of different generations of the brown shrimp *Crangon crangon* (L.) in the Dutch Wadden Sea to commercial fisheries: a dynamic energy budget approach [J] . Journal of Sea Research, 62 (2–3) : 106–113.

Cao Y, Wen G, Li Z, et al., 2014. Effects of dominant microalgae species and bacterial quantity on shrimp production in the final culture season [J] . Journal of Applied Phycology, 26 (4) : 1749–1757.

Caporaso J G, Kuczynski J, Stombaugh J, et al., 2010. QIIME allows analysis of high-throughput community sequencing data [J] . Nature Methods, 7 (5) : 335–336.

Cardona E, Gueguen Y, Magré K, et al., 2016. Bacterial community characterization of water and intestine of the shrimp *Litopenaeus stylirostris* in a biofloc system [J] . BMC Microbiology, 16 (1) : 1–9.

Chen S, Ling J, Blancheton J P, 2006. Nitrification kinetics of biofilm as affected by water quality factors [J] . Aquacultural Engineering, 34 (3) : 179–197.

Crab R, Avnimelech Y, Defoirdt T, et al., 2007. Nitrogen removal techniques in aquaculture for a sustainable production [J] . Aquaculture, 270 (1/4) : 1–14.

Cytryn E, van Rijn J, Schramm A, et al., 2005. Identification of bacteria potentially responsible for oxic and anoxic sulfide oxidation in biofilters of a recirculating mariculture system［J］. Applied and Environmental Microbiology, 71（10）: 6134-6141.

Davis D A, Arnold C R, 1998. The design, management and production of a recirculating raceway system for the production of marine shrimp［J］. Aquacultural Engineering, 17（3）: 193-211.

Edgar R C, Haas B J, Clemente J C, et al., 2011. UCHIME improves sensitivity and speed of chimera detection［J］. Bioinformatics, 27（16）: 2194-2200.

Edgar R C, 2013. UPARSE: highly accurate OTU sequences from microbial amplicon reads［J］. Nature Methods, 10（10）: 996-998.

Fang H H P, Zhang T, Liu Y, 2002. Characterization of an acetate-degrading sludge without intracellular accumulation of polyphosphate and glycogen［J］. Water Research, 36（13）: 3211-3218.

Foss A, Kristensen T, Åtland Å, et al., 2006. Effects of water reuse and stocking density on water quality, blood physiology and growth rate of juvenile cod（*Gadus morhua*）［J］. Aquaculture, 256（1-4）: 255-263.

Fotedar R, 2016. Water quality, growth and stress responses of juvenile barramundi（*Lates calcarifer Bloch*）, reared at four different densities in integrated recirculating aquaculture systems［J］. Aquaculture, 458: 113-120.

Fuentes-Santos I, Labarta U, álvarez-Salgado X A, 2019. Modelling mussel shell and flesh growth using a dynamic net production approach［J］. Aquaculture, 506: 84-93.

Good C, Davidson J, 2016. A review of factors influencing maturation of Atlantic salmon, *Salmo salar*, with focus on water recirculation aquaculture system environments［J］. Journal of the World Aquaculture Society, 47（5）: 605-632.

Guerdat T C, Losorda T M, CLASSEN J J, et al., 2010. An evaluation of commercially available biological filters for recirculating aquaculture systems［J］. Aquacultural Engineering, 42（1）: 38-49.

Guillette Jr L J, Edwards T M, 2005. Is nitrate an ecologically relevant endocrine disruptor in vertebrates?［J］. Integrative and Comparative Biology, 45（1）: 19-27.

Gullian M, Thompson F, Rodriguez J, 2004. Selection of probiotic bacteria and study of their immunostimulatory effect *in Penaeus vannamei*［J］. Aquaculture, 233（1）: 1-14.

Haas B J, Gevers D, Earl A M, et al., 2011. Chimeric 16S rRNA sequence formation and detection in Sanger and 454-pyrosequenced PCR amplicons［J］. Genome Research, 21

（3）：494-504.

Hamlin H J, Moore B C, Edwards T M, et al., 2008. Nitrate-induced elevations in circulating sex steroid concentrations in female Siberian sturgeon（*Acipenser baeri*）in commercial aquaculture［J］. Aquaculture, 281（1-4）：118-125.

Han K, Matsui S, Furuichi M, et al., 1994. Effect of stocking density on growth, survival rate, and damage of caudal fin in larval to young puffer fish, *Takifugu rubripes*［J］. Aquaculture Science, 42（4）：507-514.

Hargreaves J A, 2006. Photosynthetic suspended-growth systems in aquaculture［J］. Aquacultural Engineering, 34（3）：344-363.

Holl C M, Glazer C T, Moss S M, 2011. Nitrogen stable isotopes in recirculating aquaculture for super-intensive shrimp production: tracing the effects of water filtration on microbial nitrogen cycling［J］. Aquaculture, 311（1-4）：146-154.

Huang Z, Wan R, Song X, et al., 2016. Metagenomic analysis shows diverse, distinct bacterial communities in biofilters among different marine recirculating aquaculture systems［J］. Aquaculture International, 24（5）：1393-1408.

Jager T, Ravagnan E, 2016. Modelling growth of northern krill（*Meganyctiphanes norvegica*）using an energy-budget approach［J］. Ecological Modelling, 325: 28-34.

Keck N, Blanc G, 2002. Effects of formalin chemotherapeutic treatments on biofilter efficiency in a marine recirculating fish farming system［J］. Aquatic Living Resources, 15（6）：361-370.

Kikuchi K, Iwata N, Furuta T, et al., 2006 Growth of tiger puffer *Takifugu rubripes* in closed recirculating culture system［J］. Fisheries Science, 72（5）：1042-1047.

Kooijman S A L M, 2000. Dynamic energy and mass budgets in biological systems［M］. Cambridge: Cambridge University Press.

Kotani T, Wakiyama Y, Imoto T, et al., 2009. Effect of initial stocking density on larviculture performance of the ocellate puffer, *Takifugu rubripes*［J］. Journal of the World Aquaculture Society, 40:383-393.

Kuhn D D, Drahos D D, Marsh L, et al., 2016. Evaluation of nitrifying bacteria product to improve nitrification *efficacy* in recirculating aquaculture systems［J］. Aquacultural Engineering, 43（2）：78-82.

Kumar V R, Joseph V, Philip R, et al., 2010 Nitrification in brackish water recirculating aquaculture system integrated with activated packed bed bioreactor［J］. Water Science and Technology, 61（3）: 797−805.

Leonard N, Blancheton J P, Guiraud J P, 2000. Populations of heterotrophic bacteria in an experimental recirculating aquaculture system［J］. Aquacultural Engineering, 22（1−2）: 109−120.

Liu B, Jia R, Han C, et al., 2016. Effects of stocking density on antioxidant status, metabolism and immune response in juvenile turbot（*Scophthalmus maximus*）［J］. Comparative Biochemistry and Physiology Part C: Toxicology & Pharmacology, 190: 1−8.

Magoč T, Salzberg S L, 2011. FLASH: fast length adjustment of short reads to improve genome assemblies［J］. Bioinformatics, 27（21）: 2957−2963.

Marinov D, Galbiati L, Giordani G, et al, 2007. An integrated modelling approach for the management of clam farming in coastal lagoons［J］. Aquaculture, 269（1−4）: 306−320.

Mehner T, Wieser W, 1994. Energetics and metabolic correlates of starvation in juvenile perch（*Perca fluviatilis*）［J］. Journal of Fish Biology, 45（2）: 325−333.

Nakamura I, 1994. Kumamoto Prefectural Fisheries Research Center［J］. Nihon Suisan Gakkaishi, 60（6）: 813−814.

Nga B T, Lürling M, Peeters E, et al., 2005. Chemical and physical effects of crowding on growth and survival of *Penaeus monodon* Fabricius post-larvae［J］. Aquaculture, 246（1−4）: 455−465.

Otoshi C A, Steve M A, Shaun M M, 2003. Growth and reproductive performance of broodstock shrimp reared in a biosecure recirculating aquaculture system versus a flow-through pond［J］. Aquacultural Engineering, 29（3/4）: 93−107.

Pfeiffer T J, Wills P S, 2011. Evaluation of three types of structured floating plastic media in moving bed biofilters for total ammonia nitrogen removal in a low salinity hatchery recirculating aquaculture system［J］. Aquacultural Engineering, 45（2）: 51−59.

Piedrahita R H, 2003. Reducing the potential environmental impact of tank aquaculture effluents through intensification and recirculation［J］. Aquaculture, 226（1−4）: 35−44.

Quast C, Pruesse E, Yilmaz P, et al., 2012. The SILVA ribosomal RNA gene database project: improved data processing and web-based tools［J］. Nucleic Acids Research, 41（D1）: D590−D596.

Ray A J, Lotz J M, 2017. Shrimp（*Litopenaeus vannamei*）production and stable isotope dynamics in clear-water recirculating aquaculture systems versus biofloc systems［J］. Aquaculture Research, 48（8）: 4390-4398.

Reid B, Arnlod C R, 1992. The intensive culture of the penaeid shrimp *Penaeus vannamei* Boone in a recirculating raceway system［J］. Journal of the World Aquaculture Society, 23（2）: 146-153.

Ren J S, Jin X, Yang T, et al., 2020. A dynamic energy budget model for small yellow croaker *larimichthys polyactis*: Parameterisation and application in its main geographic distribution waters［J］. Ecological Modelling, 427: 109051.

Ren J S, Ross A H, 2001. A dynamic energy budget model of the *Pacific oyster Crassostrea gigas*［J］. Ecological Modelling, 142（1-2）: 105-120.

Ren J S, Schiel D R, 2008. A dynamic energy budget model: parameterisation and application to the Pacific oyster *Crassostrea gigas* in New Zealand waters［J］. Journal of Experimental Marine Biology and Ecology, 361（1）: 42-48.

Romeo M, Bennani N, Gnassia-Barelli M, et al., 2000. Cadmium and copper display different responses towards oxidative stress in the kidney of the sea bass *Dicentrarchus labrax*［J］. Aquatic Toxicology, 48（2-3）: 185-194.

Sablani S S, Kasapis S, Rahman M S, et al., 2004. Sorption isotherms and the state diagram for evaluating stability criteria of abalone［J］. Food Research International, 37（10）: 915-924.

Saborowski R, Salomon M, Buchholz F, 2000. The physiological response of Northern krill（*Meganyctiphanes norvegica*）to temperature gradients in the Kattegat［J］. Hydrobiologia, 426（1）: 157-160.

Sahin K, Yazlak H, Orhan C, et al., 2014. The effect of lycopene on antioxidant status in rainbow trout（*Oncorhynchus mykiss*）reared under high stocking density［J］. Aquaculture, 418:132-138.

Samocha T M, Lawrence A L, Collins C A, et al., 2004. Production of the Pacific white shrimp, *Litopenaeus vannamei*, in high-density greenhouse-enclosed raceways using low salinity groundwater［J］. Journal of Applied Aquaculture, 15（3/4）:1-19.

Sato T, Imazu Y, Sakawa T, et al., 2007. Modeling of integrated marine ecosystem including the generation-tracing type scallop growth model［J］. Ecological Modelling, 208

（2-4）：263-285.

Satoh H, Okabe S, Norimatsu N, et al., 2000. Significance of substrate C/N ratio on structure and activity of nitrifying biofilms determined by in situ hybridization and the use of microelectrodes［J］. Water Science and Technology, 41（4-5）：317-321.

Schneider O, Blancheton J P, Varadi L, et al., 2006. Cost price and production strategies in European recirculation systems［C］//Conference: Aqua 2006: Linking Tradition & Technology Highest Quality for the Consumer, Firenze（Florence）, Italy, 9-13 May 2006: 855.

Schryver P D, Crab R, Defoirdt T, et al., 2008 The basics of bioflocs technology: The added value for aquaculture［J］. Aquaculture, 277: 125-137.

Sousa T, Mota R, Domingos T, et al., 2006. Thermodynamics of organisms in the context of dynamic energy budget theory［J］. Physical Review E, 74（5）：051901.

Sugita H, Nakamura H, Shimada T, 2005. Microbial communities associated with filter materials in recirculating aquaculture systems of freshwater fish［J］. Aquaculture, 243（1-4）：403-409.

Suhr K I, Pedersen P B, 2010. Nitrification in moving bed and fixed bed biofilters treating effluent water from a large commercial outdoor rainbow trout RAS［J］. Aquacultural Engineering, 42（1）：31-37.

Summerfelt S T, Sharrer M J, Tsukuda S M, et al., 2009. Process requirements for achieving full-flow disinfection of recirculating water using ozonation and UV irradiation ［J］. Aquacultural Engineering, 2009, 40（1）：17-27.

Tal Y, Schreier H J, Sowers K R, et al., 2009. Environmentally sustainable land-based marine aquaculture［J］. Aquaculture, 286（1-2）：28-35.

Talbot S E, Widdicombe S, Hauton C, et al., 2019. Adapting the dynamic energy budget （DEB）approach to include non-continuous growth（moulting）and provide better predictions of biological performance in crustaceans［J］. Journal of Marine Science, 76 （1）：192-205.

Thomas P, Wofford H W, 1993. Effects of cadmium and Aroclor 1254 on lipid peroxidation, glutathione peroxidase activity, and selected antioxidants in Atlantic croaker tissues［J］. Aquatic Toxicology, 27（1-2）：159-177.

Trenzado C E, Morales A E, de la Higuera M, 2008. Physiological changes in rainbow trout held under crowded conditions and fed diets with different levels of vitamins E and C and highly unsaturated fatty acids（HUFA）［J］. Aquaculture, 277（3-4）: 293-302.

Turnbull J, Bell A, Adams C, et al., 2005. Stocking density and welfare of cage farmed Atlantic salmon: application of a multivariate analysis［J］. Aquaculture, 243（1-4）: 121-132.

van der Veer H W, Cardoso J F M F, van der Meer J, 2006. The estimation of DEB parameters for various Northeast Atlantic bivalve species［J］. Journal of Sea Research, 56（2）: 107-124.

Van Rijn J, Tal Y, Schreier H J, 2006. Denitrification in recirculating systems: theory and applications［J］. Aquacultural Engineering, 34（3）: 364-376.

Van Trappen S, Vandecandelaere I, Rergaert J, et al., 2004. *Algoriphagus antarcticus* sp. nov., a novel psychrophile from microbial mats in Antarctic lakes［J］. International Journal of Systematic and Evolutionary Microbiology, 54（6）: 1969-1973.

Verdegem M C J, Bosma R H, Verreth J A J, 2006. Reducing water use for animal production through aquaculture［J］. Water Resources Development, 22（1）: 101-113.

Vlasco M, Lawrence A L, Neill W H, 2001. Comparison of survival and growth of *Litopenaeus vannamei*（Crustacea: Decapoda）postlarvae reared in static and recirculating culture systems［J］. Texas Journal of Science, 53（3）: 227-238.

Wagner M, Loy A, 2002. Bacterial community composition and function in sewage treatment systems［J］. Current Opinion in Biotechnology, 13（3）: 218-227.

Wang Q, Garrity G M, Tiedje J M, et al., 2007. Naive Bayesian classifier for rapid assignment of rRNA sequences into the new bacterial taxonomy［J］. Applied and Environmental Microbiology, 73（16）: 5261-5267.

Wang Q L, Zhang H T, Ren Y Q, et al., 2016. Comparison of growth parameters of tiger puffer *Takifugu rubripes* from two culture systems in China［J］. Aquaculture, 453: 49-53.

Zohar Y, Tal Y, Schreier H J, et al., 2005. Commercially feasible urban recirculating aquaculture: addressing the marine sector［M］. in Costa-Pierce et al.［eds］Urban Aquaculture. CABI.